U0166260

# 占用湿地生态系统
# 功能与效益平衡研究

田富强　著

科 学 出 版 社

北 京

# 内 容 简 介

　　本书探讨中国湿地占补实践中生态影响力失衡的治理机制问题，构建基于特定流域内或特定地域内湿地面积、生态量、生态功能与生态效益平衡的占补平衡体系，并基于占补距离与所影响人口密度和总量，构建居民生态消费水平和消费总量平衡的生态影响力占补平衡体系。

　　本书可供湿地管理、资源环境管理、自然地理、经济地理、城市规划、工程建设、区域规划等部门的科技工作者参考，也可作为其他相关专业的参考书。

**图书在版编目（CIP）数据**

占用湿地生态系统功能与效益平衡研究/田富强著. —北京：科学出版社，2021.2
　ISBN 978-7-03-068115-7

　Ⅰ.占… Ⅱ.田… Ⅲ.①沼泽化地−生态系−研究 Ⅳ.①P941.78

　中国版本图书馆 CIP 数据核字（2021）第 031260 号

责任编辑：王丹妮 / 责任校对：王晓茜
责任印制：张　伟 / 封面设计：无极书装

**科学出版社** 出版
北京东黄城根北街 16 号
邮政编码：100717
http://www.sciencep.com
**北京虎彩文化传播有限公司** 印刷
科学出版社发行　各地新华书店经销

\*

2021 年 2 月第　一　版　开本：720×1000　B5
2021 年 2 月第一次印刷　印张：11
字数：220 000

**定价：102.00 元**
（如有印装质量问题，我社负责调换）

# 前　　言

　　湿地生态占补平衡必须确保占用地生态系统的湿地功能与生态效益平衡。从 2003~2013 年全国湿地减少的情况分析，忽略湿地等资源的环境外部性，对湿地只占不补，会产生严重后果。在生态保护的重要性日益凸显的背景下，就地恢复湿地势在必行。在确实无法就地恢复湿地的背景下，实现湿地占补平衡势在必行。如果对占用地的湿地生态功能与生态效益关注不足，会产生致命后果。占用地生态系统的湿地功能与生态效益平衡，是湿地生态平衡的最高标准，与注重总体空间的湿地生态功能与生态效益平衡的湿地生态占补平衡不同，更与面积平衡的湿地占补平衡不同。面积占补平衡只是湿地生态占补平衡的基础；整体空间内的湿地生态量、湿地生态功能与湿地生态效益占补平衡，也只是占用地生态系统的湿地功能与生态效益平衡的基本条件。在特定流域或特定地域内，如果在占补过程中，只实现补偿湿地与占用湿地的面积、湿地生态量、湿地生态功能与湿地生态效益等指标在整体空间内的平衡，并不能确保占用地生态系统的湿地生态功能与湿地生态效益平衡。因此，建立湿地占补平衡的最高标准势在必行。

　　本书的目标是，建立占用地生态系统的湿地功能与生态效益平衡的严格标准，确保在湿地生态占补平衡过程中，占用地的生态系统的湿地功能与生态效益和占用前相比，没有衰减。为实现占用地生态系统的湿地功能与生态效益平衡目标，本书构建了湿地生态影响力平衡体系，以湿地生态影响力占补平衡贯穿全书各部分，确保新建湿地的面积、生态量、生态功能与生态效益足够大，能通过生态系统的辐射作用，对占用地生态系统提供不低于占用前的湿地功能和生态效益。

## 一、章节结构安排

　　本书的章节安排遵循"总—分—总"的结构关系，章与章之间和主要章节内部逐层深入。湿地占补平衡标准包括：一是拥有占用资格；二是生态总量平衡，包括面积、生态量、生态功能与生态效益平衡；三是流域与地域生态总量平衡，包括同一流域与地域占补面积、生态量、生态功能与生态效益平衡；四是湿地生态影响力平衡与生态消费水平平衡。

　　章节结构尽可能体现层次感，突出主体部分层层递进的关系。本书共七章，分三个部分，第一部分是本书的基础性内容，第二部分是本书的主体性内容，第三部分是本书的总结性内容。下面是本书章节结构图：

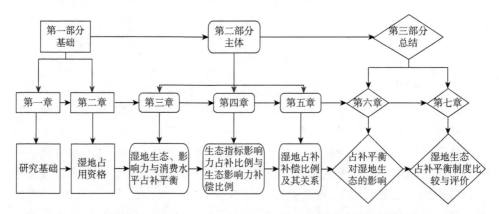

　　第一部分内容包括第一、二章，是全书研究的基础，且第一章是第二章研究的基础。第一章分析占补平衡制度体系，强调湿地占补平衡必须保护生态环境。第二章讨论湿地占用资格，分析合法占用湿地资源的资格、湿地资源配置市场化、湿地生态占补平衡制度、生态占补平衡下的利益主体与投资等具体问题。

　　第二部分内容包括第三、四、五章，共三章内容。这三章内容之间的逻辑关系是层层深入，从基础到核心，从分析实现占补平衡的目标到提出实现目标的指标体系，逐层细化，层层推进。

　　第三章讨论湿地生态、影响力与消费水平占补平衡，包括的内容有湿地生态占补平衡的内涵与模式、湿地占补生态时空分布不公、占用地居民生态消费水平占补平衡，以及湿地占补生态消费水平与影响力比例等。第三章讨论的湿地生态、影响力与消费水平占补平衡等内容逐层提升，从湿地生态占补平衡到湿地生态影响力占补平衡，标准更高，要求更严格，消费水平占补平衡是湿地生态影响力占补平衡的结果与效应。

　　第四章讨论生态指标影响力占补比例与生态影响力补偿比例，包括的内容有湿地生态影响力占补比例与补偿比例、生态指标影响力占补比例与补偿比例、单位面积生态影响力指标与生态影响力补偿比例等。与第三章仅提出不同层次的占补平衡的目标相比，第四章的内容细化到实现不同层次占补平衡目标所需的具体指标，第四章的具体指标支撑了第三章的占补平衡目标。

　　第五章讨论湿地占补补偿比例及其关系，分析的问题包括湿地面积占补平衡的补偿比例、湿地生态指标占补平衡的补偿比例、湿地不同补偿比例的替代关系、湿地补偿比例与占补比例等。第五章与第四章一脉相承，又进一步深化，使第四章讨论的问题更加深入。

第三部分内容包括第六、七章，通过分析对湿地生态系统的促进作用，比较、评价湿地生态占补平衡制度。第六章讨论占补平衡对湿地生态的影响，分析的内容包括最弱指标达标与最经济原则，生态盈余、生态赤字与生态欠款，以及生态超支等。第七章是湿地生态占补平衡制度比较与评价，内容有湿地生态占补平衡制度比较、湿地生态占补平衡制度的效用与湿地生态占补平衡制度评价等。

## 二、就地占补与占补功能一致

湿地占补平衡要尽可能实现就地占补，占用湿地与补建湿地的功能必须一致。湿地占补非常强调功能的一致，湿地生态系统比较特殊，地域差异较大，即使是同流域湿地，但因所处的自然地理位置不同，其功能作用差异较大，所以如何设计异地湿地占补的占补机制特别重要。

功能一致是湿地占补平衡的基础，也是本书立论的核心与基础。湿地占补平衡包括两种：第一种是就地占补。新建湿地与占用地距离为零，这是湿地生态占补平衡的基本要求和主要形式。第二种是异地占补。无法做到就地占补的，无论补建湿地与占用湿地距离多近，都属于异地占补。修建铁路等占用湿地，往往属于异地占补。本书提出的生态功能占补平衡就是要求占补湿地功能一致。分析湿地占补平衡问题，必须理论与实践紧密结合。理论上，占补平衡要实现就地占补。实践中，大量存在湿地只占不补的情况，也无法全部实现就地占补。在占用湿地恢复实践中，即使减少的湿地能够全部实现占补平衡，全部湿地实现就地占补也存在难度。这从 2003~2013 年中国湿地减少的数据可以发现，实践中很多湿地并没有实现占补平衡，更难完全做到就地占补。因此，理论上不能只分析就地占补，必须拓展思路，讨论如何在异地占补过程中实现占用湿地生态功能与生态效益平衡。

湿地异地占补平衡必须遵循比就地生态占补平衡更严格的标准。目前实践中实施的异地占补平衡标准并不严格，往往导致生态系统的湿地功能改变及生态效益下降，从而导致占用地生态系统的湿地功能与湿地效益下降。有鉴于此，本书提出最严格的异地占补平衡原则：占补前后湿地生态功能相同，占用地生态系统的湿地生态功能与湿地生态效益平衡。异地占补过程中，占用湿地与新建湿地存在的距离，导致新建湿地对占用地的生态影响力减弱，新建湿地影响下的占用地生态系统的湿地功能与生态效益因此减弱。只有新建更大面积、更多生态量、更强生态功能与更高生态效益的湿地，才能确保新建湿地对占用地生态系统发挥足够大的影响，为占用地生态系统提供与占用前相当的湿地功能与生态效益。

占用地湿地生态功能与生态系统占补平衡，对就地占补而言，需要新建湿地面积、生态量、生态功能与生态效益和占用湿地相当。异地占补条件下，占用地生态系统的湿地生态功能与生态效益要实现平衡，要求新建湿地面积、生态量、生态功能与生态效益高于占用湿地。对占用地而言，异地占补平衡取得与就地生态占补平衡相同的生态效果。对整体空间的生态系统而言，异地占补平衡远远高于就地占补平衡，增加了湿地生态功能与生态效益。

本书没有收入发表的论文，因此有必要补充与本书构建的理论体系紧密相关、已在发表论文中详尽阐述的相关观点。理解本书构建的占用地生态系统的湿地生态功能与生态效益平衡体系，需要更为丰富的理论研究成果。笔者发表的论文从不同角度对湿地生态影响力平衡等问题进行了深入分析，这些研究成果与本书融为一体，构成占用地生态系统的湿地生态功能与生态效益平衡的完整理论体系。

流域湿地的讨论非常有意义。流域湿地比较重要，与其他类型湿地存在差异。本书意识到流域湿地的重要性，曾七十余次提到流域问题。笔者发表的《占补湿地的系统性放大系数比较与匹配》一文认为，不同流域占用或新建湿地的系统性生态放大系数并不一定相同，同一流域不同地域的占用或新建湿地的系统性生态放大系数也不一定相同。要使新建湿地的生态量系统性放大系数与占用湿地匹配，需要寻找与占用湿地生态量（功能或效益）系统性放大系数匹配的新建湿地的流域与地域，如果不能成功匹配，需再寻找与确定的新建湿地生态量系统性放大系数匹配的占用湿地流域与地域；如果仍然不能成功匹配，最后寻找与可能的新建湿地生态量系统性放大系数匹配的占用湿地流域与地域。

生态影响力占补平衡是实现占用地生态系统的湿地功能与生态效益平衡目标的核心指标体系。笔者发表的《生态影响力占补平衡的湿地补偿比例》一文采用生态影响力平衡分析方法，估算了占用地生态平衡补偿比例，探讨了生态盈余。研究结果表明，湿地占补指标包括面积、生态量、生态功能和效益及其影响力；要实现占用地生态消费平衡，占用地生态影响力必须平衡；在消费与影响力平衡条件下，确定补偿比例；距离越远，新建湿地对占用地生态影响力衰减幅度越大，影响力系数越小，占用地生态消费水平越低；补偿比例与影响力系数互为倒数；生态影响力平衡的异地占补没有距离限制。

占补平衡过程中，占用的往往是自然湿地，新建的往往是人工湿地，人工湿地与自然湿地的生态功能与生态效益不完全相同，这是湿地占补平衡面临的严峻挑战。笔者发表的《自然湿地与人工湿地生态占补平衡研究》一文认为，自然湿地与人工湿地的功能与效益并不完全相同。要实现湿地生态占补平衡，必须考虑占补湿地的替代性与同质性。人工湿地与自然湿地的替代性是解决湿地生态占补平衡的关键问题之一。要建立自然湿地与人工湿地占补平衡的约束机制，占用自然湿地时，可以新建人工湿地，还可以恢复自然湿地。通过确保自然湿地生态量、生态功能与生态效益均衡，以此减少湿地生态损失。尽可能在同一水文单位或同流域内实现湿地生态占补平衡。资金投入要兼顾现有自然湿地生态恢复与新建人工湿地。

笔者发表的《多维占补平衡下的湿地生态盈余研究》认为，湿地生态占补平衡分为简单模式、复杂模式与综合模式。简单模式即湿地面积占补平衡；复杂模式包括湿地生态量、功能与效益占补平衡；综合模式包括地域内、流域内、人工湿地与自然湿地的生态占补平衡。不同模式中的湿地生态量、功能与效益等各项湿地指标都必须实现占补平衡。山东省南四湖湿地占补平衡的案例表明，在各项湿地指标都实现占补平衡的条件下，必然会产生生态盈余。

笔者发表的《保护红线的基建占用湿地管理创新》建议，建立占补平衡、先补后占的湿票制度，解决基建占用湿地问题。湿地红线涉及面积、生态量与结构的占补平衡。结构占补平衡包括流域、位置、功能、效益的一致性。湿票制度由湿地管理部门主导，使罚款发挥最大效益。湿票的净生态价值很大，是所减少的生态量损失的价值与罚款的生态价值的差值。罚款的较低生态价值凸显了湿票的价值。试点有区别的占少补多战略；建立生态补偿基金，重视补偿湿地的生态培育。生态收益高于制度成本，使湿地管理部门有动力建立湿票制度。将非法占用或非法减少的湿地的基建主体纳入占补平衡制度，将合法减少的湿地的基建主体纳入占补平衡。强化湿地领域的专家在占补湿地功能、效益匹配中的地位。

笔者发表的《西安湿地生态消费水平与消费量占补平衡研究》认为，西安地处生态脆弱的黄土高原地区，西安居民是湿地生态的消费者，具有生态消费权。异地新建湿地对占用地的生态影响力低于占用湿地对当地的生态影响力，只有实现占用地生态平衡，才能保障占用地居民生态消费水平的平衡。占补湿地之间的距离与湿地指标量值对占用地生态水平和居民生态消费水平具有影响。生态消费总量占补平衡可以确保占用地与新建地居民的生态消费总量不下降，但降低了占用地的生态水平与占用地居民的生态消费水平。需要严格执行生态占补平衡、生态消费总量占补平衡及生态消费水平占补平衡。

笔者发表的《西安湿地生态全方位平衡模式构建建议与对策》认为，近年来虽然西安新建了数量可观的湿地，但是仍然要对因湿地减少产生的生态赤字进行弥补。在切实实施"八水绕长安"三年规划等湿地建设规划的基础上，西安要实现湿地生态全方位占补平衡，必须在湿地面积、生态量、生态功能、生态效益、占补时间、占补区域、占补流域、生态影响力、生态消费水平与生态消费总量等

10 个维度实现平衡。论文结合西安实际，从 10 个维度提出相关建议，并针对建议给出对策，希望推动西安构建湿地生态全方位平衡模式。

## 三、生态效益的重要性

从占到补，不能局限于从经济效益出发进行替代与补偿，不能只从经济学视角展开分析；需要加强对湿地的系统研究，强化对湿地功能的深入认识；在环境学研究领域内，对于湿地的功能与作用关注比较高，特别是对于湿地的环境外部性比较重视，在分析湿地占补的外部性方面，不能只是从经济效益来探讨，要更多关注生态效益。生态功能带来的经济效益并非湿地的核心效益，生态效益才是湿地的核心效益。高度关注生态效益，以生态效益作为湿地效益的核心指标，全面凸显了生态效益的重要性。

## 四、实现最严格标准的路径与理论体系

仅有占用地生态系统的湿地功能与生态效益平衡的最高目标远远不够，还必须建立支持目标实现的路径与体系。本书为实现湿地异地占补的最严格标准，构建了湿地生态影响力占补平衡的路径与理论体系。

本书从理论上构建了湿地生态影响力占补平衡分析方法，以新建湿地对占用地的生态影响力作为媒介，有效实现占用地生态系统的湿地功能与生态效益平衡目标。湿地生态影响力作为有力的分析工具，可以用于就地占补，更适用于异地占补条件下的占用地生态系统的湿地功能与生态效益平衡。湿地生态影响力占补平衡标准，是湿地生态占补平衡的最高和最严格标准，可使新建湿地的面积、生态量、生态功能与生态效益远远超出占用湿地，这对保障占用地生态系统的生态功能与生态效益平衡，改变湿地红线保护过程中的被动态势，实现湿地不减反增的战略目标，具有重要作用。

## 五、夯实占用地湿地生态系统平衡的群众基础

本书夯实了保护占用地生态系统的湿地生态功能与生态效益平衡所需的群众基础。2003~2013 年中国湿地面积减少的事实说明，居民的生态平衡要求对占用地生态系统的湿地功能与生态效益平衡的作用尚未得到充分发挥。笔者在讨论占用湿地生态系统的生态功能与生态效益平衡的基础上，分析了该目标对占用地居民的生态价值。为使本书的理论构想能够实现，切实保障占用地生态系

统的湿地功能与生态效益平衡，本书以居民生态消费水平与消费总量平衡为关键节点，沟通该目标与居民的密切关系。在占城补乡的湿地占补实践中，占用城镇与农村居民点附近的湿地，占用地往往生态比较脆弱、人口密度和人口总量比较大；如果在远离城镇或农村居民点的区域新建湿地作为补偿，因为存在占补距离，新建湿地对占用地的生态影响小于对新建地的生态影响，占用地生态系统的湿地功能与湿地效益衰减，生态脆弱与人口密度较大的占用地生态水平下降，也对占用地居民的生态消费和生态福利产生影响。据此，本书提出占用地居民生态消费水平与消费总量平衡指标，以达到该指标促进占用地生态系统的湿地功能与生态效益平衡目标实现的目的。

## 六、相关说明

湿地生态价值较高，生态功能与效益的重要性日益凸显。占用湿地快速增长导致湿地减少的趋势亟待遏制，国家对湿地保护非常重视，管理部门做出巨大努力，建立了湿地红线保护制度与湿地生态效益补偿制度，并探索湿地占补平衡制度。为杜绝湿地减少，保护湿地生态，改变湿地红线保护的被动态势，有必要探索不减反增的占用地生态系统湿地生态功能与生态效益平衡制度。

通过对与湿地生态影响力占补平衡相关的概念进行分析，对国内外湿地生态保护及管理的文献进行回顾，可以发现：目前尚未形成系统的湿地生态影响力占补平衡研究体系。本书在"湿地占补平衡"概念基础上构建了湿地生态占补平衡制度体系，以及相对完整的湿地生态影响力占补平衡体系。湿地生态占补平衡体现了湿地占补平衡的本质要求：不仅满足于湿地面积占补平衡，而且要在湿地生态量、湿地生态功能与湿地生态效益方面实现占补平衡。最严格的湿地占补平衡是湿地生态影响力占补平衡，确保占用地生态系统的湿地生态功能与生态效益占补平衡。最严格的湿地生态影响力占补平衡制度必然产生生态盈余，确保零净损失基础上的湿地增长。本书构建了确定地域内及流域内异地生态占补平衡的补偿比例的理论依据；进行基于湿地生态占补平衡的湿地指标交易制度创新，建立了湿票制度体系。

湿地占补平衡必须考虑占补湿地的替代性与同质性：替代性是占补平衡制度的基石，同质性是占补平衡制度的标准。湿地的区位对不同流域与地域的生态具有影响；湿地生态形成具有渐进性；要考虑人工湿地与自然湿地的替代性。

# 目　　录

# 第一章　研　究　基　础

## 第一节　占补平衡制度体系

随着基建占用（2003 年与 2013 年分别为 13 万公顷与 129 万公顷[1]）等因素引发的湿地减少（1990~2000 年与 2003~2013 年分别为 500 万公顷[2]与 340 万公顷[1]）问题得到广泛关注，湿地保护[3]的重要性日益凸显。国内学者研究了美国等国家的"零净损失"（no net loss）制度[4]及其替代费[5~8]、湿地缓解银行[9]及湿地补偿银行的机制与现状[10]、美国湿地补偿制度的经验[11]及管理条例[12]、世界湿地生态效益补偿政策与模式[13]等。2012 年《北京市湿地保护条例》要求"经批准占用列入名录的湿地的，建设单位应当按照湿地保护发展规划、国家和本市有关湿地保护的标准和技术规范，制定湿地恢复建设方案，经市湿地保护管理部门审核同意后，按照湿地恢复建设方案在指定地点补建不少于占用面积并具备相应功能的湿地"[14]，反映了确定湿地红线、实现生态占补平衡的必要性[15]。2009~2012 年，先后有学者提出"占补平衡"[13]、"占补平衡制度"[16]、"湿地占补平衡"[17]、"湿地占用补偿制度"与"湿地占补平衡制度"[18]等概念。此后仍有文献提到这些概念[19~23]。2013 年国家林业局《湿地保护管理规定》要求"建设项目应当不占或者少占湿地，经批准确需征收、占用湿地并转为其他用途的，用地单位应当按照"先补后占、占补平衡"的原则，依法办理相关手续。"[24]，这与 2012 年《北京市湿地保护条例》中"补建不少于占用面积并具备相应功能的湿地"的要求一致[14]。

### 一、用途管制的资源

用途管制的土地资源指向规定的单一用途，本书主要关注用途管制的湿地资源。土地资源的管制用途是最适用途，湿地被用作耕地、林地与草地都不是最适用途。

耕地、林地与草地的占用使湿地减少严重。耕地红线、林地红线、草地红线与湿地红线主要是防范包括占用在内的外来影响。耕地、林地、草地与湿地之间存在相互占用的可能性。湿地在耕地、林地与草地的侵占下，往往处于最弱势的地位。耕地、林地与草地被湿地侵占的面积，往往不会大于耕地、林地与草地侵占湿地的面积。

## 二、土地资源用途管制的本质与特征

不同用途的土地资源其收益不同。湿地可以作为基建用地，可以开辟为耕地，可以种植林木、草类，而作为湿地是湿地的管制用途和确定使用方式。收益最大化的用途往往并不是管制用途。在用途管制方式的制约下，土地资源必须被用作管制用途。湿地必须用于建立湿地。用途管制具有必要性。用途管制本质就是确保管制用途的土地资源不被挪用。

用途管制是通过用途锁定，实现最优配置，所以用途管制部门压力很大，要顶住压力，锁定湿地的用途相当不容易。

维护湿地的管制用途，发挥湿地的生态效益，需要制度设计，使市场主体在占用管制用途的土地资源时，付出足够的成本。

湿地的生态价值为所有公众分享，成为所在地居民及相关公众的生态利益的来源。湿地生态所有者的要求日益提高，给湿地管理部门带来压力。

湿地用途管制的目的是尽可能减少湿地用于非湿地的用途比例，确保全部湿地的原生态存在，保障湿地生态安全；本质是通过管制湿地用途，使湿地的生态价值得到显现，最大限度发挥其生态效益；特征是对湿地实行用途管制，一般不允许非湿地用途存在。

## 三、湿地红线制度体系

为确保湿地安全，国家已经制定8亿亩①湿地红线。为确保湿地面积不减少，国家建立先补后占、占补平衡、占优补优的湿地占补平衡制度。在湿地红线制度与湿地占补平衡制度框架下，为了解决占用湿地的指标获取性问题，可以在严格遵循先补后占、占补平衡、占优补优的湿地占补平衡规定的基础上，开启湿地指标交易制度改革与试点，交易湿地指标。

---

① 1亩≈666.7平方米。

### 四、占补平衡制度体系及占补平衡规律

占补平衡体系纷繁复杂，具有不同的分类标准。面积占补平衡、质量占补平衡、空间占补平衡、时间占补平衡、生态影响占补平衡制度要融会贯通。湿地占补平衡制度可以根据这5种分类标准，将其相互交叉，形成纷繁复杂的关系。湿地质量占补平衡与湿地生态占补平衡相互交织，可以形成生态质量占补平衡的指标体系。湿地生态质量占补平衡体现为3个生态质量指标均保持均衡。湿地生态占补平衡与空间相融合，形成地域与流域之内或之间的生态占补平衡。在湿地生态占补平衡制度中，空间占补平衡体现为湿地生态在不同区域的配置均衡，必须把湿地占补平衡限定在特定区域。考评指标仍然是湿地生态量在地域内的占补平衡、湿地生态功能在地域内的占补平衡、湿地生态效益在地域内的占补平衡。在湿地占补平衡制度中，生态占补平衡与流域内部的占补平衡相融合，形成湿地生态在流域内的占补平衡，表现为在同一流域内湿地面积、生态量、功能、效益不下降。生态占补平衡与时间占补平衡相融合，也形成湿地生态先补后占与湿地生态先占后补两种制度。

不同湿地的可替代性与同质性是占补平衡制度体系的基石。占补平衡建立在占、补的湿地具有完全意义上的替代性的基础上。

湿地的生态性是湿地的主要功能。湿地产品具有不可替代性。湿地生态具有不可替代性，湿地指标交易需要解决生态平衡问题。湿地更多的是生态功能，湿地本身的生态性，使其地域性比较明显。不同流域、不同位置的湿地功能和效益是不同的，而且不同流域的湿地是不能相互替代的。新建湿地往往是人工湿地，被占用湿地往往是自然湿地。而自然湿地和人工湿地的生态服务功能是完全不同的。

湿地的区位对不同流域与地域的生态具有影响，湿地地域替代性分析必须考虑地域与流域特征。湿地被转作他用的成本高。土地要在湿地与建设用地两种用途之间转换，需要的成本较高。湿地恢复具有艰巨性，给湿地指标交易制度带来障碍。湿地生态形成的长期性与高成本，决定了湿地生态形成的渐进性。要考虑人工湿地与自然湿地的替代性，人工湿地与自然湿地属于不同的湿地类型，两者的功能与效益并不相同，因此，湿地生态占补平衡要考虑湿地类型。

# 第二节 湿地生态占补平衡制度体系

### 一、占补平衡类型、生态占补平衡与湿地保护红线

占补平衡制度分为完全的占补平衡与不完全的占补平衡。在占用湿地很难遏

止的情况下，只有面积占补平衡的制度设计，很难保障生态占补平衡，属于不完全的湿地占补平衡。没有设定生态量、流域限制、地域限制、实现功能、效益匹配，没有考虑人工湿地与自然湿地的区别的面积占补平衡制度，是不完全的占补平衡制度，其只有利于占用主体，对湿地保护有害无益。这种不完全的占补平衡制度，不能获得试点，不能在实践中获得推广。

完全的湿地占补平衡制度是一项涉及多变量、精细、复杂的标准体系。要在确保面积占补平衡的基础上，保证生态量、功能、效益占补平衡，流域、地域的占补平衡，考虑人工湿地可否替代自然湿地等要素，只有满足以上诸多条件，才能实现占补平衡。占用湿地面积（$M_{zs}$）要等于新建湿地面积（$M_{js}$），占用湿地生态量（$L_{zs}$）要等于新建湿地生态量（$L_{js}$）。同一流域或地域占用湿地的功能值（$G_{zs}$）要等于同一流域弥补的新建湿地功能值（$G_{js}$）。同一流域或地域占用湿地的效益（$Y_{zs}$）要等于同一流域弥补的新建湿地效益（$Y_{js}$）。下列公式表示了完全的湿地占补平衡制度对湿地生态的保护。有利于湿地保护者与占用者双方的占补平衡制度，才是完全的占补平衡制度。完全的湿地占补平衡制度对湿地保护者与占用者都有裨益，可在湿地保护中得到推广。

$$
\begin{cases}
S_{zs} \times S_{zs} = S_{js} \times S_{js} \\
L_{zs} \times L_{zs} = L_{js} \times L_{js} \\
G_{zs} \times G_{zs} = G_{js} \times G_{js} \\
Y_{zs} \times Y_{zs} = Y_{js} \times Y_{js} \\
\cdots\cdots
\end{cases}
$$

湿地保护红线不仅仅是湿地面积红线。虽然在湿地保护红线中没有提及湿地生态红线，但在实践中，如果只保证湿地面积占补平衡，没有设置生态量占补平衡标准、生态结构占补平衡规定，没有区分人工湿地与自然湿地的功能与效益，听任湿地生态受到损失，则有违湿地保护红线的设定初衷。湿地保护红线是湿地生态红线，包括一系列的标准，从湿地面积占补平衡入手，囊括湿地生态量占补平衡、湿地流域分布上的占补平衡、湿地地域分布上的占补平衡、湿地功能占补平衡、湿地效益占补平衡、人工湿地与自然湿地占补平衡的系统性保护制度。

湿地占补平衡包括的内容比湿地生态占补平衡更宏观。湿地占补平衡包括湿地面积占补平衡、湿地质量占补平衡、湿地生态占补平衡、湿地流域占补平衡、湿地区域占补平衡、湿地类型占补平衡等。湿地生态占补平衡是湿地占补平衡的一个子概念，要比湿地占补平衡更微观，湿地生态占补平衡包括湿地生态量占补平衡、湿地生态功能占补平衡、湿地生态效益占补平衡，同一流域湿地生态量、湿地生态功能、湿地生态效益的占补平衡，同一地域湿地生态量、湿地生态功能、湿地生态效益的占补平衡，还包括人工湿地如何与自然湿地实现生态占补平衡的问题。不能确保生态占补平衡的湿地占补平衡制度，不是保护生态的占补平衡制度。下文如果没有特别指出，本书研究的湿地占补平衡都是指湿地生态占补平衡。

## 二、湿地保护的被动式应对与主动式管理

### （一）被动式应对模式提出的背景

占用湿地往往是刚性需求。包括基建占用在内的湿地占用面积大、趋势明显、很难遏制。占补平衡作为一种补缺制度，初衷是不减少湿地总量。虽然着眼于不减少湿地，但最终仅为满足面积占补平衡的制度，损害生态量、影响生态功能、减少生态效益，甚至连湿地面积也不能实现占补平衡。补缺制度的特点是被动应对式的反应模式。虽然在湿地生态占补平衡制度中必须坚持先补后占，但这里需要斟酌一个概念，是先补后占而不是先建后占。两个概念只有一字之差，但反映的被动性应对与主动式管理的思路并不相同。"先补后占"中的"补"，体现了占补平衡制度是着眼于补偿的应对式的被动反应。虽然要求弥补湿地指标的行为在时间上提前到占用湿地之前，但仍然无法摆脱被动式应对的范畴。先建后占的制度设计更加主动，改变了被动模式，主动出击，有效管理。

### （二）主动式管理需要完全的湿地占补平衡制度

占用主体侵入湿地领域，在被动式应对下，对湿地生态造成了损失。之所以采用被动式应对，是因为忽略了湿地占用的客观性，单纯依靠杜绝湿地占用的方法来保护湿地。因为被动式管理是事后应对，已经造成了湿地损害，湿地保护效果有限。主动式管理则放开视野，看到湿地占用的刚性需求，预先进行制度创新，考虑湿地减少的客观情况，未雨绸缪，建立实现动态平衡的湿地生态红线保护制度，取得保护湿地生态与满足占用的双重效果，实现双赢。主动式管理有利于强化湿地生态红线。主动式管理模式给予了占用主体充足的政策，建立了湿地管理与占用主体之间良性互动的制度，提供了占用主体合法占用湿地的通道，强化了湿地生态红线，使违规破坏湿地生态红线的漏洞被堵塞。主动式管理实现了占用湿地的科学化，为占用主体提供了公开占用湿地的制度平台，也对占用主体提出公正占用湿地的要求。公开、公正占用湿地使湿地资源保护与湿地资源利用得到妥善协调，湿地资源管理进入新境界。

### 三、生态占补平衡思想

湿地管理包括的不止湿地生态，但以湿地生态为核心。湿地资源的效应很多，生态效应最关键。湿地生态保护不局限于建设性的具体保护工作，还需要对保护的制度进行创新。湿地生态保护制度创新是湿地生态管理的重要内容。湿地保护包括湿地生态保护，并以湿地生态保护为核心内容。

湿地生态管理的途径包括两个方面。一是对湿地基本条件的管理。湿地生态以湿地资源为基础条件，只有管理好基于一定面积与容量的湿地水资源、湿地土地资源和一定数量与种类的湿地动植物资源，才能保持生态量、生态功能与生态效益不下降。二是对湿地生态的管理。建立符合湿地特点、保护生态总量与生态结构占补平衡的湿地指标交易制度，着眼于生态总量平衡。湿地占补平衡制度中的"生态占补平衡"，把湿地面积占补平衡作为最低要求，把湿地生态占补平衡作为最高要求，包括两个方面的生态占补平衡，即生态总量的占补平衡要求与生态结构的占补平衡要求。

### 四、湿地生态占补平衡与湿地面积占补平衡

湿地生态占补平衡是湿地面积占补平衡的终极要求，没有湿地面积的占补平衡，就不可能有湿地生态的占补平衡。新建湿地与占用湿地功能效益的错配往往存在，这体现出湿地生态占补平衡制度创新的重要性。

湿地生态总量占补平衡制度需要在湿地面积占补平衡的基础上实现，没有湿地面积占补平衡，就谈不上更高层次的生态总量的占补平衡；湿地生态总量占补平衡是湿地生态结构占补平衡的基础，没有湿地生态总量的占补平衡，就谈不上生态功能、效益在流域、地域上的结构性占补平衡。

三种占补平衡在实践中的优先次序恰好与理论上的优先次序相反。必须优先考虑占用的湿地与新补的湿地在生态功能与效益方面是否匹配，在流域、地域上是否实现结构性占补平衡。只有湿地生态的结构实现了占补平衡，才能考虑占用的湿地与新补的湿地在湿地生态总量方面的占补平衡。只有湿地生态总量实现了占补平衡，才能考虑占用的湿地与新补的湿地在湿地面积方面的占补平衡，不能逆序考虑。只有湿地面积占补平衡，未必能够实现湿地生态总量占补平衡，只有湿地生态总量占补平衡，不一定能够实现更高层次的湿地生态结构的占补平衡。三种占补平衡制度的关系为：首先湿地生态结构的占补平衡最重要，要优先考虑；其次考虑湿地生态总量的占补平衡，重要性居次要位置；最后考虑的是湿地面积的占补平衡，位置排最后。

生态占补平衡是湿地占补平衡的更高标准。基于三个层次（同一类型的湿地

生态占补平衡、同一地域内的湿地生态占补平衡与同一流域内的湿地生态占补平衡）、四种标准（湿地面积、湿地生态量、湿地生态功能与湿地生态效益占补平衡）的湿地生态占补平衡编织成一组坚实的生态保护网络，对湿地生态红线起到保护作用。

要以生态为核心建立湿地占补平衡制度。本书特别强调生态占补平衡在湿地占补平衡中的关键作用，是为了避免失衡的湿地占补，仅有面积占补平衡，完全忽视生态占补平衡，成为损害湿地生态的坏的占补平衡制度。阻止制度漏洞需要坚定不移地进行制度创新。坏的湿地占补平衡是一种制度漏洞。这种制度漏洞不是一般意义上的制度漏洞。一般意义上的制度漏洞是指因为缺乏制度而产生的漏洞，即制度本身在某些方面的缺失，从而造成不良影响。制度漏洞是通过占补平衡制度，为损害湿地生态打开一条合法通道。湿地制度漏洞把占补平衡以前不合法、损害湿地生态的行为合法化，利用制度建立损害湿地生态的通道，使不合法的行为合法化。阻止坏的湿地占补平衡制度出台的唯一做法是尽快建立严格的、系统的湿地生态占补平衡制度。坏的湿地占补平衡制度具有利益冲动，很容易在利益促使下成长。要在占补平衡制度建立之初，就明确以生态为核心，坚定不移地推行湿地生态占补平衡，实现湿地生态平衡，并通过湿地生态盈余实现湿地总量增加。

# 第二章　湿地占用资格

## 第一节　合法占用湿地资源的资格

明确谁有权占用湿地，要从保障占用资格权益入手，创新资格遴选机制，以生态占补平衡为突破口，确保所有占用资源者的合法权益。

### 一、占用湿地的分类方法

占用湿地的分类方法至少有两种。以湿地资源以外的其他标准进行分类，忽略了湿地资源保护这一核心命题。这是湿地红线保护制度出台以前，湿地管理层级较低、湿地保护不受重视的表现。从湿地资源保护本身出发，以是否减少湿地资源为依据进行分类，在其他土地资源管理中比较流行的占补平衡制度可以在湿地资源管理中实施。遵循湿地资源占补平衡的占用者为第一类，没有实现湿地资源占补平衡的占用者为第二类。第一类占用湿地者并没有减少湿地面积，第二类占用湿地者减少了湿地面积。这种分类方法关注的是湿地面积的减少，非占补平衡管理模式下的合法占用湿地。而在新型管理模式下，若不能遵照占补平衡规定，仍然被视为非法占用湿地。非占补平衡管理模式下的非法占用湿地，在新型管理模式下，若能够遵照占补平衡规定，可以被视为合法占用湿地。非占补平衡管理模式下的合法占用湿地，如果在新型管理模式下，若能够遵照占补平衡规定，仍然被视为合法占用湿地。非占补平衡管理模式下的非法占用湿地，在新型管理模式下，若不能遵照占补平衡规定，仍然被视为非法占用湿地。

以合法或非法为依据的分类方法忽视了湿地保护。在忽视了湿地保护的情况下，无论是合法占用还是非法占用，都在事实上造成了湿地面积减少。占用合法与非法的分类方法，在面积保护方面有致命弱点。合法占用主体合法地减少湿地面积，而名义上的非法占用主体恢复了湿地。虽然这里的合法占用考虑了湿地保护以外的利益，但这种分类方法对湿地保护而言并不是最优选择。占补平衡的分类方法确保湿地资源不减少。以合法与非法区分占用湿地，会造成事实上的负激励，激励了对湿地保护毫无价值的所谓合法占用，把湿地减少的责任推给贡献了保护资金的所谓非法占用者，影响了湿地保护。与之相比，确保资源不减少是最优选择。合法与非法的分类方法忽视了湿地保护本身，非法占用以罚款的方式提供补偿资金。占补平衡的分类方法，从面积增减本身出发，着眼于湿地保护，确保湿地面积不减少。

## 二、占用合法性和减少合法性

### （一）湿地被合法占用的标准与后果

从利用湿地资源的合法性分析，有两个维度值得考虑。一是占用的合法性，二是减少资源的合法性。哪一块湿地被占用是合法占用，哪一块湿地被占用是非法占用，这是非占补平衡模式配置湿地资源首先面临的问题。合法与非法有严格的区分标准，如占用的性质、必要性、意义及社会价值，被占用的湿地资源的特点、位置、功能、属性等。按照这些严格的标准，可以认定某一湿地资源的占用是合法占用，而另一块湿地资源的占用是非法占用。减少湿地的合法性是指占用湿地的主体是否被允许合法减少资源。如果占用主体被允许占用，必然要考虑占用行为减少资源的后果。如果占用主体被允许占用，占用湿地也被允许减少资源，则减少资源具备合法性。如果虽然被允许占用，却不被允许因占用而减少资源，则占用并减少资源是非法的。

### （二）占用湿地与减少湿地的组合

一是合法占用湿地并且减少湿地的组合。非占补平衡管理模式没有区分占用湿地与减少湿地面积。在允许合法占用的情况下，给面积减少大开方便之门则属于这种组合。没有湿地指标交易市场以前，合法占用者虽然是合法占用，但没有补偿同等面积湿地，使得湿地面积减少。二是合法占用湿地并未减少湿地的组合。占用并不一定减少湿地。特别是在精细管理模式下，如果严格要求占补平衡，合法占用者则不得不购买湿地指标，以补偿占用减少的湿地额度。合法占用者无须自己新建湿地，完全可以通过支付资金的方式，购买新建湿地产生的占用指标，激励增加指标供应，从而整体上增加了湿地面积，弥补了因合法占用减少的湿地额度。这种组合在非占补平衡管理模式下很难实现，因为非占补平衡管理模式没有占补平衡的概念，只关注占用是否合法，不会更进一步去思考深层次的新建湿地面积的问题。非占补平衡管理模式下，合法占用主体不能减少湿地面积。三是非法占用湿地并且减少湿地的组合。这种组合在非占补平衡的管理模式下比较常见。占用主体不能获得合法占用的指标，只能非法占用湿地；又无法购买到等额的指标，从而导致非法减少湿地面积。四是非法占用湿地并未减少湿地的组合。这类占用主体非法占用但及时补偿等面积湿地，非法占用与面积减少并不必然产生联系。

可以把占用湿地的合法性（甲）与减少湿地的合法性（乙）进行组合，共得到四种组合方式：第一种组合方式是两种合法性都不具备的情况，既不具备占用湿地的合法性又不具备减少湿地的合法性（没有甲也没有乙）。在非占补平衡管理模式下，这种组合备受批评。主要是批评者对其非法占用比较敏感，同时把因此造成的面积无序减少归因于这种组合。在湿地指标交易制度的视野下，这种情况不是最差组合。罚款利用得当，可以在指标交易市场获得占用湿地指标，阻止面积减少。第二种组合方式是具备占用湿地的合法性而不具备减少湿地的合法性（有甲无乙）。非占补平衡管理模式下的合法占用湿地，若以精细管理模式衡量，则都是这种情况。非占补平衡管理模式下，不区分是否具有合法减少面积的权利，掩盖了很多合法占用其实是在非法减少面积的事实。非占补平衡模式并不区分是否拥有减少面积的合法性，使这种组合方式与第三种组合方式一起，被纳入合法占用的范畴，其效应往往被高估。非占补平衡模式中，不考虑减少湿地面积是否合法，只关注占用的合法性。这使占绝大多数比例的第二种组合蒙混过关，成为事实上（从面积均衡角度分析）并不合法的组合。在精细管理模式下，这种组合往往被暴露。占用的合法性不能掩盖面积减少的合法性的缺失，却反映了合法占用者往往非法减少湿地的事实。第三种组合方式是既具备占用的合法性又具备减少湿地的合法性（有甲有乙）。以精细管理的视角分析，非占补平衡管理模式下的合法占用湿地中，这种组合所占比例不高。证明一块湿地被占用的合法性，要比证明一块湿地被占用后减少面积的合法性简单得多。一块湿地被占用的合法性容易获得，一块湿地被占用后减少面积的合法性却很难获得。只有在非占补平衡的管理模式下，不区分占用合法性与减少合法性，才能把所有基于占用合法性的湿地等同于同时具备减少湿地面积的合法性。这种思路不能适应湿地红线保护制度的需求，非占补平衡管理模式下的合法占用，基本上都不具备红线保护制度下的减少面积的合法性。要证明某一块湿地被占用不仅具备占用合法性，而且具备减少面积的合法性，需要从湿地保护的顶层设计的角度考察。非占补平衡管理模式下的合法占用湿地中，属于第二种组合的占比很高，归入第三种组合的很少。第四种组合方式，不具备占用湿地的合法性但却具备减少湿地的合法性（没有甲只有乙），这种组合很少见。

（三）按照占用合法性和减少合法性对占用主体进行分类

非占补平衡管理模式下的合法占用分为两种情况。图 2-1 中有两个原点 $O_1$ 与 $O_2$，一条横轴，两条纵轴，形成六个象限。其中有四个象限（一、二、三、四象限）经常出现。两个象限（五、六象限）较少出现。横轴代表减少湿地面积的合法性，根据不同情况，分别可以分为拥有永久减少合法性（或绝对减少合法性）的情况（$O_1X_1$）、拥有暂时减少合法性（或相对减少合法性）的情况（$O_1O_2$）与不拥有减少合法性的情况（$O_2X_2$）。纵轴代表占用湿地面积的合法性，根据不同情况，可以分为拥有占用合法性的情况（$O_1Y_1$ 或者 $O_2Y_2$）与不拥有占用合法性的情况（$O_1Y_3$ 或者 $O_2Y_4$）。其中，第一象限与第三象限是非占补平衡管理模式下的合法占用的两种情况。非占补平衡管理模式下的合法占用，事实上也是合法减少湿地面积，而减少面积是否拥有合法性，另当别论。在红线保护视角下，获得占用合法性的占用主体，并不具备严格意义上的减少湿地面积的合法性，应该划归第三象限。仅有很少属于真正具备湿地红线视野下的减少面积合法性的划归第一象限。永久减少面积与暂时减少面积，其合法性完全不同。在非占补平衡的管理模式下，很多应该划入第三象限的，事实上被划归第一象限。虽然因为制度性缺失，不必要也无法追究此前永久性减少湿地的责任，但在理论分析上，必须重新理清思路，把本不具备减少合法性的湿地划归第三象限。非占补平衡管理模式下应该划归第三象限的湿地面积占合法占用湿地面积的比例越高，非占补平衡管理模式对湿地面积减少的贡献越大。非占补平衡管理模式对湿地面积减少的贡献表示为非占补平衡管理模式造成的湿地面积减少与占用湿地面积的比例。非占补平衡管理模式下，不具备减少合法性的合法占用湿地越多，面积减少越多。湿地管理的非占补平衡模式对面积减少的贡献越大，越需要改变这种非占补平衡模式，实施占补平衡的湿地指标交易制度。

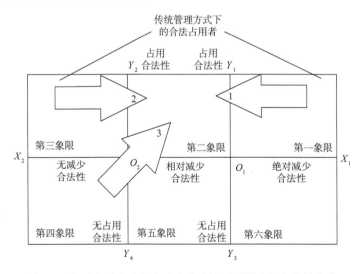

图 2-1　按照占用合法性和减少合法性对不同占用主体的分类

非占补平衡管理模式下，合法占用的两种情况殊途同归。从拥有特权的角度分析，占用主体从拥有永久减少湿地的权利到拥有暂时减少湿地的权利，是一种位阶的下降。图 2-1 中，无论是划归第三象限的，还是留在第一象限的，占补平衡制度实施后，都要求非占补平衡管理模式下的合法占用湿地转入第二象限，必须具备（对第三象限而言）且只能具备（对第一象限而言）暂时减少湿地面积的合法性。第三象限与第一象限的合法性不同（一个不具备减少合法性，一个具备永久减少合法性），但本质相同，都减少了面积，威胁红线。占补平衡制度改革后，合二为一，将第三象限与第一象限同时纳入第二象限，只具备暂时减少合法性，才能保证不减少湿地。对第一象限的占用主体，可以规定 5 年过渡期。过渡期内提供购买湿地指标的补助资金，通过逐步减少补偿比例，最终纳入第三象限；占用主体出资购买湿地指标，才准许占用。

非占补平衡管理模式下，非法占用主体可望通过拥有暂时减少合法性获得占用合法性。理想状态下，湿地指标交易制度为占用主体提供了无数可能。只要占用主体提供的新建湿地多，总可以在对湿地生态损害最小的情况下，占用某一块湿地。理想状态下，图 2-1 的第五象限并不存在。在实践中，新建湿地的供应并非无穷，新建湿地与被占用湿地的生态环境差别很大，往往很难获得占用合法性。非占补平衡管理模式下的非法占用湿地，往往既不具备减少合法性，也不具备占用合法性，处于第四象限。理想状态下，大多数第四象限的占用主体可以通过占补平衡，获得暂时减少合法性，进入第二象限。从拥有权利的角度分析，一个占用主体从没有占用合法性，到拥有暂时减少合法性，是一种位阶的上升。

减少合法性与占用合法性的关系。图 2-1 中的第五象限与第六象限是否存在，涉及减少合法性与占用合法性之间的关系：如果占用主体拥有减少合法性，则一定拥有占用合法性，这两个象限就不存在。如果占用主体拥有减少合法性，却不一定拥有占用合法性，则这两个象限存在。更重要的是，减少合法性能否取代占用合法性从而成为合法性的唯一评判标准呢？是否存在具有减少面积合法性的占用主体，却不能够具备占用合法性呢？在湿地指标无限供应的理想条件下，面积减少合法性是占用合法性的充分条件：如果一个占用主体拥有减少合法性，一定会拥有占用合法性。实践中减少合法性是占用合法性的必要条件。虽然某一个占用主体拥有减少湿地的合法性（无论是通过非占补平衡模式中的合法性审批获得合法减少湿地的权利，还是在生态占补平衡制度实施后，通过获得湿地指标而获得减少合法性），可能占用主体想要占用的湿地的所有者，并不愿意放弃湿地，想要继续保证湿地的存在，占用主体无法通过协商获得占用的合法性。精细管理条件下必须同时考虑减少湿地的合法性标准。在湿地面积减少很快，红线保护制度日趋严格，湿地保护意识越来越强烈的条件下，湿地对生态的重要性获得湿地所有者和居民的共同认知，利益主体对减少湿地的意愿很低。在精细的生态保护管理模式下，占用主体不得不同时考虑减少的合法性与占用的合法性。随着红线保护制度的高压态势日渐形成，未获允许的占用湿地越来越少，合法占用湿地资源对湿地面积减少的贡献越来越大，甚至成为主要的原因。因此，剖析合法性两重内涵（合法占用和合法减少）的内在区别，越来越有价值。

### 三、湿地利用的合法性标准与非法利用湿地的新标准

#### （一）占用的合法性与减少的合法性

合法占用减少了湿地面积。无论湿地被合法占用产生的经济社会效益多大，占用项目多么重要，也不能忽视其严重后果。正是大量地合法占用资源，使合法性掩盖了面积减少的责任。这些占用湿地的项目，合法性只能够表现在可以占用湿地资源，并不能够在湿地恢复重建方面免责。合法性仅限于是否可以占用，不适用于是否可以合法减少湿地面积。区分占用是合法还是非法，偏离了湿地保护本身，没有意识到无论是合法占用湿地，还是非法占用，都不可避免地造成湿地面积减少。从管理的角度分析，被认定为非法占用湿地的占用者，往往被强迫要求缴纳一定数额的罚款。罚款尚可用于湿地的恢复与重建，以此对湿地保护做出贡献。非法占用湿地对湿地保护贡献并不是纯负面的，非法占用对湿地恢复重建也能做出贡献。无论属于哪一种情况，以合法名义占用的湿地，虽然对经济发展和公共利益有很大好处，对湿地的影响却是灾难性的，其减少了湿地面积，没有为湿地恢复重建做出贡献，对湿地生态保护的贡献是纯负面的。

要比较占用湿地的合法性与减少湿地的合法性。按照合法占用和合法减少两个指标，评价非占补平衡的管理模式，会发现仅仅被允许合法占用却不被允许合法减少湿地的标准建设，尚处于初级阶段。从湿地保护角度分析，其所缺失的面积减少的合法性标准，比其所具备的占用合法性标准更加重要。

实现占用湿地合法性标准向减少湿地合法性标准的转型。把对占用湿地的合法性的重视（$H_z$）与对减少湿地的合法性（$H_j$）的重视进行组合，共得到四种组合方式。第一种组合方式属于没有任何湿地面积管理的最原始的状态，既不重视占用的合法性又不重视减少的合法性（无 $H_z$ 无 $H_j$），导致湿地面积无序减少。第二种组合方式比最原始的状态有所改进，重视占用的合法性不重视减少的合法性（有 $H_z$ 无 $H_j$）。管理模式如果偏好区分占用的合法性，往往忽视了对湿地面积减少的关注，无论是合法占用还是非法占用，都会引发湿地面积减少。第三种组合方式比第二种管理模式更进一步，既重视占用的合法性又重视减少的合法性（有 $H_z$ 有 $H_j$）。这是湿地指标交易制度研究的起点和突破口，从对占用的合法性的过度关注，转向同时关注湿地面积减少，有利于建立占补平衡的湿地指标交易制度。第四种组合方式，不重视占用的合法性，重视减少的合法性（无 $H_z$ 有 $H_j$）。

在实施的可行性和效果方面，多目标（同时关注资源占用合法性与减少合法性）要比单一目标更容易实现，也更容易操作，该组合在保护湿地的效果方面更进一步。这种组合方式，不顾或者不主要顾及占用的合法性，只着眼于减少的合法性（是否允许减少湿地），有助于解决非占补平衡管理模式下，大量合法占用湿地导致的湿地面积减少现象。合法占用者既有合法占用权，也有合法减少湿地的权利，这与指标交易制度不能减少面积的原则相比是一种退步。不顾占用的合法性，只考虑占补平衡，取消任何占用者（主要针对合法占用者）减少面积的合法性是指标交易制度的根本原则。第四种组合对所有占用资源者一视同仁，取消合法占用者合法减少资源的特权是保护红线的重要支撑。

两种分类方法的融合致力于补偿占用湿地。要抛弃忽视湿地保护本身的合法与非法的界定，转而寻求第一种分类方法与第二种分类方法的融合，凡遵照占补平衡规定的是合法利用湿地，凡不能遵照占补平衡规定的都是非法利用湿地。非法与合法利用的界定不再以湿地资源保护以外的指标为标准，而是以面积是否减少为标准，这对湿地保护的价值很高。两种传统分类方法融合后，形成新型占用湿地的第三种分类方法。利用合法性分类方法，也称为新型分类法。一是凡遵照占补平衡规定的占用湿地是合法利用，没有减少面积，确保质量，没有产生生态扰动。二是凡不遵照占补平衡规定的占用，是非法利用，处以罚款，罚款金额（$F_{fk}$）等于新建等面积等质量湿地所需资金（$F_{xjsd}$）和恢复重建湿地所需的管理费用（$F_{hfcj}$）。假定非法占用湿地面积为 $M_{ffzy}$，新建单位面积湿地的资金为 $M_{xjsd}$，恢复重建单位面积湿地所需的管理费为 $M_{hfcj}$，有 $F_{fk}=F_{xjsd}+F_{hfcj}=M_{xjsd}\times M_{ffzy}+M_{hfcj}\times M_{ffzy}=(M_{xjsd}+M_{hfcj})\times M_{ffzy}$。第二种情况下，可以通过两种方式恢复重建湿地。一是通过引入湿地建设主体，恢复重建湿地，所需资金从罚款（$F_{fk}$）中获得。二是从指标交易市场获取湿地指标。建设成熟的湿地指标交易市场，可以大大降低恢复重建湿地资源的交易成本。第二种情况下，虽然减少了湿地面积，通过罚款，获得足够的恢复重建资金和管理费用；只要管理得当，可以通过指标交易市场，获取等面积的湿地指标，确保质量，而不损害湿地生态。单纯从湿地保护本身（是否遵照占补平衡规定）区分合法占用与非法占用湿地，降低了管理难度，可以确保湿地面积不减少。

## （二）占用湿地的合法性分类

一是占用合法性＋减少合法性。如果允许减少湿地，占用并减少湿地就是合法的。湿地红线保护制度出台以后，减少湿地的合法性不复存在，减少湿地面积不再拥有豁免权。非占补平衡模式下，往往只考虑占用合法性，没有考虑是否允许因占用而减少湿地，没有恢复重建等质等量的湿地，永久减少了湿地。二是占用合法性＋占补平衡。占用主体不具备减少湿地的权利。在有湿地指标供应的条件下，占用主体实现占补平衡，获得占用湿地的合法性。这种情况下没有减少湿地面积。

### （三）非法占用湿地的新标准

从保护湿地红线的角度出发，非法占用湿地是指不具备减少合法性的占用湿地。不具备减少合法性的占用包括两种情况。一是有占用合法性 + 无减少合法性，这种情况主要指只具有占用合法性，不具备减少合法性的组合。以红线保护标准分析，非占补平衡管理模式下，合法占用者并不具有合法减少湿地面积的权利。占用主体本身不具备减少且不需新建湿地的权利，没有在占用后补偿等面积的湿地。二是无占用合法性 + 无减少合法性。占用主体不具备减少湿地而不需补偿的权利。这种情况往往是既不具有占用合法性，又不具备减少合法性的组合。这种情况发生在两种背景下，第一种情况是在占补平衡下的指标供应尚未出现以前，非法占用主体想要购买湿地指标而不能获得指标供应。第二种情况是在占补平衡指标供应出现以后，非法占用主体不愿意或者没有购买指标，不能实现占补平衡。第一种情况下，通过缴纳罚款的方式，预存资金，在后续建立的指标交易市场上购买等额湿地指标。第二种情况下，通过罚款的方式预存资金，在指标交易市场上购买等额湿地指标。

### （四）非法占用湿地新标准下合法占用湿地与非法占用湿地的转换

部分非法占用湿地成为合法占用湿地。合法占用湿地中，只有一部分属于合法减少湿地，其他都不具备合法减少面积的权利，却在合法占用的名义下减少了面积。提出合法利用概念后，这些占用主体不具备合法减少面积的权利却减少面积，成为红线保护制度下的非法利用主体。部分合法占用湿地成为非法利用湿地。非法占用湿地中，有部分占用主体想要通过各种努力使利用湿地合法化。在非占补平衡管理模式下，没有指标供应，购买不到指标，只能采用非法占用的方式利用湿地。建立湿地指标交易制度以后，这些占用主体愿意并能够购买等面积的湿地指标，弥补面积减少的缺陷，使非占补平衡管理模式下的非法占用成为占补平衡下保护红线的合法利用湿地。

## 四、永久合法减少湿地指标与权利

### （一）永久合法减少湿地指标是湿地红线保护制度前的产物

之所以允许部分占用主体在占用湿地的同时拥有合法减少湿地的权利，与湿地指标交易制度出台以前，指标供应缺失，湿地面积必然减少的背景有关。无论是非法占用，还是合法占用，都不可避免地减少湿地，占用合法性与减少合法性捆绑在一起。没有指标供应市场，必然造成面积永久减少，占用合法性不可能派生出占用合法＋减少非法这种组合，只能有占用合法＋减少合法这种组合。如果认为占用合法而减少非法，必然要提供可以避免非法减少湿地的制度安排，而在生态占补平衡制度试点以前，并不存在这种供应指标交易额度的制度安排，所以无法提出合法占用＋非法减少这种组合。永久合法减少指标存在的基础是红线保护尚未出台，湿地面积减少尚未触及红线。

永久合法减少湿地指标是非占补平衡模式下的产物。非占补平衡阶段的非占补平衡管理模式忽略了占用湿地的合法性审批，是对永久减少面积的合法性审批，与生态占补平衡模式相比，审批的合法占用指标对生态产生影响。在面积占补平衡制度下，这种合法性很难经得起检验。在生态占补平衡制度下，这种永久减少面积的合法性更经不起检验。在湿地占补平衡制度实施以前，特别是在提出红线保护制度以前，没有人对合法占用湿地并永久减少面积的本质进行深入分析。首先，不具备思考永久减少面积合法性的背景。只有放在生态占补平衡背景下，才能发现非占补平衡时期的合法占用是永久性减少面积。其次，缺少思考永久减少面积合法性的视角。没有占补平衡的分析框架，不可能提出永久减少面积的概念。只有在占补平衡的分析框架提出以后，才能认识到，占补平衡模式是通过购买指标获得相对性减少面积的权利，是暂时性减少面积，并且此前已经弥补了湿地指标，先补后占。没有生态占补平衡观念，不可能有相对性（暂时性）减少面积的分析框架，非占补平衡模式下的合法占用的本质（绝对减少面积和永久性减少面积）很难暴露出来。再次，需要思考永久减少面积合法性的动机。非占补平衡下，无序减少面积的现象比较普遍，缺乏精细化管理的手段和工具，没有精细的制度设计，减少湿地的途径较多，容易使人误以为合法占用要比非法占用好很多。这种非占补平衡管理制度下的传统观念是一种误解。以生态占补平衡的视角分析，当时的合法占用的危害性不低于非法占用的危害性；如果非法占用还可以缴纳罚款，用于生态恢复，合法占用则永久性减少了面积，生态没有实现平衡。这种思想误区，只有在生态占补平衡框架下才能观察清楚。最后，需要意识到永久合法减少面积的危害。在非占补平衡时期，合法占用主体无须遵循占补平衡规定，忽视了生态保护，导致非占补平衡模式下的合法占用对湿地的危害较大。

## （二）永久合法减少湿地指标已经不能适应红线保护的要求

精细管理模式下需要重新审视永久合法减少湿地指标。生态占补平衡模式下，除非特别重大的占用，其他湿地占用不可能拥有永久减少湿地面积的合法性。一些并非重大事项的占用，如果是暂时减少面积，占补平衡，则拥有合法性；如果永久减少面积，则不具备合法性。随意审批永久减少面积合法指标的单位和个人必须严格追究责任，对以合法名义永久性减少湿地的行为必须追查到底，责任到人。

永久合法减少湿地指标意味着红线保护责任主体可以免责。永久合法减少湿地指标是湿地红线的对立面；永久减少面积的合法指标将永久性破坏生态，对红线造成威胁。如果在生态占补平衡模式下，仍然大量审批具有永久减少面积合法性的占用指标，则意味着审批制度本身已经成为红线保护制度的障碍；占用主体在合法性指标的保护下，免于追究，无疑使审批单位必须承担主要责任。

非占补平衡时期合法占用湿地存在悖论。合法性占用，名义上是合法的。合法性仅限于生态占补平衡以外的其他标准，要么是经济，要么是社会，要么是其他非生态的标准，唯独忽视了生态标准，其本质却是损害保护红线，危害湿地生态，审批制度对此要负责任。合法占用主体以合法的名义进行的生态破坏行为十分有害。在生态占补平衡制度实施之前出现的该悖论很难被关注，这是因为其没有视野的开拓和分析框架的提升，尚未引入生态占补平衡的分析思路。只有比较生态占补平衡模式与非占补平衡模式的优缺点，才能深刻发现非占补平衡制度中的制度性缺陷，即合法地损害生态，合法性审批制度破坏红线，合法的占用主体经过审批合理地威胁生态安全。因此，比较视野对发现合法占用悖论很有价值，是保障生态安全的重要创新。

### （三）永久合法减少湿地指标的稀缺性及审批权

永久合法减少湿地指标是对湿地红线保护的威胁。非占补平衡时期，没有湿地红线，永久减少湿地的合法性尚有存在空间，在红线保护制度出台后，如果没有留出空间，则湿地红线（$M_{sh}$）＝实际湿地面积（$M_{xs}$）。需要提供足够的理由，才能证明永久减少湿地的合法性。只有在给永久减少湿地留有空间的情况下，永久减少面积才有合法性，即湿地红线（$M_{sh}$）＞实际湿地面积（$M_{xs}$）。永久减少湿地面积的空间（$M_{jjsy}$）可以表示为实际湿地面积（$M_{xs}$）与湿地红线（$M_{sh}$）的差值，即 $M_{jjsy}=M_{xs}-M_{sh}$。湿地红线保护制度下，即使尚有永久减少面积的空间，即 $M_{jjsy}>0$，永久减少湿地面积仍威胁生态保护，生态量减少、生态功能弱化与生态效益下降。

审批权归国家林业和草原局湿地资源监测中心所有。湿地红线保护制度实施以后，为了降低永久减少湿地面积合法性对生态保护的影响，要对该项权利加大约束力度，提升审批层级。组织湿地专家组成审查委员会，严格审批永久合法减少湿地资格，确定具体对象的永久合法减少湿地的额度。对国家重大项目、关系国计民生的重点项目，可以酌情审批不超过限量的永久合法减少湿地的指标，即特批额度（$M_{jjse}$）。永久合法减少湿地的特批额度必须低于永久减少湿地面积的空间（$M_{jjsy}$），即 $M_{jjse} < M_{jjsy}$。湿地减少的途径不限于占用，各种因素都可能导致湿地无序减少，每年会有一定面积的、不可控的湿地减少额度（$M_{jjsb}$）。规定永久减少湿地的特批额度（$M_{jjse}$）必须低于永久减少湿地面积的空间（$M_{jjsy}$）。如果 $M_{jjse}=M_{jjsy}$，特批额度会因存在不可控的其他用途的湿地减少额度（$M_{jjsb}$），突破湿地红线。突破额度（$M_{jjst}$）相当于不可控的湿地减少额度（$M_{jjsb}$），即 $M_{jjst}=M_{jjsb}$。除非特殊情况，一般不审批永久减少湿地面积的权利。经过审批层级的提升和审批额度的严格控制，减少合法意义上的湿地生态威胁。

严格管理并逐步取消永久合法减少湿地指标，永久合法减少湿地指标要压缩到最低。可以通过降低永久减少湿地的特批额度（$M_{jjse}$），压缩永久减少湿地的合法指标。逐步废除永久减少合法指标审批，要确保在生态占补平衡制度推广时，实际湿地面积不低于红线。如果到生态占补平衡制度推广时，实际湿地面积低于红线，根据占补平衡法则，湿地面积很难恢复到红线额度。以湿地为例，假定在生态占补平衡制度推广时，实际湿地面积（$M_{xs}$）恰好等于湿地红线（$M_{sh}$），即 $M_{xs}=M_{sh}$。湿地红线被触及，永久减少湿地面积的空间（$M_{jjsy}$）为0，即 $M_{jjsy}=0$。假定从目前开始，湿地指标占补平衡制度全面推广将用 $n$ 年。在全面推广之前，每年都有一定面积的、不可控的其他用途的湿地减少额度（$M_{jjsb}$）。预留这部分指标，则从目前开始，能够作为永久减少湿地面积的合法额度只有 $M_{jjse}=M_{jjsy}-M_{jjsb}×n$。假定每年的永久减少湿地的特批额度（$M_{jjsae}$）占永久减少湿地的特批额度（$M_{jjse}$）的比例为 $a$：$M_{jjsae}=M_{jjse}×a$。假定准备用 $n$ 年左右时间，在全面推广生态占补平衡制度时（红线被触及时），废止永久减少湿地面积的合法额度的审批制度，每年永久减少湿地的特批额度（$M_{jjsae}$）占永久减少湿地的特批额度（$M_{jjse}$）的比例（$a$）可以从 $1/n$ 开始，逐年递减 1%：第 1 年，$a=1/n$，每年永久减少湿地的特批额度占永久减少湿地的特批额度（$M_{jjse}$）的 $1/n$。第 2 年，$a=1/n-1\%$，每年永久减少湿地的特批额度占永久减少湿地的特批额度（$M_{jjse}$）的 $1/n-1\%$。第 3 年，$a=1/n-2\%$，每年永久减少湿地的特批额度占永久减少湿地的特批额度（$M_{jjse}$）的 $1/n-2\%$……第 $m$ 年，$a=1/n-(m-1)\%$，每年永久减少湿地的特批额度占永久减少湿地的特批额度（$M_{jjse}$）的 $1/n-m\%+1\%$……第 $n$ 年，$a=1/n-(n-1)\%$，每年永久减少湿地的特批额度占永久减少湿地的特批额度（$M_{jjse}$）的 $1/n-n\%+1\%$。第 $n+1$ 年，$a=0$。$n$ 年后，废止永久减少湿地面积合法额度的审批制度。尚有占永久减少湿地的特批额度（$M_{jjse}$）的 $n\%×(n-1)/2$ 的湿地指标可以作为空余指标，应对其他途径的湿地减少。$1\%+2\%+\cdots+(n-1)\%=n\%×(n-1)/2$，通过逐步降低每年永久减少湿地的特批额度（每年减少1%的比例）占永久减少湿地的特批额度比例（$a$）的方式，经过一段时期（$n$ 年）的过渡，废止永久减少湿地面积合法额度的审批制度，堵住合法审批制度产生的湿地生态保护漏洞。

## 五、非占补平衡时期湿地利用制度设计的公平性

### （一）合法占用湿地的悖论

保障湿地资源利用的公平性。从本质而言，主体具有相对的公平性。在占用湿地的问题上，不存在优先与非优先的问题，不能因为任何理由，优先保证某些占用主体无偿、永久性减少湿地的权利，而忽视甚至歧视其他占用主体通过新建湿地而暂时性减少湿地的占用权利。非占补平衡时期的合法占用湿地审批制度出现了悖论。特殊利益群体可以优先永久性减少湿地、破坏生态，其余的占用主体缴纳了对生态保护很有价值的罚款，却无法获得等同的合法利用湿地的权利（这里的合法利用湿地，是生态保护意义上的合法利用，主要是通过生态占补平衡制度合法利用）。合法占用湿地的悖论是一种历史性现象。其合法性仅具备有限度的合法意义，不仅在生态占补平衡模式下，即使在非占补平衡模式下，也只具备经济社会的合法性，而不具备生态意义上的合法性，其经济价值和社会价值不仅不能抵消生态损害，而且这些项目本身占用面积较大，总量很大，示范作用明显，对生态保护的负面价值不可低估。因此，生态文明建设被提高到战略地位，因为生态文明建设之前，过度沉迷于区分占用的合法性，遴选占用主体，有失社会公正。

### （二）湿地资源利用制度设计的不公

制度设计的不公与罚款利用效率的低下，加剧了湿地资源利用制度设计的不公。如果非法占用主体缴纳的罚款没有被有效利用，非法占用主体与湿地生态保护的冲突就会明显化：更多人相信是这些非法占用者加剧生态恶化，而不会有研究者对合法占用者同样的行为加以评估。合法占用者对生态的危害要远远高于非法占用者。收取的罚款足以修复减损的湿地生态，则非法占用主体的生态损失（$MS_{fzsj}$）为 0，合法占用主体的生态损失（$SS_{hzsj}$）为其占用湿地的生态量（$L_{hzsj}$）、功能（$G_{hzsj}$）、效益（$Y_{hzsj}$）的总和：$MS_{fzsj}=0$，$SS_{hzsj}=（L_{hzsj},G_{hzsj},Y_{hzsj}）$。在图2-2中，非占补平衡时期，没有湿地指标交易市场，罚款往往用在未被占用的湿地修复，即使罚款的利用效率为100%，修复现有湿地而增加的生态量很难与购买等额指标增加的生态量相比，仍然出现生态量的耗散。本书假定在占补平衡之前，没有实现占补平衡的压力；罚款不是用于新增湿地，而往往只是修复现有湿地。占补平衡下，购买湿地指标增加的生态量相当于占用湿地减少的生态量，理想状态是恢复占用湿地减少的生态量；购买湿地指标后，实现了理想状态。因此，修复现有湿地增加的生态量相当于购买湿地指标增加的生态量的比例，与罚款利用效率相当于理想状态的比例，这两个指标相同。假定修复现有湿

地增加的生态量相当于购买湿地指标增加的生态量的比例为 $\rho_1$，则罚款利用效率相当于理想状态的比例也为 $\rho_1$，罚款对湿地生态造成的耗散比例为（$1-\rho_1$）。

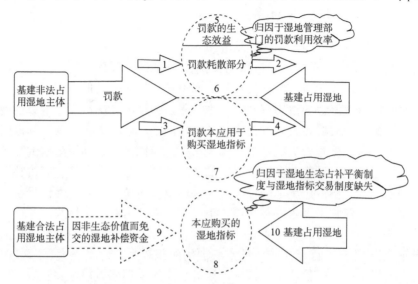

图 2-2　罚款利用效率与制度创新缺失产生的结果

　　罚款利用方式使利用效率低于理想状态，导致非法占用主体的行为给生态造成损失，损失为 $SS_{fzsj}=(L_{fzsj},G_{fzsj},Y_{fzsj})\times(1-\rho_1)$。该损失是指标交易市场缺失所导致的。前面假定罚款利用效率为 100%，实践中，这种利用率很难实现。罚款利用效率往往低于 100%，假定罚款利用效率为 $\rho_2$，在此条件下，会出现罚款利用效率不高导致的生态量的耗散，耗散比例为（$1-\rho_2$）。罚款对恢复生态的价值只相当于（图 2-2 中的罚款的生态效益 5）：$SS_{fzsj}=(L_{fzsj},G_{fzsj},Y_{fzsj})\times(1-\rho_1)\times(1-\rho_2)$。罚款的生态损失部分（图 2-2 中的罚款耗散部分 6）为 $SS_{fzsjs}=(L_{fzsj},G_{fzsj},Y_{fzsj})-SS_{fzsj}=(L_{fzsj},G_{fzsj},Y_{fzsj})-(L_{fzsj},G_{fzsj},Y_{fzsj})\times(1-\rho_1)\times(1-\rho_2)=(L_{fzsj},G_{fzsj},Y_{fzsj})\times(\rho_1+\rho_2-\rho_1\times\rho_2)$。罚款利用方式和利用效率负责的生态损失比例为（$\rho_1+\rho_2-\rho_1\times\rho_2$）。在非占补平衡时期，这种应该由制度缺失和管理效率低下承担的生态损失责任，往往被不加分析地推给非法占用主体，使非法占用主体承担了不该承担的责任。湿地指标交易制度缺失与罚款利用效率不高，以及管理制度缺失造成的制度性障碍，损害了非法占用主体的公平权利；在遴选合法占用主体时，过分偏好经济社会发展的非生态价值，将这些主体以非生态保护的原因排除在外，并对这些不损害生态的非法占用主体予以歧视，认定其是生态破坏的主要责任者。管理制度创新滞后，导致合法占用者对生态造成破坏。

　　要对不同主体的生态危害率进行比较。通过对非占补平衡时期合法占用湿地本质的分析，可以得出一个结论：首先是非占补平衡时期的合法占用者对生态占补平衡的危害最大，合法占用者对生态保护的危害率（$\rho_3$）为 100%，是占用湿地的最大合法漏洞。合法占用者对生态保护的危害率是永久性减少的湿地面积（$M_{hfzyj}$）与合法占用湿地面积（$M_{hfzy}$）的比例（图 2-2 中本应购买的湿地指标 8）：$M_{hfzyj}=M_{hfzy}$。$\rho_3=M_{hfzyj}/M_{hfzy}=100\%$。其次是没有通过占补平衡的湿地指标交易制度和对罚款的低效率利用对湿地生态损害的危害率（$\rho_4$），主要表现在降低了非法占用者对生态保护的贡献率，可以表示为非法占用主体缴纳的罚款的生态损失部分（$SS_{fzsjs}$）（图 2-2 中的罚款耗散部分 6）占罚款购买的湿地指标的生态总量的比值，生态总量表示为（$L_{fzsj},G_{fzsj},Y_{fzsj}$）：$\rho_4=SS_{fzsjs}/$（$L_{fzsj},G_{fzsj},Y_{fzsj}$）=（$L_{fzsj},G_{fzsj},Y_{fzsj}$）×（$\rho_1+\rho_2-\rho_1\times\rho_2$）/（$L_{fzsj},G_{fzsj},Y_{fzsj}$）=$\rho_1+\rho_2-\rho_1\times\rho_2$。非法占用者对生态保护的危害率（$\rho_5$）为 0。应进行湿地指标交易制度创新，提高罚款资金利用效率（在建立湿地指标交易制度之后，罚款资金转型为购买湿地指标的资金）。要进行制度创新，改变非占补平衡时期的合法占用湿地审批制度。

逐步取缔永久合法减少湿地审批。前生态占补平衡时期，对罚款的利用效率不高。图 2-2 中，非法占用主体缴纳的罚款与占用的湿地之间（用虚线表示）存在对等关系，如果罚款的计算方法是正确的，则罚款（$F_{fk}$）应该相当于在公开交易的湿地指标市场上购买等额（相当于 7 所表示的虚线的圆圈）湿地指标的价格。罚款的利用本来遵循"缴纳罚款—购买等额湿地指标—占用湿地"的路径（图 2-2 中 3→4 的路径），这样，非法占用湿地实现了指标占补平衡，并没有减少湿地。管理制度创新滞后，没有湿地指标供应和交易，路径 3→4 行不通，只能走低效利用罚款的路径 1→2（图 2-2）。罚款在 3→4 路径中应该购买到相当于图 2-2 中的标号 7 的湿地指标，却只获得相当于标号 5 的生态效益，所减少的部分（标号 6）为制度缺失和管理不善造成的罚款耗散部分。合法占用主体因非生态方面的价值，通过遴选可以永久合法减少面积，造成湿地的全面损失（图 2-2 中的标号 8）。合法占用主体的损失是全面性的。全面性损失是指每占用并永久性减少 1 单位的湿地，损失的湿地生态量（$L_{ssh}$）与占用湿地的生态量（$L_{zsh}$）的比值（$\rho_{14}$）为 100%。非法占用主体的损失是非全面性损失。缴纳的罚款如果利用得当，可以补偿部分实体损失，损失的生态量（$L_{ssf}$）少于占用湿地的生态量（$L_{zsf}$），两者比值（$\rho_{15}$）小于 100%。损失的湿地生态量（$L_{ssf}$）比占用湿地的生态量（$L_{zsf}$）减少的量值大小，取决于利用罚款的效率高低：能够高效利用罚款，$\rho_{15}$ 取值就大，反之，$\rho_{15}$ 取值就小。非法占用主体的生态损失较少，湿地生态损失为图 2-2 中的标号 5。如果通过制度创新，可以建立湿地指标交易市场，并加大罚款利用方式改革力度，由非法占用主体使用罚款资金，购买湿地指标，可望大幅度减少生态损失。可以增加相当于图 2-2 中的标号 6 的湿地生态量。

罚款不能通过购买湿地指标的方法恢复湿地生态，只能用于目前未被占用的湿地上的修补，责任在于制度与管理，而不在非法占用湿地主体。

### （三）非占补平衡时期的非法占用对生态的价值高于合法占用

合法占用主体、制度设计与管理、非法占用主体三者，对湿地生态保护的贡献率并不相同。对生态保护的贡献率可以表示为对湿地生态保护的贡献率=1-对湿地生态保护的危害率。非法占用者对生态保护的理论贡献率（$\rho_8$）最大：$\rho_8 = 1 - \rho_5 = 100\%$。制度与管理的贡献率（$\rho_7$）次之：$\rho_7 = 1 - \rho_4 = 1 - \rho_1 - \rho_2 + \rho_1 \times \rho_2$。合法占用者的贡献率（$\rho_6$）最小：$\rho_6 = 1 - \rho_3 = 0$。

非法占用主体的贡献率潜力值得重视。非法占用湿地的理论贡献率（$\rho_8$）与实际贡献率（$\rho_9$）不符：$\rho_9 = \rho_7 = 1 - \rho_1 - \rho_2 + \rho_1 \times \rho_2$。非法占用主体的理论贡献率（$\rho_8$）受到制度缺失的影响，只发挥出一部分潜力，即实际贡献率（$\rho_9$）部分。非法占用主体的贡献率潜力（$\rho_{10}$）为 $\rho_{10} = \rho_8 - \rho_9 = 100\% - (1 - \rho_1 - \rho_2 + \rho_1 \times \rho_2) = \rho_1 + \rho_2 - \rho_1 \times \rho_2 = \rho_4$。非法占用主体的贡献率的潜力（$\rho_{10}$）相当于占补平衡的湿地指标交易制度缺失和对罚款的低效率利用的危害率（$\rho_4$），前者的潜力发挥依赖于制度创新和实践。

提升非法占用贡献率。非占补平衡时期，非法占用比例（$\rho_{11}$）远远高于合法占用比例（$\rho_{12}$），前者表示为非法占用的面积（$M_{jfzs}$）占占用面积（$M_{jzs}$）的比例：$\rho_{11} = M_{jfzs}/M_{jzs}$，后者表示为合法占用面积（$M_{jhzs}$）占占用面积的比例：$\rho_{12} = M_{jhzs}/M_{jzs}$。非占补平衡时期，可以合法占用的湿地指标有限，往往有 $\rho_{11} > \rho_{12}$，$M_{jfzs} > M_{jhzs}$。考虑到生态占补平衡的需要，要提高占比最大的非法占用的贡献率，使潜力得到发挥，增加湿地生态量。假定单位面积湿地的平均生态量为 $L_{dms}$，则提升非法占用的贡献率产生的生态量的增加值（$L_{fsz}$）为 $L_{fsz} = L_{dms} \times M_{jfzs} \times \rho_{10} = L_{dms} \times M_{jfzs} \times \rho_4$。这部分生态量增值能否实现，完全取决于制度创新及其实践：生态占补平衡制度建设及湿地指标交易制度创新和推广。因为制度缺失，非法占用对湿地生态造成损害。制度创新与推广是消除制度缺失危害的具体途径，是消除非法占用对生态实际造成损害的根本方法，更是改善湿地生态的根本出路。

提升合法占用湿地贡献率。如果为了充分发挥生态保护的潜力，还可以利用生态占补平衡制度创新，大幅提升非占补平衡时期属于合法占用湿地的利用效率。最终目标是非占补平衡时期属于合法占用的湿地，在实现生态占补平衡制度以后，全部实现占补平衡，实现废除永久减少湿地审批的目标。非占补平衡时期属于合法占用的湿地贡献率（$\rho_{13}$）增值潜力为 $\rho_{13} = 100\% = \rho_3$。合法占用的湿地实现占补平衡后，生态量提升。生态量的增加值（$L_{hsz}$）为 $L_{hsz} = L_{dms} \times M_{jhzs} \times \rho_{13} =$

$L_{dms} \times M_{jfzs} \times \rho_3 = L_{dms} \times M_{jfzs}$。

## 六、废除永久减少湿地的合法性审批制度是红线保护的必然趋势

### （一）具备永久合法减少湿地指标的占用主体

占用湿地的新型分类方法对湿地保护很有意义。这种制度安排可能引发一些争议，争议主要来源于非占补平衡管理模式下属于合法占用的利益群体，该群体在非占补平衡的管理模式下，不仅具有合法占用的权利，还有合法减少湿地面积的权利。在红线保护制度出现以前，部分占用者可以拥有减少湿地面积的权利，拥有对减少面积的责任追究的豁免权。这是保护红线尚未上升为顶层设计，湿地保护力度不足，对环境保护的重要性认识不足，湿地生态保护不受重视造成的。即使在红线保护制度出台以后，仍然有一些涉及公共利益和重要战略的项目通过占用减少湿地面积。从这些占用项目本身分析，强调其重要性，要求占用并减少湿地面积是可以理解的。从保护红线的角度分析，可以因项目的重要性而允许占用。红线制度出台以前的非占补平衡时期，可以因为生态以外的社会、经济利益而减少湿地。在红线保护制度出台以后，生态保护高于一切，无论多么重要的项目要求占用湿地，都不能够凌驾于红线保护制度之上而减少湿地。非占补平衡管理模式下，允许合法占用湿地，无可厚非。允许减少湿地面积，而不考虑生态占补平衡，是非占补平衡管理模式的具体体现。在非占补平衡管理模式中，基本上不考虑减少面积的合法性问题，只关注占用的合法性。这是湿地面积快速减少的主要原因。在精细管理模式下，如果要主抓一个维度，则应集中精力高度关注面积减少的合法性，占用的合法性可以忽略不计。与占用的合法性比较，减少面积更为根本，影响更大。非占补平衡管理模式之所以能够容忍减少面积，不是有意为之，更多是过度关注占用合法性，导致注意力聚焦在占用合法性上，忽视了更为根本的面积减少的合法性。同时，以占用合法性涵盖减少面积的合法性，混淆了两者的关系，认为既然允许合法占用，理应给其合法减少面积的权利，豁免了新建湿地的责任。

### （二）不废除永久合法减少指标则无法保护湿地红线

永久合法减少指标将成为湿地面积合法减少的主要根源。湿地指标交易制度实施以后，非法占用者将得到惩处，最难管理的恰好是合法占用者。既不能要求这些具备减少面积合法性的占用者主动购买湿地指标，又不能向其收取罚款，以代为购买等面积额度的湿地指标，只能任其减少湿地面积。到时，减少面积的主要是具备合法减少面积合法性的占用主体。因此，根治永久性减少湿地的痼疾需

要制度创新。建立湿地指标交易制度，并对非占补平衡时期拥有永久性减少湿地权利的合法占用主体进行一定期限的补偿，可以根治合法占用湿地、永久性减少湿地生态的情况。永久合法减少湿地指标面临挑战，永久合法减少湿地指标存在的基础已经不复存在。湿地保护已经上升到国家战略层面，并表现为红线保护战略的出台；居民湿地保护意识逐步增强，湿地的生态价值日益凸显，如果没有刚性的红线保护制度，面积减少将愈演愈烈，最终触及红线。正是这些复杂的因素发生了根本性变化，才使得永久减少湿地面积的现象失去合法性，随着关注者日益增加，危害性逐步凸显。

### （三）废除永久合法减少湿地指标的必要性与依据

减少湿地面积已经成为威胁红线的主要障碍。具备永久减少湿地面积合法性的项目越来越受到密切关注，哪些占用项目可以合法永久减少湿地面积？这日益成为全国民众关注的问题。随着该问题的敏感性日益增强，审批制度要求日益严格。湿地指标交易制度实施后，这种表态最终对非法占用者起到震慑作用，强制这些边缘化的占用主体购买指标，并合法利用湿地资源。减少湿地面积的主体为合法占用主体。这些占用主体与边缘化的非法占用主体有所区别，这些占用者往往具备一定的资源和特殊地位，往往不愿意遵守占补平衡规定，不愿意支付指标交易资金，不愿意购买湿地指标，不愿意把湿地保护作为重要战略遵照执行。这些占用主体往往过分强调其占用项目的社会与经济方面的重大意义，忽视甚至侵害湿地保护的战略制度。保护红线的最大威胁是这些占用主体。生态保护成为国家战略后，永久减少湿地面积的合法性与湿地生态保护战略相悖。湿地红线成为国家战略后，永久减少湿地面积的合法性与湿地红线相悖。废弃合法减少湿地面积制度，从根本上消除了隐患。不再承认减少湿地面积的合法性，堵上了突破湿地红线的漏洞。

# 第二节　湿地资源配置市场化

## 一、占用湿地的生态效益与生态损失

### （一）占用湿地的生态效益

占用湿地的生态效益与占用面积正相关。假定占用湿地的效益为 $Y_{jzs}$，占用湿地的面积为 $M_{jzs}$，二者的关系为 $Y_{jzs}=f_{jzs1}(M_{jzs})$，这是一个增函数，占用湿地的生态收益与占用面积正相关，占用面积越大，生态效益越高。

### （二）非占补平衡阶段占用湿地的生态损失

占用湿地对生态的损害（$H_{jzss}$）由社会承担。精准锁定是指占用主体造成的生态损害锁定损害主体的做法，造成损害的占用主体对湿地生态造成的损害负完全责任。精准锁定增加了管理成本，需要对每一个占用湿地主体加强监督管理，评估生态损害，计算损害的经济成本。精准锁定可以有两种方法。一是通过类似征税方式开具湿地生态损害罚单，强制占用湿地主体及时缴纳罚款。二是对锁定的占用主体实施强制措施，要求实现湿地生态占补平衡，购买湿地面积相当（不低于占用的湿地面积）、湿地生态量相当（不低于占用的湿地生态量）、湿地功能相当（与占用的湿地功能相同）、湿地效益相当（不低于占用的湿地效益）、湿地流域相当（与占用的湿地处于同一流域）、湿地地域相当（与占用的湿地处于同一地域）、湿地种类相当（人工湿地与自然湿地的种类相当）的湿地指标，实现湿地生态面积、生态量、功能、效益、流域、地域、种类的占补平衡。占用湿地的生态损失不完全由占用主体承担。没有湿地生态占补平衡制度，占用主体对生态造成的损失没有完全责任到人，占用主体缴纳罚款，却不用关注罚款的利用结果是否实现湿地生态占补平衡。这种占用湿地的生态损失不完全由占用主体承担的现象，造成更大范围的湿地生态损害。

## 二、占用湿地的刚性需求

从主观看，从湿地保护角度分析，希望杜绝占用湿地，没有外部威胁影响湿地生态。从客观看，占用湿地具有普遍性，趋势不可阻挡，必须正视必需的占用。主观视角过分理想化，无视湿地减少的趋势，认为这种趋势可以阻止或者短期内能够很快扭转。湿地保护固然有其目标与利益，占用也有其规律性，有的属于必需的湿地占用。湿地保护管理的目标不是消灭必需的湿地占用，而是通过制度创新，提供不影响湿地生态占补平衡的指标交易制度，实现湿地生态保护与占用的双赢。占用湿地需求是刚性的，不能解决这部分刚性需求的正当满足问题，为其提供合法的制度、途径，湿地红线不可能得到保护。

建立湿地生态占补平衡制度具有必要性。有增减平衡的制度平台与没有增减平衡的制度平台，效果完全不同。占用主体在占用湿地的过程中，主要障碍不在于经济成本，在于没有占用指标。如果提供了占补平衡的制度平台，在严格的湿地指标交易制度下，允许占用之前购买湿地指标，并不会对占用主体造成根本性障碍。相反，无论占用主体愿意支付多大的经济成本来获取占用湿地指标，在占补平衡制度实施以前，都没有相应的制度支持（能够获得合法减少湿地面积的占用主体除外，不过，这些占用主体不仅比例很低，而且往往是特殊群体）。建立占补平衡的制度创新平台具有十分重要的意义。占用湿地主体之所以会对湿地红线保护造成威胁，障碍不在于资金匮乏，这些占用主体有丰富的资金，缺的主要是占用指标的交易平台。为了保护湿地红线，当务之急是通过制度创新，建立湿地指标交易平台，破解湿地指标匮乏瓶颈，实现湿地生态系统功能与效益平衡。

### 三、政府管制与市场配置相结合

多种红线制度已与占补平衡制度结合，通过市场配置土地资源。科学的湿地资源占补平衡制度，可以避免非占补平衡手段配置湿地资源必然导致的湿地减少。

提高湿地生态保护效益。没有湿地生态占补平衡制度平台建设，没有湿地指标交易制度创新，则必然减少湿地，降低湿地生态量，降低湿地功能与效益。进行湿地生态占补平衡制度平台建设和湿地指标交易制度创新，为占用主体提供实现湿地生态占补平衡的交易平台，可以避免减少湿地、降低湿地生态量、降低湿地功能与效益。

提高湿地生态保护效率。加大制度创新力度，进行湿地生态占补平衡制度平台建设和湿地指标交易制度创新，为占用主体提供实现湿地生态占补平衡的交易平台，使其可以从繁杂的事务性修复湿地的具体工作中解脱出来，激励占用湿地主体的积极性，使更多力量参与湿地保护。

政府管制与市场配置相结合。要建立行政指导与严厉处罚做后盾、市场配置湿地资源的制度创新体系。既考虑占用的需求，又不减少湿地总量。对占补平衡制度的遵循是刚性的，强度不亚于非占补平衡管理模式下对非法占用湿地的处罚力度。新型管理模式下，不是按照占用湿地者不能自主决定的标准划定是否合法，而是按照所有占用湿地者都可以实现的标准（购买湿地指标，实现湿地资源占补平衡）划定是否合法。这也许给非占补平衡管理模式下的合法占用湿地者增加了负担（如果确实属于必须占用湿地，可以通过融资渠道，帮助这些占用湿地者筹措湿地指标交易资金），却不会减少湿地面积。从湿地管理角度分析，利大于弊。

### 四、罚款的性质

（一）湿地生态占补平衡制度下罚款仍然具有有效性

湿地生态占补平衡制度下仍然会有违背规定的占用主体。非占补平衡时期，至少有部分非法占用湿地主体本来是守法的。首先，想争取合法占用湿地指标，却因合法占用湿地指标有限，难以满足愿望。其次，想通过购买湿地指标保护湿地生态，却没有湿地指标交易平台，不能实现湿地保护的目标。最后，在最坏的条件下，选择通过缴纳罚款的方式占用湿地。占用湿地主体想要保护湿地，却无法实现湿地生态占补平衡。这部分守法的占用主体，缺乏制度保障，难以合法占用湿地，被迫成为非法占用湿地主体，是制度性非法占用主体。湿地生态占补平衡制度实施以后，这些守法的占用主体可以通过购买符合面积、生态量、功能、效益、流域、地域、类型的湿地指标，合法占用湿地。非占补平衡时期，有相当一部分不守法的占用湿地主体并没有意愿通过合法方式占用湿地（争取合法占用湿地指标），没有意愿以保护湿地生态的方式占用湿地（购买符合面积、生态量、功能、效益、流域、地域、类型的湿地指标），在湿地生态占补平衡制度缺失的情况下，其动机和行为破坏了湿地生态，换取一己利益，将生态损失转嫁给了社会。实施湿地生态占补平衡制度之后，建立了湿地生态指标交易制度，这部分不守法的占用湿地主体仍然没有意愿主动购买符合面积、生态量、功能、效益、流域、地域、类型的湿地指标，破坏了湿地生态。

罚款促使占用主体遵守占补平衡规定。对破坏湿地生态的不守法的占用主体及其行为，应该采取高压态势，迫使其不敢破坏。只要这类以破坏湿地生态换取一己利益的不守法的占用主体仍然存在，并可能长期、大量存在，罚款就具有必要性和有效性。

### （二）湿地生态占补平衡制度前后罚款的性质变化

虽然湿地生态占补平衡制度实施前后，都必然存在罚款，但罚款在湿地生态占补平衡制度实施前后，保护湿地生态占补平衡及湿地生态红线的性质发生了根本性变化。

非占补平衡时期的罚款等于修复湿地必须支出的资金额度。在非占补平衡时期，罚款的形式虽然相同，但性质有区别。守法的占用主体主动缴纳罚款，以罚款形式支持湿地修复，保护湿地生态。不守法的占用主体被动缴纳罚款，用罚款代为实施湿地生态修复，保护湿地生态，罚款是被动修复湿地的资金表现形式。非占补平衡时期，无论是守法的还是不守法的占用湿地主体，罚款都是修复湿地的资金表现形式。罚款金额（$F_{fkqz}$）相当于恢复所占用湿地生态的经济补偿。用恢复了的占用湿地的生态量（$L_{zsh}$）乘以每单位湿地生态量的经济效益（$JL_{dzsh}$），可以计算出恢复的占用湿地的生态量的经济效益（$JL_{zsh}$）：$JL_{zsh}=JL_{dzsh}\times L_{zsh}$，$F_{fkqz}=JL_{zsh}=JL_{dzsh}\times L_{zsh}$。

湿地生态占补平衡时期的罚款是强制占用主体修复湿地的资金。湿地生态占补平衡制度实施后，罚款是为督促占用湿地主体遵循湿地生态占补平衡，督促其购买面积相当、生态量相当、生态功能相当、生态效益相当、属于同一流域与同一地域、类型相当的湿地。守法的占用湿地主体，在制度创新条件下，可以购买到面积、生态量、生态功能、生态效益相当、属于同一流域与同一地域的、类型相当的湿地指标。使其保护湿地生态的意愿得以实现，不再沦为非法占用湿地主体。制度创新为守法的占用湿地主体提供了良好的制度平台，使非法性质得以改变。

需要界定非法占用湿地主体中的守法者的性质。在合法性管理模式中，主要精力用在按照一定标准遴选符合需要的占用湿地上，要确定符合一定标准的占用湿地属于合法范畴，在合法额度（$M_{yjzs}$）以内，然后把其余的不能占用该额度的占用湿地归入非法的占用湿地范畴。只要允许占用的湿地面积（$M_{yjzs}$）与需求面积（$M_{xjzs}$）之间的差值较大，无论利用怎样的标准权衡，总有一定面积的占用湿地属于非法（$M_{fjzs}$）：$M_{fjzs}=M_{xjzs}-M_{yjzs}$。一些非法占用湿地的主体争取成为合法占用者，但合法名额有限，不可避免地成为合法外占用者，他们并不躲避湿地生态保护的责任，愿意尽可能实现湿地生态占补平衡。限于制度约束，没有可以公开交易的湿地指标，只能通过缴纳罚款这唯一的途径履行湿地生态保护和补偿的义务。这种占用湿地主体，虽然有非法之名，但确实是守法的占用湿地主体。只要制度创新取得突破，建立了湿地生态占补平衡制度，他们就可以购买到湿地指标，可以由守法的非法占用湿地主体转变为合法的占用湿地主体。

## 五、湿地生态占补平衡制度前后罚款的利用方式

生态占补平衡制度前直接利用罚款修复湿地。要保护 8 亿亩湿地红线，需要组织修复每年减少的 510 万亩湿地，无论是组织规模、人力、精力还是管理能力，都面临压力。湿地主体占补平衡制度创新以前的湿地生态保护的最大挑战之一是如何监督修复湿地这一操作性工程。湿地生态占补平衡制度前的管理模式，既有益处也有弊端。

第三方新建湿地主体是独立于占用主体、专为占用主体提供湿地指标、实现湿地生态占补平衡的组织。第三方组织为湿地指标交易市场提供新建湿地指标，既满足了保护湿地生态的需要，又满足了湿地占用主体购买湿地指标的需求，是湿地生态占补平衡的中介，是湿地指标的供应方，是湿地生态维护的操作者，是新建湿地的建设者，是确保湿地生态占补平衡的不可或缺的一环。第三方组织可以为罚款资金的高效利用提供湿地指标，在保障湿地面积占补平衡的基础上，进一步保障湿地生态占补平衡，满足占用湿地的刚性需求。第三方组织的地位十分重要，没有第三方组织，导致湿地指标需求难以满足，湿地生态管理失去基础，新建湿地不复存在，湿地生态无法占补平衡。第三方组织是湿地管理制度创新的

核心，是湿地占用主体利用湿地的基础。

## 六、湿地生态占补平衡制度前后罚款资金利用与罚款金额

### （一）湿地生态占补平衡制度前后罚款资金利用

罚款是湿地保护资金的重要组成部分，在湿地保护资金中占有相当的比例。罚款的性质是一种对湿地生态进行事后控制的惩罚性资金追缴，是针对已经占用湿地的占用主体，强制性收取的湿地生态保护资金。这种性质使这部分湿地保护资金（罚款）的使用出现以下现象。

占补平衡制度实施前的罚款资金利用环节可能更长。湿地生态占补平衡制度下，占用主体自己利用这部分资金购买湿地指标只涉及一个环节，即占用主体购买湿地指标与湿地指标出售者出售指标。非湿地生态占补平衡制度下，占用主体将这部分资金用于修复湿地涉及两个环节，即占用主体缴纳罚款与中标的建设者修复湿地。

占补平衡制度实施前的罚款资金利用的交易成本可能更高。湿地生态占补平衡制度下，因为交易成本要占用主体自己承担，降低交易成本就是减轻负担，降低开支。因此，占用主体有尽可能降低利用资金购买湿地指标的交易成本的积极性。非湿地生态占补平衡制度下，罚款使用环节长，每个环节都存在交易成本。在第一个环节，占用主体缴纳罚款时，存在逃避罚款的倾向，需要花费交易成本追收罚款。在第二个环节，使用罚款招标时，因为利益推动，可能出现中标者与招标者的合谋串通，提高交易成本。

占补平衡制度实施前的罚款资金利用效率可能更低。湿地生态占补平衡制度下，占用主体利用自己的资金购买湿地指标，出于利益驱动，尽可能要用最少的资金购买最多的指标，资金使用效率最高。非湿地生态占补平衡制度下，为公共利益服务，保护生态，在没有监督的情况下，最坏的可能是支出最多的资金，只产生最低的生态保护效益。在湿地生态占补平衡制度实施后，占用主体是为购买湿地指标而使用资金，不是为保护湿地生态而购买湿地指标。最佳设计是让湿地占用主体为保护湿地生态而利用好资金，要让占用主体以生态保护为最大动力，监督湿地生态占补平衡的制度设计，使占用主体把购买湿地指标与生态保护合而为一，实现最大激励。对占用主体而言，购买湿地指标是应尽的义务。没有购买到能够实现湿地生态占补平衡的湿地指标，就不可能获取占用湿地的合法权益。保护生态虽然不是占用主体的目标（购买到合适的湿地指标才是占用主体的根本目标），但购买湿地指标的效果其实等同于保护湿地生态。占用主体购买符合规定的湿地指标，间接地保护了湿地生态。占用主体利用好资金，直接利益是为买

到符合规定的湿地指标，间接惠及湿地生态保护。两者紧密挂钩，使湿地占用主体有为保护湿地生态而用好资金的积极性。

占补平衡制度实施前的罚款资金利用效果可能有限。非湿地生态占补平衡条件下，要用好罚款，保护湿地生态平衡。但如果没有监督机制核查罚款是否尽可能高效利用，就无法核查罚款是否如数用于恢复湿地生态，是否完全实现湿地生态占补平衡，这使资金利用效果不佳。非湿地生态占补平衡条件下，更长的资金利用环节，更低的资金利用效率，更高的资金利用交易成本，不高的利用效果，使得资金使用不能实现湿地生态占补平衡的目标。

## （二）湿地生态占补平衡制度前后罚款金额

罚款金额等于湿地指标价格。湿地生态占补平衡下，对不愿意保护湿地生态占补平衡的占用主体处以罚款（金额为 $F_{fkz}$），是基于这些占用主体无意购买湿地指标的行为。为了足以购买符合规定的湿地指标，湿地生态占补平衡下的罚款金额必须相当于购买符合规定的湿地指标的资金数量。

湿地生态占补平衡制度实施前后，湿地保护资金（包括罚款）的利用效率不完全相同。为比较不同制度下湿地保护资金的利用效率，提出资金的湿地修复效益概念。资金的湿地修复效益可以表示为单位资金在保护湿地过程中所增加的湿地面积、生态量、生态功能、生态效益的数量。占补平衡制度实施前，罚款被用于修复湿地，没有湿地指标交易市场，资金用于新建湿地的比例低于修复已有湿地的比例，资金的湿地修复效益较低，往往很难实现生态占补平衡。占补平衡制度实施后，湿地指标供应量充足，指标交易频繁，交易成本降低。相同数量的资金可以购买的湿地指标，高于占补平衡制度实施前相同资金新建的湿地面积。与占补平衡制度实施前相比，相同数量资金增加的湿地生态量、生态功能与生态效益更多，资金的湿地修复效益更高。湿地生态占补平衡制度实施后资金的湿地修复效益大于湿地生态占补平衡制度实施前资金的湿地修复效益。

要比较湿地生态占补平衡制度实施前后的罚款金额。湿地生态占补平衡制度实施前后资金的湿地修复效益变化，决定了实现同样的生态增加量所需资金不同。如果罚款在湿地生态占补平衡下全部用于购买湿地指标，在占补平衡制度实施前全部用于恢复湿地，两者补偿的湿地面积、生态量、生态功能与生态效益相同的情况下，占补平衡制度实施前的罚款金额与占补平衡制度实施后购买湿地指标的资金并不相同。生态增加量相同的情况下，占补平衡制度实施前的罚款要高于占补平衡制度实施后购买湿地指标的资金：占补平衡制度实施前的罚款=生态增加量/湿地生态占补平衡制度实施前资金的湿地修复效益；占补平衡制度实施后购买湿地指标的资金=生态增加量/湿地生态占补平衡制度实施后资金的湿地修复效益；占补平衡制度实施前的罚款>占补平衡制度实施后购买湿地指标的资金。

要利用好占补平衡制度实施后节省的湿地保护资金。生态增加量相同的情况下，占补平衡制度实施前的罚款高于占补平衡制度实施后购买湿地指标的资金，称为占补平衡制度实施后节省的湿地保护资金。占补平衡制度实施后节省的湿地保护资金=占补平衡制度实施前的罚款-占补平衡制度实施后购买湿地指标的资金=生态增加量/湿地生态占补平衡制度实施前资金的湿地修复效益-生态增加量/湿地生态占补平衡制度实施后资金的湿地修复效益=生态增加量×（1/湿地生态占补平衡制度实施前资金的湿地修复效益-1/湿地生态占补平衡制度实施后资金的湿地修复效益）。占补平衡制度实施后节省的湿地保护资金属于湿地生态占补平衡制度的结余，可以补偿建立湿地生态占补平衡制度的交易成本。如果制度结余与制度红利（湿地生态盈余价值）之和高于制度创新的交易成本，则制度创新在经济成本方面就是合意的，即制度结余+制度红利＞制度创新的交易成本。

# 第三节　湿地生态占补平衡制度

## 一、生态占补平衡机制

构建第三方机构可以提供湿地指标的模式，借鉴湿地缓解银行，建立湿地银行，或称为湿地库。湿地银行作为提供湿地指标的机构，还可以提供湿地修复服务。美国严格区分了湿地缓解银行与其他第三方组织。中国可以区分两者，也可以将湿地银行与其他第三方组织不加区分，统称为湿地库。

在建立完整的湿地生态占补平衡制度体系的过程中，以面积占补平衡为基础，质量占补平衡为核心，结构占补平衡为关键，实现生态占补平衡的核心目标。面积、生态量、功能和效益不可替代，地域、流域与类型不能混淆，要兼顾基础、核心与关键，逐步实现四个境界的占补平衡制度，确保生态平衡是占补平衡制度设计的极致理念。占补平衡与生态平衡不完全相同，生态平衡强调面积与生态量基础上的结构平衡。建立生态占补平衡制度的障碍很多，不完全的占补平衡制度连面积占补平衡都不能实现，初级占补平衡制度只顾面积占补平衡，中级占补平衡制度兼顾面积与生态量占补平衡，高级占补平衡制度兼顾面积、生态量与结构占补平衡。占补平衡制度研究设计的是高级占补平衡制度，需要精微设计，先补后占，确保生态占补平衡。在生态指标的占补平衡制度建设中，首先致力于单项生态指标的占补平衡制度建设，包括面积占补平衡制度体系建设、生态量占补平衡制度体系建设、生态功能占补平衡制度体系建设与生态效益占补平衡制度体系建设。其次要致力于构建综合的生态占补平衡制度体系，包括构建流域内生态占补平衡制度体系、地域内生态占补平衡制度体系及人工与自然湿地类型内的生态占补平衡制度体系。建立湿地生态占补平衡的机制与体系，包括生态占补平衡的运行机制、重点项目生态占补平衡新机制与生态占补平衡的再平衡机制，以及生态占补平衡体系。

　　国内湿地生态占补平衡制度建设的两大思想资源，一是零净损失制度及其湿地缓解银行建设制度体系，二是耕地占补平衡实践经验。

## 二、湿票制度的目标与体系

### （一）湿票制度目标

　　本书要建立的，是着眼于湿地生态占补平衡的湿票制度，包括确保湿地总量占补平衡的湿票制度和确保湿地生态结构匹配的湿票制度，称为生态湿票制度，与只着眼于面积占补平衡的湿票制度相区别。面积占补平衡比较简单，如果涉及生态总量的计算与生态结构的匹配，占补平衡相对比较复杂，必须要有湿地专家的参与。

### （二）好与坏的湿票制度

　　好的湿票制度与坏的湿票制度出发点不同。好的湿票制度保护湿地红线，坏的湿票制度损害湿地红线。两种制度的区别是，从保护生态角度出发的湿票制度是高级发展阶段的湿票制度，既保护湿地面积不受影响，也不会减少生态量（或者生态量微有减少），会保持原有的生态结构（或者生态结构只有微小的改变），而着眼于提供建设用地指标的湿票制度，只是初级阶段的湿票制度，仅做到面积占补平衡，最多是质量占补平衡，往往不会顾及生态占补平衡和生态结构的占补平衡。

　　好的湿票制度中的占、补湿地具有替代性。占、补的土地资源具有替代性，才能确保不影响湿地生态水平，否则可能占优补劣。好的湿票制度，确保减少的与增加的湿地之间存在替代性，并没有因湿票制度的推广而降低生态水平。坏的湿票制度中的占、补湿地不具有替代性。坏的湿票制度，只是应付湿地面积减少的压力，不顾及占、补的土地资源的可替代性及占优补劣，降低了生态水平。

　　坏的湿票制度为建设用地提供了通道。损害湿地的湿票制度，影响是负面的，与之相反，能够保护湿地的湿票制度，影响是正面的。坏的湿票制度只为建设用地着想，不顾用途管制，从湿地上打开缺口，增加建设用地指标，忽略湿地产品与湿地生态安全。

## （三）避免损害湿地生态的湿票制度

与没有湿票制度相比，坏的湿票制度降低了生态水平。坏的湿票制度的产生是因为利益驱动，只考虑单方面的建设用地主体的利益，忽视了生态保护。湿票制度研究的重要性体现为保护湿地红线，设计出为占用湿地提供用地指标的制度体系，尽可能减少无序占用湿地的比例。更重要的是从生态保护角度提出的湿票制度（湿票制度 2），避免单纯从建设用地指标角度提出初级发展阶段的湿票制度（湿票制度 1）。建立好的湿票制度可以杜绝设计出坏的湿票制度。在湿地领域，没有湿票制度设计的条件下，填补真空状态是大势所趋。应率先创新，建立起好的湿票制度。湿票制度存在竞争性态势，先建立的湿票制度决定了湿票制度是损害湿地还是保护湿地。先建立好的湿票制度，则可能减少损失。通过深思熟虑，摒弃从建设用地指标配置角度出发提出的湿票制度，建立更复杂、更精密的湿票制度，避免湿票制度损害湿地红线保护的可能性。

## （四）湿票制度体系框架与组织设计

湿票制度研究的出发点很重要。好的湿票制度研究不是从建设用地的利益出发，为其提供占用湿地指标，而是从红线保护的角度出发，建立不减少湿地面积和生态量，不改变（或者微有改变）湿地结构的制度体系。

湿票制度对地票制度的设计有所扬弃。地票制度的实践中，生态保护功能被忽视。湿票制度针对的是具有生态功能的湿地，没有忽略生态保护功能。湿票制度要比地票制度设计更复杂，其要建立保护生态的机制体系，要千方百计地保护而不是损害生态；切实从湿地保护角度出发，来设计严密的湿票制度，而不是为建设用地占用用途管制的土地资源多提供一条通道。

湿地生态占补平衡机制要严格设计。设计湿票制度时，很容易落入地票制度的窠臼，不管不顾生态量与生态结构。设计严格的生态保护机制，严格要求占补平衡机制中的生态功能占补平衡。严格的湿票生态保护机制会降低对湿地生态的损害。

湿票制度的利益群体要全面考察。一种制度的创新与实践不是一蹴而就的，需要克服千难万险，经过较长的历史时期才可能获得突破，进入理论创新和试点推广阶段。与各个土地资源领域存在的利益群体相关，湿票制度思想在湿地资源的应用，必须解决利益群体的利益保障问题。当湿票制度思想在湿地资源领域的应用给利益群体带来的损失（$M_{ss}$）可以得到弥补时，该制度创新可以顺利实现；反之，该理论创新最多只是一种理论研究，很难在试点中获得推广。假定湿票制度思想在湿地资源领域的应用给利益群体带来的补偿为 $M_{bc}$，当 $M_{ss} \leqslant M_{bc}$ 时，制度创新可以得到试点并有望在试点成功的基础上得到推广。当 $M_{ss} > M_{bc}$ 时，制度创新不可以得到试点，即使获得试点机会，也不可能在试点成功的基础上得到推广。在制度设计过程中，高度注重排除制度创新的阻力，解决利益群体的补偿问题，即设计使利益群体不受损的方案，使其不构成湿票制度思想在湿地资源领域应用的障碍，确保湿票制度思想顺利推广。主要思路是采用渐进改革的方法，占补平衡模式应用之前，可以免费占用湿地的利益群体在应用之后，可以在过渡期内不用缴纳购买湿票资金，过渡期结束后，全额出资购买湿票。该思路减轻了湿票制度实施的压力，消除了利益群体的阻力。

确定试点区域，授权试点区域，出台地方性"湿地指标占补平衡条例"，对湿票的内涵、性质、交易主体、交易过程、交易价格、交易程序、使用方法、监督评估等进行规范管理。建设湿票交易中心，负责湿地指标交易。分环节设立三个组织机构：一是湿地指标进入湿票交易中心的监督机构，负责审查湿票指标的合法性；二是负责湿票交易秩序管理的监督管理机构，维护日常湿票交易秩序；三是负责监督湿票落地环节的管理机构，确保湿地生态占补平衡。

## 三、湿票供应及交易

占用湿地的管理制度创新，首先要引入湿地指标的交易，交易机制的引入，必须要有交易平台。

湿地指标供需受价格影响，湿地指标交易是在指标市场上进行的。在指标市场上，有人供给指标，有人消费（或占用）指标。湿地指标供应与价格正相关。价格决定的湿地指标供应曲线（$L_1$）是向右上方倾斜的增函数。指标价格越高，越有更多的指标供应。湿地指标需求与价格负相关。由价格决定的指标需求曲线（$L_2$）是向右下方倾斜的，在 $EF$ 段是减函数。指标价格越高，对指标的需求越少（图 2-3）。

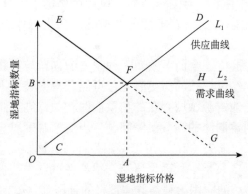

图 2-3　湿地指标供需曲线

湿地指标消费量并不等于指标需求量，往往湿地指标需求量（$L_{szq}$）≥湿地指标消费量（$L_{szx}$）。并不是所有的需求都获得满足，只有部分指标需求获得满足，占用指标少于需求量：湿地指标需求量（$L_{szq}$）>湿地指标消费量（$L_{szx}$）。在最理想的状态下，所有的占用湿地的需求都获得满足：占用湿地的消费量（$L_{szx}$）=占用湿地的需求量（$L_{szq}$）。

湿地指标是湿地的新建额度与占用额度的合称。目前很多地方出于不同目的建设了一些湿地，这些新建湿地的指标并没有进入湿地指标交易平台进行交易。因为没有制度激励，所以这些新建湿地的行为是自发的。如果能够建立湿票制度交易平台，使新建湿地可以纳入新建湿地指标，为交易平台供应新建额度，就可以把这些大量的、自发的新建湿地的行为制度化。

指标交易平台使这些自发新建的湿地可以获得补偿，吸引更多主体建立更多的湿地，并使这种供应行为制度化，吸引成批的、专门新建湿地的主体把新建湿地变为自觉的制度性行为，积累大量的新建湿地额度。只有积累足够额度的湿地新建指标，才能形成供应充足、交易自由的指标交易市场。这样一来，大量有刚性需求的指标需求者购买指标时，可以有更多选择。

指标的制度性供应需要建立激励机制。只有在占补平衡的制度下，引进新建湿地主体，搭建交易平台，吸引消费指标的占用主体输入资金，形成激励机制，才有可能出现新建指标的市场交易机制。自发的新建主体，多是根据自身需要在特定条件下新建湿地，并不是因为受到指标交易制度等的激励才新建湿地。自觉的新建主体，更多是受到指标交易制度等的激励才新建湿地，以获取并出售新建指标，弥补新建的成本，并从中获取收益。自觉新建湿地的收益（$M_{zxss}$）等于新建湿地指标的出售价格（$M_{zxsj}$）与新建湿地成本（$M_{zxsc}$）之差。自觉新建湿地指标的数量（$S_{zxs}$）是收益（$M_{zxss}$）的函数：$S_{zxs}=f(M_{zxss})$。较高的激励是新建湿地的基本条件。

占用湿地的需求较大，加上其他用途占用，湿票需求量较大。湿地属于用途管制的土地资源之一，资源配置主要受计划配置框架制约，湿地管制相当严格。没有建立湿票制度以前，指标需求难以通过正常渠道得到满足，指标消费受到抑制。与指标的性质有关，湿地指标的需求量往往大于或者等于消费量（占用指标额度），很多需求没有转化成消费。

价格调整湿地指标的供需。如果以市场机制配置湿地指标，可能出现占补失衡的现象。因为此时仍然有可能出现执行不力，导致湿票制度损害生态的情况发生。供需平衡并不能确保生态占补平衡。减少湿票制度损害的一种方法是减少湿票交易量，在损害率一致的条件下，减少湿票交易量，可以减少对生态的损害。减少湿票交易量的一种方法是对湿票交易过程征税，用于湿票制度对生态的损害补偿。征税过程提高了湿票交易价格，抑制了需求和交易量，从而对湿票供需产生影响。价格调节机制不能完全确保生态占补平衡，仍然需要利用罚款机制，对湿票交易过程中损害生态的行为予以干预。湿票制度管理要关注湿票供应时间点的确定，审查交易主体资格，做好湿票交易资金管理和湿票交易秩序维护。建立湿地生态占补平衡的质量保证措施、生态占补平衡的考核方法、生态占补平衡的考核体系与生态占补平衡的考核标准。

## 四、湿地生态占补平衡制度创新的紧迫性

制度创新成为湿地生态红线保护的关键。占用湿地的生态增值既具有可行性，也具有必要性，占用湿地的生态增值取决于制度创新。严格执行湿地生态占补平衡，可以产生生态盈余及其价值。湿地生态盈余（$YY_{ss}$）可以用湿地面积盈余（$YY_{ssm}$）、湿地生态量盈余（$YY_{ssl}$）、湿地生态功能盈余（$YY_{ssg}$）、湿地生态效益盈余（$YY_{ssy}$）之和表示：$YY_{ss}=YY_{ssm}+YY_{ssl}+YY_{ssg}+YY_{ssy}$。生态盈余价值（$J_{yyss}$）可以用面积盈余价值（$J_{yysm}$）、生态量盈余价值（$J_{yysl}$）、生态功能盈余价值（$J_{yysg}$）、生态效益盈余价值（$J_{yysy}$）表示：$J_{yyss}=YY_{ss}\times J_{dwss}=J_{yysm}+J_{yysl}+J_{yysg}+J_{yysy}=YY_{ssm}\times J_{dwsm}+YY_{ssl}\times J_{dwsl}+YY_{ssg}\times J_{dwsg}+YY_{ssy}\times J_{dwsy}$。进行湿地生态保护制度创新需要支付成本（$M_{zcc}$），包括制度创新的理论研究成本（$M_{zccy}$）、制度实施框架的设计成本（$M_{zccs}$）、制度试点成本（$M_{zccd}$）、制度推广成本（$M_{zcct}$）等。生态盈余价值不低于制度创新成本（$J_{yyss}>M_{zcc}$），这是制度创新能够进行的基本条件。

全面推广湿地指标交易制度。全面推广湿地生态占补平衡制度的时间有限。如果在红线被突破的时刻才开始进行湿地指标交易制度创新，才开始进行湿地指标交易制度试点，才开始推广试点指标交易制度，鉴于制度创新需要一段时间，试点和推广制度需要时间，在这段时间内可能造成湿地减少，损害湿地生态。假定占用湿地与其他途径的湿地减少额为每年 $M_{sja}$，现有湿地面积为 $M_{xs}$，湿地红线面积为 $M_{sh}$，减少湿地面积的空间 $M_{jjsy}$ 为 $M_{jjsy}=M_{xs}-M_{sh}$。可以留下进行生态占补平衡制度及湿地指标交易制度创新、实施框架设计、试点、推广的时间（$T_{zcy}$）为 $T_{zcy}=M_{jjsy}/M_{sja}=(M_{xs}-M_{sh})/M_{sja}$。假定生态占补平衡制度及湿地指标交易制度创新所需时间为 $T_{zcx}$、实施框架设计所需时间为 $T_{zcs}$、试点所需时间为 $T_{zcd}$、推广所需时间为 $T_{zct}$，生态占补平衡制度及湿地指标交易制度创新、实施框架设计、试点、推广的总时间（$T_{zcz}$）为 $T_{zcz}=T_{zcx}+T_{zcs}+T_{zcd}+T_{zct}$。如果 $T_{zcz}<T_{zcy}$，就要及时推广生态占补平衡制度与湿地指标交易制度。如果 $T_{zcz}\geqslant T_{zcy}$，就要推广湿地生态占补平衡制度与湿地指标交易制度。

试点湿地生态占补平衡制度迫在眉睫。率先在湿地占补平衡做得较好、起步较早、制度较完善的地区试点生态占补平衡，取得经验后，逐步向其他省区推

进，用 3~5 年，在全国全面推广湿地生态占补平衡制度。在此期间产生的生态赤字，需要通过生态占补平衡的生态盈余机制加以弥补。生态占补平衡制度推广越迟缓，积累的生态赤字越多，最终留给生态占补平衡的压力越大，越需要更多的生态占补平衡项目来实现更多的湿地生态盈余。试点时间和进度决定了未来湿地生态占补平衡的规模，并存在一定的规律。试点时间越早，试点的推广进度越快，产生的湿地生态赤字越少。未来需要用于弥补赤字的湿地生态盈余越少，需要开发的湿地生态占补平衡项目的规模越小。试点时间越晚，试点的推广进度越慢，产生的湿地生态赤字越多，未来需要弥补赤字的湿地生态盈余越多，需要开发的生态占补平衡项目的规模越大。

### 五、湿地生态保护制度推广的可行性分析

如果全国每年减少的湿地全部实现生态占补平衡，产生的生态盈余量相当可观，则不仅不会减少湿地，还会产生大量新增湿地，真正实现基于零净损失的湿地增长计划。制度创新对湿地保护利大于弊。生态占补平衡产生的生态盈余利大于弊。面积可观的湿地减少，为进行生态占补平衡制度创新提供了坚实的基础，足以使湿地指标交易量高于临界点 $Q_0$，使制度创新的成本（$M_{zcc}$）不高于生态盈余价值（$J_{yyss}$）。中国湿地面积大，进行生态占补平衡制度创新，建立指标交易制度，并在全国先试点后推广完全可以获得巨大的生态效益。此外，制度创新符合经济原则。生态占补平衡的制度创新成本（$M_{zcc}$）低于生态占补平衡的生态盈余价值（$J_{yyss}$）：$M_{zcc} < J_{yyss}$。制度红利（$H_{lzd}$）主要表现为生态盈余价值（$J_{yyss}$）：$H_{lzd}=J_{yyss}$。制度创新支付的成本（$M_{zcc}$）与制度红利（$H_{lzd}$）相比：$M_{zcc} < H_{lzd}$，湿地生态占补平衡制度创新符合经济原则。

制度创新的可行性分析。湿地生态占补平衡制度本身的完善程度是制度推广的关键，有湿地银行的运行经验作为借鉴，湿票制度的完善不会存在太大障碍。湿地生态占补平衡制度实施框架的可行性是实践中推广的关键。湿票制度可以借鉴地票制度在实践中的一些具体做法，突破障碍，普遍推行。制度创新推广规模越大，成本收益越经济。如果在所有占用湿地领域全面推广湿地生态占补平衡制度，则可以充分发掘湿地产生生态盈余价值的潜力，为湿地增长做出贡献。制度创新宜于立刻开始实施。制度创新必须经过研究、设计、试点、评估、推广五个阶段。湿地生态占补平衡制度的研究阶段应该立即启动，储备一定质量与数量的研究成果，建立湿地生态占补平衡的制度创新体系，为设计制度框架建立理论依据。湿地生态占补平衡制度的设计框架阶段与研究阶段不同，其是把理论研究成果应用在实践中的沟通环节，设计可行性强、能够应用在湿地生态保护中的制度框架，需要理论研究学者与实际部门专家的有机协作。湿地生态占补平衡制度的实践不可能一蹴而就，必须

在稳妥试点的基础上快速推进。在湿地生态占补平衡制度试点过程中，加大评估力度，对湿地中出现的问题及时研究，妥善解决，为进一步推广提供实践经验。等到湿地生态占补平衡制度完全成熟后，可以有步骤、稳妥地在全国推广。等到推广期结束，则有望形成覆盖全国的保护湿地生态的制度体系。

# 第四节　生态占补平衡下的利益主体与投资

## 一、生态占补平衡制度对利益主体的影响

### （一）非法占用湿地主体

占补平衡消除了占用非法性。受占补平衡影响最大的第一个主体是非法占用湿地的占用主体，这些占用主体可以购买符合要求的指标，并实现生态占补平衡，合法地占用湿地，并不存在非法占用问题。

罚款得到妥善利用。在不增加资金负担的情况下，可以通过购买指标，合法占用；不减少湿地面积。非占补平衡模式下，罚款多用于修复而非新建湿地，利用罚款的效果最多只能达到保护生态，很难做到实现生态的占补平衡。生态占补平衡模式下，市场机制效率较高，交易成本较低，可以实现生态的占补平衡。

### （二）合法占用湿地主体

合法占用主体不能减少湿地，必须支付购买指标的资金。非占补平衡模式下，占用主体为了能够进入合法利用主体行列，成为合法占用主体，在激烈竞争中，往往需要支付交易成本。这种交易成本很难被用来保护生态。占补平衡模式下，合法占用主体资格不是依靠行政部门的遴选来确定，而是占用主体自己通过交易来实现。占用主体只需要购买符合规定的指标，实现生态占补平衡，即可被定义为合法占用主体。任何占用主体都无须为进入合法利用主体行列而支付交易成本。节省的交易成本完全可以被用来保护生态，成为保护资金，从而增加了有效保护生态的资金数量，提高了资金利用效率。

### （三）湿地管理部门

管理重点发生转移。管理模式发生根本性改变，工作重心不再是区分占用主体是否具备占用合法性，而是审查占用主体是否具备减少面积的合法性，并严格监督不具备减少面积合法性的占用主体履行湿地保护的义务。

管理模式发生改变。计划模式确定哪一块湿地具备合法占用（并可以合法减少面积）的权利，市场经济管理模式下，由占用主体通过交易获取合法占用权利。

利益格局微有调整。湿票制度建设需要付出巨大的精力，需要足够的激励。在占补平衡模式下建立湿票制度，扩大了资源合法利用的范围，原来被划为非法占用的资源，也可以通过湿票制度来被合法占用。假定湿票制度并没有增加资源被占用的总量，湿票交易总量（$S_{spjy}$）等于非占补平衡模式下占用湿地的面积（$S_{zzy}$），是合法占用湿地面积（$S_{hfzy}$）与非法占用湿地面积（$S_{ffzy}$）之和：$S_{spjy}=S_{zzy}=S_{hfzy}+S_{ffzy}$。假定湿票交易制度实施后，不再有属于非法占用湿地资源，全部占用主体都进入湿票市场交易。因为扩大了合法占用的面积，扩大了湿票交易管理费（$F_{spgl}$）的征收范围，非占补平衡模式下非法占用湿地的面积（$S_{ffzy}$）也必须征收管理费，所以这部分湿地资源现在也进入湿票交易。

## 二、利益主体对生态占补平衡制度的支持与贡献

### （一）管理部门的支持及其贡献

不同部门主导设计的湿票制度的出发点不同，对制度设计的影响不同。土地部门主导设计的湿票制度，以获取土地指标为核心利益。湿票制度以保护生态为核心利益。不同部门主导设计的湿票制度的影响不同，土地部门主导设计的湿票制度，给获取土地指标的占用主体提供平台，可能忽视生态占补平衡。湿地管理部门主导设计的湿票制度，为缓解占用对生态保护的压力，更容易做出好的制度安排。

### （二）合法占用主体对湿票制度的支持

生态占补平衡对占用主体的影响是全方位的，可以改变非法占用者的非法身份，为占用主体提供合法利用的平台，极大地保护了占用主体的利益，满足其诉求。通过实施生态占补平衡，占用主体的生态效益与生态平衡效率大大提高。

为了让合法占用主体支持占补平衡与湿票制度，可以建立对合法占用主体的补偿基金。在湿地红线保护制度下，合法占用已经失去合法性，这些即将失去利益的群体，将会成为反对占补平衡制度的主要力量。非占补平衡模式下，合法占用主体缴纳的资金（$F_{ys}$）往往低于非法占用主体缴纳的罚款（$F_{fk}$），其间的差值，即非占补平衡模式下合法占用主体少支付的成本（$F_{cbcz}$）：$F_{cbcz}=F_{fk}-F_{ys}$。为解决这一矛盾，也考虑合法占用主体的占用项目所具有的社会与经济价值，可以采用建立补偿基金的方式来化解合法占用主体对占补平衡规定的反

对。用这部分补偿资金，消除合法占用主体可能增加的资金负担，合法占用主体的补偿资金（$F_{bczj}$）最好接近或等于非占补平衡模式下合法占用主体少支付的成本（$F_{cbcz}$）：$F_{bczj}=F_{cbcz}=F_{fk}-F_{ys}$。

补偿基金的来源主要是湿票交易制度中抽取的补偿统筹费，费率（$L_{bczj}$）为补偿资金总额与湿票交易总价值（$P_{zsp}$）的比值：$L_{bczj}=F_{bczj}/P_{zsp}$。湿票总价格（$P_{zsp}$）由两个要素确定：湿票额度（$S_{sped}$）及单位面积湿票的价格（$P_{dwsp}$）：$P_{zsp}=P_{dwsp}\times S_{sped}$。$L_{bczj}=F_{bczj}/P_{zsp}=F_{cbcz}/P_{zsp}=（F_{fk}-F_{ys}）/P_{zsp}=（F_{fk}-F_{ys}）/（P_{dwsp}\times S_{sped}）$。湿票额度（$S_{sped}$）等于合法占用湿地面积（$S_{hfzy}$）与非法占用湿地面积之和（占用面积可以表示为 $S_{jjzy}$）。合法占用湿地需要缴纳的成本（$F_{ys}$）相当于合法占用湿地面积（$S_{hfzy}$）与单位面积缴纳的成本（$F_{dwys}$）的乘积：$F_{ys}=S_{hfzy}\times F_{dwys}$。非法占用湿地缴纳的罚款（$F_{fk}$）等于非法占用湿地面积（$S_{ffzy}$）与单位面积缴纳的罚款（$F_{dwfk}$）的乘积：$F_{fk}=S_{ffzy}\times F_{dwfk}$。湿票额度（$S_{sped}$）可以表示为非法占用湿地面积与合法占用湿地面积之和：$S_{sped}=S_{jjzy}=S_{ffzy}+S_{hfzy}$，$L_{bczj}=（F_{fk}-F_{ys}）/（P_{dwsp}\times S_{sped}）=（S_{ffzy}\times F_{dwfk}-S_{hfzy}\times F_{dwys}）/（P_{dwsp}\times S_{sped}）=（S_{ffzy}\times F_{dwfk}-S_{hfzy}\times F_{dwys}）/[P_{dwsp}\times（S_{ffzy}+S_{hfzy}）]$。湿票交易制度中为弥补合法占用主体的损失所抽取的补偿统筹费率（$L_{bczj}$）为 $（S_{ffzy}\times F_{dwfk}-S_{hfzy}\times F_{dwys}）/[P_{dwsp}\times（S_{ffzy}+S_{hfzy}）]$。

非法占用主体缴纳一定的补偿资金，转移给合法占用主体，弥补其利益损失。转嫁的成本可以使合法占用主体支持占补平衡制度及湿票制度创新，这样湿票制度和占补平衡制度才能减少阻力。合法占用湿地需要缴纳的补偿统筹费（$F_{hfbcte}$）等于合法占用湿地面积（$S_{hfzy}$）与单位面积缴纳的补偿统筹费率（$L_{bczj}$）的乘积：$F_{hfbcte}=S_{hfzy}\times L_{bczj}=S_{hfzy}\times\{（S_{ffzy}\times F_{dwfk}-S_{hfzy}\times F_{dwys}）/[P_{dwsp}\times（S_{ffzy}+S_{hfzy}）]\}$。非法占用主体承担的补偿资金额度（$F_{ffbcte}$）相当于补偿资金（$F_{bczj}$）与合法占用主体在湿票交易中缴纳的补偿统筹费（$F_{hfbcte}$）之差：$F_{ffbcte}=F_{bczj}-F_{hfbcte}=（F_{fk}-F_{ys}）-S_{hfzy}\times\{（S_{ffzy}\times F_{dwfk}-S_{hfzy}\times F_{dwys}）/[P_{dwsp}\times（S_{ffzy}+S_{hfzy}）]\}$。单位面积非法占用湿地承担的补偿资金额度（$F_{dwffbcte}$）相当于非法占用湿地主体承担的补偿资金额度（$F_{ffbcte}$）与非法占用湿地面积（$S_{ffzy}$）的比值：$F_{dwffbcte}=F_{ffbcte}/S_{ffzy}=\{（F_{fk}-F_{ys}）-S_{hfzy}\times（S_{ffzy}\times F_{dwfk}-S_{hfzy}\times F_{dwys}）/[P_{dwsp}\times（S_{ffzy}+S_{hfzy}）]\}/S_{ffzy}$。

### （三）非法占用主体对湿票制度的支持及其条件

人们往往对非占补平衡模式下的非法占用主体加以指责，高估非占补平衡模式下的合法占用湿地。这属于以湿地保护以外的标准为核心的管理模式。考虑了湿地保护以外的标准，并以这些外部标准作为衡量尺度，界定占用是否合法，忽略并损害了湿地保护。非占补平衡模式下的非法占用主体数量大，这个群体是湿票制度关注的核心，必须解决这个群体占用湿地的问题。这个群体最难管理，是湿地无序减少的根源。非法占用主体不具有合法占用湿地资源的权利，不具有合法减少资源的权利，可以通过把罚款转化为湿票资金，降低对湿地减少的影响。湿票制度实施后，非法占用主体将得到治理。部分非法占用主体主动购买湿票，有效解决占补平衡问题；部分非法占用主体没有主动购买湿票，不仅非法占用，而且非法减少面积，可以通过罚款，使罚款等于购买等面积湿票的金额，确保减少的单位面积湿地的罚款等于单位面积湿票价格。非法占用主体非法减少湿地面积的罚款（$F_{fk}$）=非法占用湿地面积（$S_{ffzy}$）×单位面积缴纳的罚款（$F_{dwfk}$）=购买等面积湿票的总金额（$P_{zsp}$）=等面积的湿票额度（$S_{sped}$）×单位面积湿票价格（$P_{dwsp}$）=非法减少湿地面积（$S_{ffzy}$）×单位面积湿票价格（$P_{dwsp}$）。管理费（$F_{gl}$）等于湿地面积（$S_{ffzy}$）与单位面积湿地缴纳管理费（$F_{dwgl}$）的乘积，用于代为购买湿票，以便有效解决占补平衡问题：$F_{gl}=S_{ffzy} \times F_{dwgl}$。

　　非法占用主体做出贡献的条件是通过湿票制度增加湿票供应。虽然非法占用主体减少了湿地面积，但通过缴纳罚款，为恢复重建湿地贡献了资金，这些罚金可以购买一定面积的湿票，降低对面积减少的影响。非占补平衡模式下，非法占用湿地（面积为 $S_{ffzy}$）的主体需要缴纳罚款（$F_{fk}$）。如果建立了湿票制度，可用这部分罚款购买湿票，促进湿票供应量增加，弥补占用造成的面积减少。非法占用主体确保生态占补平衡的条件是，要使可以购买的湿票额度（$S_{sped}$）等于非法占用湿地面积（$S_{ffzy}$）；非法占用湿地（$S_{ffzy}$）缴纳的罚款（$F_{fk}$）等于购买等面积（$S_{ffzy}$）湿票的总价格（$P_{zsp}$）；单位面积缴纳的罚款（$F_{dwfk}$）等于单位面积湿票的价格（$P_{dwsp}$）：$F_{fk}=F_{dwfk} \times S_{ffzy}$；$P_{zsp}=P_{dwsp} \times S_{sped}$；$F_{dwfk}=P_{dwsp}$；$F_{fk}=P_{zsp}$；$S_{sped}=S_{ffzy}$。

### （四）合法占用主体的可能贡献

　　能够被纳入合法占用行列的占用主体数量远远少于想要进入该行列的占用主体数量。假定罚款被用作湿地保护，合法占用主体如果花费了交易成本（$F_{ys}$），才争取到合法占用湿地的指标，这部分交易成本没有像罚款（$F_{fk}$）一样得到合理利用，损失是没有恢复重建相应面积的湿地。非占补平衡模式下，合法占用湿地（面积为 $S_{hfzy}$）的交易成本（$F_{ys}$）如果放在湿票制度下，可购买湿票，以弥补占用湿地造成的面积减少。要使可以购买的湿票额度（$S_{sped}$）等于合法占用湿地面积（$S_{hfzy}$），必须使合法占用湿地面积（$S_{hfzy}$）的交易成本（$F_{ys}$）等于购买等面积（$S_{hfzy}$）湿票的总价格（$P_{zsp}$），必须使单位面积合法占用湿地的交易成本（$F_{dwys}$）等于单位面积湿票的价格（$P_{dwsp}$）：$F_{ys}=F_{dwys} \times S_{hfzy}$；$P_{zsp}=P_{dwsp} \times S_{sped}$；$F_{dwys}=P_{dwsp}$；$F_{ys}=P_{zsp}$；$S_{sped}=S_{hfzy}$。随着湿地资源保护力度加强，罚款数额提高，合法占用的交易成本不低于罚款，并趋近罚款，即使目前合法占用的交易成本尚不及罚款，而罚款尚不及湿票价格，但合法占用的交易成本与湿票价格取值越来越接近。非占补平衡模式下，与非法占用主体缴纳的罚款在制度上能够被合理利用不同，合法占用主体的交易成本往往很难被纳入湿地修复重建，所以不像非法占用一样，可以在引入湿票制度以后对恢复重建湿地做出贡献。

### 三、生态占补平衡下的湿地投资与管理

在管理部门独家经营湿地的模式下，其他社会主体不具备评估占补平衡效果、建立湿地生态效益均衡标准、评估生态效益损失量、征收与使用生态效益补偿资金的权利。

可以允许具备资质的社会主体拥有参与建立湿地生态效益均衡标准、评估湿地生态效益损失量、征收与使用湿地生态效益补偿资金的权利。要评估湿地银行的资质，强化湿地银行的功能，促使湿地银行提高生态保护效益，形成有效的湿地银行操作模式。

可以允许湿地投资主体多元化，鼓励建立湿地建设公司、湿地投资公司、专业的湿地开发银行（也可以称为湿地生态银行或湿地指标银行）。湿地银行的定价要反映对湿地进行长期维护与监控的长期成本。不同地区、不同类型的湿地价格不同。城市建设占用湿地售价高于农业占用。湿地售价取决于位置、类型及供求关系。还要对湿地的投资方式、投资平台、湿地指标交易中心、投资管理等进行深入分析。

湿地生态占补平衡制度下的投资收益总量等于所得生态效益与修复建设成本的差值。净收益的存在是湿地生态修复的动力。不同的制度设计蕴含着不同额度的净收益，制度设计与利益分配有关。不同的制度下净收益获得者不同，不同的制度下净收益分配不同。占用主体没有获得净收益，湿地生态占补平衡制度很难产生吸引资金投入的能力。

设立监督湿地资金利用的机构，以监督使用保护资金，监督是否实现湿地生态占补平衡。湿地研究领域、水资源研究领域、野生动植物保护研究领域及生态保护研究领域的专家组成湿地保护专家委员会。专家委员会与其他相关部门人员组成湿地保护监督委员会。湿地保护监督委员会拥有绝对监督权威。湿地保护监督委员会对保护具有绝对的监督权，要通过强化湿地保护监督委员会的权威，监督经营主体的经营活动，监督利用保护资金的效率，监督组织湿地修复的效益。湿地保护监督委员会不能干扰湿地保护日常管理职能。为了评估资金筹措来源的合法性，要加大对湿地银行试点的监督，监督资金使用的正当性、湿地生态占补平衡的严肃性及运行的安全性。

# 第三章　湿地生态、影响力
# 与消费水平占补平衡

## 第一节　湿地生态占补平衡的内涵与模式

### 一、湿地生态占补平衡的内涵

#### （一）湿地占补平衡体系

1. 湿地面积占补平衡

占补平衡从面积入手，占用一定面积的土地资源，则应补偿等面积的土地资源。面积占补平衡是生态占补平衡的基本要求。面积占补平衡是占补平衡制度体系的出发点，也是湿地指标交易制度提出的基础，即减少的湿地面积与新增湿地面积均衡。地票制度主要关注面积占补平衡。林票制度也很关心面积的占补平衡，但还对林木蓄积量比较关注。草票制度则对生态开始加以关注。湿地的特殊性，使其还要关注湿地的生态特征。为了更好地研究湿地指标对湿地功能的影响，特地将湿地功能分为功能的结构与功能的生态值两个维度，来实现占补平衡。

2. 湿地生态占补平衡

上升到生态占补平衡，是对湿地占补平衡的更高要求，切合湿地属于生态资源的本质属性。生态占补平衡是湿地占补平衡体系的主干和核心，生态占补平衡以面积占补平衡为基础，直指生态结构占补平衡，起着骨干与连接的作用。特定生态功能的生态值的占补平衡，即新建湿地的特定生态功能的生态值，不低于占用湿地的生态值的表现水平。表现为新建湿地与占用湿地的每一个对应功能相比，都有功能生态值矩阵之间的关系：（ $xB_1, xB_2, xB_3, \cdots, xB_m$ ）$\geqslant$（ $xA_1$, $xA_2$,

$xA_3, \cdots, xA_m$）。

### 3. 湿地生态结构占补平衡

占补平衡可能损害占用地居民的生态环境，惠及新建地居民的生态环境，产生生态分布不公现象。要考虑一个流域内湿地的损失对流域的整体性影响，新建湿地如果是在另一个流域，则占补错配会造成占用湿地所在流域湿地的较大损害。生态结构的占补平衡，要求新建湿地的结构水平不低于占用湿地的结构水平，表现为新建湿地具备占用湿地的所有功能，即功能系数矩阵之间的关系为 $(zB_1, zB_2, zB_3, \cdots, zB_m) \geq (zA_1, zA_2, zA_3, \cdots, zA_m)$。即对于新建湿地 B 的每一个功能系数，都有 $zB_n \geq zA_n$。

### （二）占用导致湿地减少

湿地减少涉及更多维度。在生态占补平衡研究中，面积减少是可以观察到的生态损失，更多维度（生态量、功能、效益）不仅很难观察，而且容易被忽略。本书中提到的湿地减少，往往还包括这些维度（生态量、功能、效益）的减少或下降。通常意义上的湿地减少往往指面积的减少。湿地的四个指标为面积、生态量、功能与效益。本书中无论出现面积减少，还是生态量下降，抑或是生态功能下降与生态效益下降，都称之为湿地减少。本书中的湿地减少，可以是面积减少，或是面积减少且生态量下降，或是面积减少且生态功能下降，或是面积减少且生态效益下降；可以是面积减少且生态量与生态功能下降，或是面积减少且生态功能与生态效益下降，或是面积减少且生态量与生态效益下降；可以是面积减少，且生态量、生态功能与生态效益下降。面积管理比较容易，也很容易观察；但很难通过简单的手段发现生态量的增减（$L$）与生态结构（$G$）的错配。面积管理需要的技术手段比较简单，生态总量的计算需要专家的参与，生态结构（占、补湿地的功能、效益、流域、地域）的匹配过程需要在专家的指导下进行。没有专家指导参与，精细化的生态指标交易制度就难以有效运行。

### （三）地域内、流域内与不同类型的湿地减少

就全国所有地域（或流域）内的湿地而言，生态占补平衡并未造成面积、生态量、功能、效益的减少，减少的湿地往往处于特定地域（或流域）。在不同地域的面积、生态量、功能、效益占补平衡时，意味着一些地域（或流域）的湿地面积、生态量、功能、效益增加，而另一些地域（或流域）的湿地面积、生态量、功能、效益相应减少。不仅要研究全国范围内不同地域（或流域）总体的生态占补平衡，还要更进一步研究同一地域（或流域）的湿地面积、生态量、功能、效益的占补平衡。

减少的往往是自然湿地，新建的往往是人工湿地，自然与人工湿地的生态服务功能完全不同。严格意义上，同等面积的人工湿地增加与自然湿地减少之间，并不存在相互替代的关系，不可能实现面积、生态量、生态功能、生态效益的占补平衡。

## 二、湿地生态占补平衡的模式

湿地生态占补平衡的总目标可以表述为零净损失的综合目标，确保同一类型（自然或者人工湿地）、同一地域（或流域）的湿地面积、生态量、生态功能与生态效益的零净损失。

### （一）简单模式

简单模式即数量型生态占补平衡模式。没有生态要求的用途管制的土地资源，能够实现面积占补平衡已经是比较满意的结果。很多占补平衡制度把面积占补平衡作为核心，这种面积占补平衡属于数量型的占补平衡。就占补平衡制度而言，无论是按照 $1:1$ 的比例实现占补平衡；还是按照 $1:n$ 的比例实现占补平衡（要求新建湿地大于占用湿地，$n>1$），如果没有考虑数量以外标准（质量、功能、效益、结构、系统与类型）的占补平衡，都属于简单满足数量要求的占补平衡。这种数量型的占补平衡虽然仍称为生态占补平衡，却并没有真正考虑生态指标的占补平衡，只是最粗放的占补平衡模式。

### （二）复杂模式

质量型生态占补平衡模式是生态量占补平衡。要避免数量型占补平衡模式对生态的损害，首先要提高新建湿地的质量。就湿地资源而言，质量指标很多，生态量、生态功能、生态效益都可以纳入质量范畴。质量型生态占补平衡模式把生态量作为湿地质量的首要指标，着重分析生态量在占补平衡中的变化。

功能型生态占补平衡模式是生态功能占补平衡。如果有功能缺失，生态量与面积的均衡还是低水平的。在满足面积与生态量的基础上，功能型生态占补平衡模式对生态功能占补平衡提出了要求。

效益型生态占补平衡模式是生态效益占补平衡。湿地减少与忽视湿地效益的思维模式有关，这种思维模式放任面积减少、生态量下降和生态功能缺失。计算并均衡生态效益，明确并保持可以用货币衡量的湿地价值，有利于生态平衡。效益型生态占补平衡模式着力保持生态效益占补平衡，对维护生态均衡意义重大。

## （三）综合模式

结构型生态占补平衡模式往往涉及地域内生态占补平衡。占、补湿地如果处于不同地域，会带来生态分布不公，如减少或损害了占用地的湿地面积、生态量、生态功能与生态效益，增加或强化了新建补偿所在地的湿地面积、生态量、生态功能与生态效益，形成湿地生态在空间分布上的不公。这种不公，像所有的生态挑战一样，可能引发居民对生态空间配置的不满，从而引发大范围的生态与社会危机。系统型生态占补平衡模式往往涉及流域内生态占补平衡。流域比地域的占补平衡更为复杂，不仅涉及空间上的生态占补平衡，而且涉及占用和新建湿地对所在地整个流域生态的影响。类属型生态占补平衡模式往往涉及人工与自然湿地的生态占补平衡。占用自然湿地，补偿人工湿地，会造成湿地类型的不匹配。

## 三、湿地面积及其占补平衡

面积占补平衡是湿地生态占补平衡的条件。确实存在这样的情况：如果新建湿地面积达不到占用湿地的面积，生态指标（生态量、生态功能、生态效益）就很难达标。在 $M_B < M_A$ 的情况下，必然有 $L_B < L_A$，$G_B < G_A$，$Y_B < Y_A$。只有新建湿地 B 的面积（$M_B$）不低于占用湿地 A 的面积（$M_A$），才可能实现生态指标占补平衡。在 $M_B \geq M_A$ 的情况下，才可能有 $L_B \geq L_A$，$G_B \geq G_A$，$Y_B \geq Y_A$。面积占补平衡是湿地生态占补平衡的基本要求，认为"只有面积占补平衡，才能确保生态占补平衡"的看法并不全面。不排除存在这样的特殊情况：新建湿地面积低于占用湿地面积的条件下，湿地生态指标（生态量、功能、效益）已经达到或者超过占用湿地的同等指标：$L_B \geq L_A$，$G_B \geq G_A$，$Y_B \geq Y_A$。如果出现这种情况，有两种处置方法。第一种处置方法是认可这种做法，即以生态指标（生态量、功能、效益）平衡为唯一标准，不再考虑面积占补平衡。第二种处置方法比较合理，认为不能以生态指标（生态量、功能、效益）平衡为唯一标准，必须兼顾面积占补平衡。

湿地生态指标达标的内部关系类型有两种，一种是生态指标内部的或取关系；另一种是生态指标内部的合取关系。湿地生态指标达标的内部或取关系比较复杂。一种是生态指标全部达标，全部实现占补平衡，称为完全的或取关系。这属于特殊的合取关系，并与生态指标达标的内部合取关系一致。另一种是生态指标没有完全达标，只有部分指标实现占补平衡，称为不完全的或取关系。这里主要分析生态指标没有完全达标，只有部分指标实现占补平衡的情况。如果是排除了合取关系的或取状态，则总有一种或者两种指标没有达标，损害了湿地生态，没有完全实现严格意义上的生态占补平衡。要实现湿地生态全面占补平衡，必须采用生态指标达标的合取关系。湿地生态指标达标的内部合取关系指三项生态指标全部达标。生态指标最弱项必须实现占补平衡。新建湿地的特定指标与占用湿地的该指标差距最大，该指标是三个生态指标的最弱指标。在首先满足面积占补平衡的基础上（占用面积等于新建补偿面积：$M_A = M_B$），生态各指标（生态量、功能、效益）的达标率最弱的指标实现占补平衡，才符合生态占补平衡的要求。达标率最弱的指标实现占补平衡时，确保面积及三个生态指标（生态量、功能、效益）全部达标。

面积占补平衡与生态指标占补平衡缺一不可。面积占补平衡与生态占补平衡的或取关系，即两者只取其一即可。或取关系就是在一个多条件的命题中，只要满足一个条件，就认为整个条件都是符合的，表示为 $(M \equiv) \cup [(L \equiv) \cap (G \equiv) \cap (Y \equiv)]$。$(M \equiv)$ 表示湿地面积占补平衡，$(L \equiv) \cap (G \equiv) \cap (Y \equiv)$ 表示必须同时满足生态量占补平衡、生态功能占补平衡、生态效益占补平衡。$(M \equiv) \cup [(L \equiv) \cap (G \equiv) \cap (Y \equiv)]$ 表示在面积占补平衡与三个生态指标（生态量、生态功能、生态效益）占补平衡两者之间，可以只取其一。公式成立有三种情况。第一种是只满足面积占补平衡，三个生态指标没有实现占补平衡，可以使公式成立。第二种是面积没有实现占补平衡，只满足三个生态指标占补平衡，也可以使公式成立。第三种是面积占补平衡与三个生态指标占补平衡两者同时满足，公式可以成立。只有在同时不能够满足面积占补平衡与三个生态指标占补平衡的条件下，公式才不成立：$(M <) \cap [(L <) \cap (G <) \cap (Y <)]$。

面积实现占补平衡，且生态指标没有完全实现占补平衡包含不同情况：①生态量没有实现占补平衡，面积、生态功能与生态效益实现占补平衡：$(M \equiv) \cap [(L <) \cap (G \equiv) \cap (Y \equiv)]$。②生态功能没有实现占补平衡，面积、生态量与生态效益实现占补平衡：$(M \equiv) \cap [(L \equiv) \cap (G <) \cap (Y \equiv)]$。③生态效益没有实现占补平衡，面积、生态量与生态功能实现占补平衡：$(M \equiv) \cap [(L \equiv) \cap (G \equiv) \cap (Y <)]$。④生态量与生态功能没有实现占补平衡，面积、生态效益实现占补平衡：$(M \equiv) \cap [(L <) \cap (G <) \cap (Y \equiv)]$。⑤生态量与生态效益没有实现占补平衡，面积、生态功能实现占补平衡：$(M \equiv) \cap [(L <) \cap (G \equiv) \cap (Y <)]$。⑥生态功能与生态效益没有实现占补平衡，面积、生态量实现占补平衡：$(M \equiv) \cap [(L \equiv) \cap (G <) \cap (Y <)]$。⑦生态量、生态功能与生态效益都没有实现占补平衡，面积实现占补平衡：$(M \equiv) \cap [(L <) \cap (G <) \cap (Y <)]$。

只考虑生态指标占补平衡，面积没有实现占补平衡：$(M <) \cap [(L \equiv) \cap$

$(G\equiv)\cap(Y\equiv)\big]$，往往导致面积减少。

或取关系降低生态水平或者减少湿地。或取关系中，很难同时满足面积占补平衡与三个生态指标占补平衡。在或取条件下，占用主体很少主动去满足两个条件。当两个条件都不容易满足的时候，占用主体的常见选择是只满足其中一个条件。总有部分生态指标没有实现占补平衡：$(M\equiv)\cap\big[(L<)\cup(G<)\cup(Y<)\big]$。$\big[(L<)\cup(G<)\cup(Y<)\big]$表示，要么是生态量没有实现占补平衡$(L<)$，要么是生态功能没有实现占补平衡$(G<)$，要么是生态效益没有实现占补平衡$(Y<)$。三者必居其一，三种生态指标是或取$(\cup)$的关系。无论哪一种生态指标没有实现占补平衡，面积始终实现占补平衡$(M\equiv)$。因此，面积占补平衡与生态没有完全实现占补平衡是合取$(\cap)$关系。

面积与生态指标的合取关系才能确保面积与生态占补平衡。合取关系就是在一个多条件的命题中，必须满足所有条件，才能说明命题是成立的。确保生态占补平衡，必须使面积与生态指标占补平衡为合取关系，两者必须兼具，缺一不可，不允许只取其一，$(M\equiv)\cap\big[(L\equiv)\cap(G\equiv)\cap(Y\equiv)\big]$。只考虑面积占补平衡，固然是走向一个极端；只考虑生态指标达标而允许面积减少，也比较偏颇，走向了另一个极端。面积占补平衡固然不能取代生态指标占补平衡，生态指标占补平衡也不能取代面积占补平衡。面积占补平衡是生态占补平衡的基本要求，不能厚此薄彼，要两者兼顾。

## 四、湿地生态量、生态功能与生态效益

占补平衡是量化均衡过程，占补平衡制度着眼于数量，但占补平衡实践不能仅限于数量。

### （一）湿地生态量的定义

生态功能指出生态价值的方向。为说明湿地不同功能的强度大小，借鉴生态能值，建立生态量概念，说明特定功能的强度大小。对具体某一块湿地而言，其具有不同的生态功能。生态功能规定了湿地的生态价值的方向。例如，生态功能1表示湿地在具体的方向1，具有生态价值；生态功能2表示湿地在具体的方向2，具有生态价值……以此类推，生态功能$n$表示湿地在具体的方向$n$，具有生态价值等。

生态量区别生态功能强弱。假定不同湿地A、B，具有同样的生态功能1，功能的强度并不一定相同，如果要比较两块湿地的生态功能1，必须用到一个量，

即生态功能 1 的强度指数，本书称为湿地在该功能上的生态量。如果湿地 A 在生态功能 1 上的强度大于湿地 B，则称在生态功能 1 上 A 的生态量高于 B。湿地 A、B 在生态功能 1 上的生态量 $L_{A1}$、$L_{B1}$ 的关系是 $L_{A1} > L_{B1}$。

生态效益是生态资源的核心效益，与环境外部性紧密相关。一定强度的生态功能可以产生价值，即湿地的生态效益。生态效益是一定生态量的特定生态功能的表现形式。如果没有生态效益概念，只能够比较不同强度的同一湿地功能的价值大小，无法比较同样强度的不同湿地功能的价值大小，也无法比较不同强度的不同生态功能的价值大小。即使是同一块湿地，其不同功能的价值也无法比较，更谈不上不同湿地的不同生态功能的价值比较了。

生态量与生态功能、生态效益的关系紧密。生态功能 1、2、3、4 表示湿地具有的生态价值的不同方向，生态功能 1、2、3、4 各自具有不同的强度，用各个生态功能的生态量来表示，生态量表示该项具体功能的强弱，直接决定了所产生的生态效益的大小。生态功能与其生态量分别指出一个矢量的方向与大小，最终可以用生态效益范畴表示出来。生态量概念则从生态角度衡量一定面积的湿地在特定生态功能上的生态总量。该概念基于面积产生，取决于湿地的形态、类型、组合、结构、历史发展、外界环境、人类影响等，是可以衡量的生态功能的载体。湿地功能是生态量的体现，生态效益是功能的体现。生态量是生态功能的载体，也是生态效益的载体。生态量是可以计算、可以衡量的。生态量的减少与面积减少有关，也与湿地污染与破坏有关。

### （二）湿地生态量的应用

与生态量相关的范畴，包括单位强度的同一块湿地的某一生态功能的生态效益、单位强度的不同湿地的同一生态功能的生态效益、单位强度的同一块湿地的不同生态功能的生态效益与单位强度的不同湿地的不同生态功能的生态效益。这里只分析单位强度的不同湿地的不同生态功能的生态效益。假定有 A、B 两块湿地，分别具有 $m$ 项、$p$ 项功能。假定对应功能（功能 $n$）单位强度的生态价值（$JDL_n$）相同：$JDL_{An} = JDL_{Bn}$。即对于同一项功能，单位强度的 A 湿地的该功能的生态效益与单位强度的 B 湿地的该功能的生态效益相同，则计算中无须分别计算不同湿地的对应功能（功能 $n$）的单位强度的生态价值（$JDL_n$），不同湿地的对应功能（功能 $n$）统一表示为 $JDL_n$：$JDL_n = JDL_{An} = JDL_{Bn}$。

生态量能够在计算并比较同一块湿地的生态功能中得到应用。有了生态功能的生态量概念，不同强度的不同湿地的不同功能之间，都可以利用生态量来进行计算和比较。就某一块湿地而言，不仅能够计算某一项生态功能的生态效益，还能够计算同一块湿地不同生态功能的生态效益并进行比较，也能计算一块湿地的全部生态功能的整体生态效益。在两块湿地之间，不仅可以计算并比较同一生态功能的生态效益，还可以计算并比较两块湿地的整体生态效益。可以根据生态量计算某一块湿地的某一项生态功能的生态效益，也可以根据生态量计算一块湿地的不同生态功能的生态效益，还可以根据生态量比较一块湿地的不同生态功能的生态效益。要计算具有多项生态功能的某湿地的生态效益，则对不同功能的生态量（功能强度）与单位强度的生态功能的生态价值的乘积进行求和。

生态量能够在计算并比较不同湿地的生态功能中得到应用。根据生态量可以计算不同湿地的同一生态功能的生态效益。不仅可以比较不同强度的不同湿地生态功能的价值，还可以根据生态量比较不同湿地的同一生态功能的生态效益，也可以根据生态量计算不同湿地的整体生态效益。这里根据生态量比较不同湿地的整体生态效益，还可以进而比较不同湿地的整体生态效益。生态占补平衡过程中，通过计算，可以了解占用湿地与新建湿地生态量的大小。为了进一步研究生态量在生态占补平衡中的应用，可以寻求影响生态量的因素，找到生态量的计算方法，并据此加强对生态量的监控。

### （三）湿地生态功能平衡

在生态占补平衡过程中，在占用与新建湿地中不同时具备同一功能的情况屡有发生，会出现生态功能错位，因此做好占用与新建湿地的生态功能匹配十分重要。对生态占补平衡过程中的生态功能错位进行监督控制，对生态功能匹配水平进行评估，需要加大技术研发与资金投入，做好生态功能评价与生态功能监控。

### （四）湿地生态效益平衡

占用与新建湿地的生态价值往往并不完全相同。做好占用与新建湿地生态效益评价，并根据评价结果，进行生态效益匹配；设计生态效益监控机制，提升监控水平。这些都具有十分重要的意义和价值。面积占补平衡下生态效益的减少会影响生态总量，因此要采取各种措施，补偿占补平衡过程中的生态效益亏损。

# 第二节　湿地占补生态时空分布不公

单次占补指只考虑一次占补的湿地生态影响力与消费水平占补平衡。与多次占补的湿地生态影响力、消费水平占补平衡不同，单次占补中不存在多次占补的土地生态相互间的交错影响，不同区域的生态影响力不均衡与不公平幅度较大，补偿比例较高。

## 一、湿地生态分布不公

### （一）湿地生态分布不公及其分类

湿地资源的总量分布并不均衡。如果计算全国各省的人均湿地面积，差距还要更大。这种资源存量及人口密度不均衡等自然因素造成的人均资源分布不均衡，使全国不同区域享受湿地生态利益的不平等性加剧。在现有资源分布条件下，面积变化使人均资源处于不断变化之下，无论是人为因素还是自然因素，都可能使现有人均湿地资源存量发生改变。占补平衡是一种发生在时间序列与空间世界的湿地资源的重新分配，这种人工配置资源的方式不仅改变了湿地存量，使面积减少或者维持基本的均衡，而且因为占用与补偿的时间排序问题，产生效益盈余或者效益亏损。不在同一地区的占用与新建湿地，改变了资源分布的微观形势，从微观层面看，使得不同区域的居民（占用地居民与新建地居民）拥有的人均资源发生剧烈变化，造成新的资源分配不公。

根据影响湿地人均拥有量的是自然禀赋还是人为因素，可以分为分布与分配两种。分布是自然禀赋造成的，分配是包括制度安排和其他人为因素造成的。分布是指最初（从目前一直追溯到某块湿地的形成之初）的自然因素对湿地布局的影响，如某地居民其居住地附近有一块天然的良好湿地A，那么A湿地很可能是该地最早、拥有居民之前就形成的。该地最早的居民无论是迁徙至此，还是在当地逐步进化而成，都无法将湿地带来的利益或者造成的危害归因于自己以外的人为因素。如果当地居民是湿地形成以后迁徙至此，则只能将湿地带来的利益或造成的危害归因于自己当初选择了这块邻近湿地的居住地。分布对人均湿地资源的影响，主要来自最初禀赋的湿地状态对居住地居民的生态影响，更偏重自然因素。分配则更多是人为因素造成的。在湿地生态占补平衡制度设计中，因为制度原因，A湿地被占用，允许在B地新建等面积的湿地。这种格局变化，对A、B两地所在的更大范围毫无影响，基本可以实现面积占补平衡。但对A湿地周边居民而言，人为的制度安排起到重新分配资源的作用，减少了A地居民可能享受的人均资源量，同时增加了B地居民的人均资源量。占补平衡制度在A、B两地居民之间起到了重新分配资源的作用。除非特殊强调，本书不严格区分分布与分配，并着重分析生态占补平衡的人为分配过程对湿地分布的影响和纠偏。

生态分布不公不仅有起点上的不公，也有过程中的不公。当地居民在定居此地时，此地的湿地资源禀赋分布是确定的，或者比较丰富，或者不很丰富，或者没有湿地资源。资源的初始分布决定了要在此地定居的居民的人均资源量，造成人均资源量过少或者过多，引起居民对资源不公的抱怨。资源量的变化与人口数量变化过程也会引发人均湿地资源量的变化。根据造成的原因属于人为还是非人为因素，湿地生态分布不公可以分为两种，人为因素造成的湿地生态分布不公与非人为因素造成的湿地生态分布不公。人为原因造成的资源人均量的变化包括人为因素、湿地增加或者减少、居民增加或者减少引发人均资源增加或者减少。自然原因也能造成湿地资源人均量的变化，如气候变暖，湿地供水不足，最后逐渐干涸等，都会影响湿地面积。这种湿地资源人均量的变化，无法归因于人为因素，因此也不可能引发社会矛盾，称为非人为因素造成的生态不公。

### （二）起点上的湿地生态资源分布不公

起点上的不公是指湿地生态资源禀赋在最初意义上的不均衡分布。例如，A地湿地密布，人均湿地面积、生态量、湿地功能、效益都比较高。与之相比，B地的相应指标较低，人均面积较低引发人均生态量、生态功能与生态效益不高，生态水平较低，直接影响居民的生活。

源自初始禀赋的湿地生态分布不公与各种因素相关。一是自然因素。湿地分布具有客观规律，立地条件适合的地点，才可能出现湿地。二是历史因素。人口与特定地域的结合具有复杂的关系。在湿地的立地条件不可改变的条件下，哪些人群来此定居，此地是属于原住民还是迁徙来的人群，原住民最初如何定居此处等，都涉及复杂的历史因素。看中这个地段的什么条件、因为何种原因居住在此等，都会影响这些居民与特定地段的人地匹配。

与原始禀赋有关的湿地资源分布不公，其影响因素复杂。甚至很多原因源自居民自身，如迁徙时因为自身因素迁来此地，因此不可能有正当理由抱怨所在地的湿地资源不够丰富，或者因为湿地过多而带来其他方面的不利影响等。起点上的湿地生态资源部分分布不公很难成为引发社会不满的因素。

### （三）资源分配导致湿地生态分布不公

生态占补平衡制度可能产生湿地生态分布不公。占补平衡条件下，如果出现湿地资源不公，则主要缘于生态占补平衡制度，而不是自然因素。分布很少引发关于资源公平性的讨论，与分布对人均资源的影响比较，分配更容易引发资源分配公平的讨论。研究资源公平性理论，就是为了分析生态占补平衡对资源分配的影响，分析其引发的公平性问题，以及潜在的社会风险。

生态占补平衡制度引发的生态分布不公可能引起争议。当占用地居民对因周边湿地被占用引起湿地面积减少、生态量减少、生态功能弱化、生态效益下降产生不满，从而引发生态危机，陷入社会争议时，就必须考虑如何应对来自占用地居民的反应，并进行制度创新，妥善解决。

生态保护日益成为热点课题，不仅空间上的湿地分配会引发争议，时间上的资源分配也会引发争议。占补平衡一般要求先补后占，先补后占会产生生态效益盈余。如果占用湿地时支付的生态补偿费用无法长期弥补资源占用造成的生态效益损失，同样会引发生态分配的公平性问题。

即使不存在时间与空间上的湿地分配不公，在占用之前已新建湿地，并且占用与新建湿地在微观上是同一地点（这在严格意义上是不可能的，因为某一块湿地被占用后，已经成为基建用地，除非毁弃基建用地，完全恢复等面积湿地，确保生态量、生态功能与生态效益完全相等，但这种情况非常少见），仍然会有湿地不公现象产生。包括面积占多补少、生态量占多补少、功能在占补过程中出现缺失、生态效益占多补少，都可能引发湿地所在地居民出于生态保护角度的争议，这种争议也是生态分布不公的反映。生态占补平衡要求严格遵循面积占补平衡、生态量占补平衡、功能占补平衡、生态效益占补平衡，以确保不出现因生态占补平衡制度安排而出现的湿地不公现象。

### （四）湿地不公的性质

湿地不公反映了制度设计的影响力。湿地生态占补平衡可以有宏观、中观和微观三个层级。制定生态占补平衡制度，往往多从全国范围内出发，这时，更多关注面积占补平衡、生态量占补平衡、生态功能占补平衡与生态效益占补平衡。往往只关注全国范围内的占补平衡，忽视区域与流域内的生态占补平衡，即只要全国湿地面积没有减少，全国范围内的生态量没有减少，全国范围内的湿地功能没有受到损害，全国范围内的生态效益没有下降，这种制度安排就是合理的。放在中观层面，从一个区域内部来看，问题发生变化：A 区域占用的湿地资源，即使在 B 区域获得同等面积、同等生态量、同等生态功能及同等生态效益的补偿，仍然不能阻止 A 区域内湿地面积、生态量、生态功能及生态效益的减少，这对 A 区域而言，从生态角度看，是不公平的。从一个流域内部来看，不仅 A 区域占用的湿地资源不能通过在 B 区域建设同等面积、同等生态量、同等生态功能及同等生态效益的湿地进行补偿，甚至可能因为 A 区域内湿地面积、生态量、生态功能及生态效益的减少而造成远大于减少的湿地本身的损失，即减少的湿地损害了流域的系统性，损失的湿地生态水平相当于远大于占用面积的生态值、生态功能与生态效益。这对 A 区域而言，从生态角度看，不仅不公平，而且影响深远。湿地所在地居民则不会满足于全国范围内、区域范围内、流域范围内的生态占补平衡。占用地居民不会因为在另一地点新建同等面积与生态量和同样生态功能与生态效益的湿地而获得补偿，占、补地点之间的距离，减损了新建湿地对占用地的生态影响，占用地的居民感受不到或者不能完全感受到当地等量的生态量、生态功能与生态效益的生态影响。因此，占用地居民对生态占补平衡制度设计提出严格的要求。这说明生态占补平衡制度设计事关重大，必须严密设计。

湿地不公反映了湿地所在地居民对生态权益的重视。湿地分布不公是生态文明时期居民的生态意识的反映。居民不再满足于占用带来的经济收益和经济发展价值，对占用湿地给生态造成的影响感同身受，格外关心。

湿地不公是促进制度完善的动力。因为居民生态意识的增强，所以生态占补平衡制度设计不可以有丝毫漏洞，必须尽可能满足占用地居民的生态需求。

湿地不公可以通过生态占补平衡制度来解决。有漏洞的占补平衡制度可能带来生态分布不公，而制定严密的生态占补平衡制度可避免生态分布不公。要加大设计力度，提高制度设计的精密程度，将可能引发的湿地不公消灭在萌芽状态。

## 二、时间与空间的湿地分布不公

生态分布不公的时空分类包括时间上的资源分配不公与空间上的资源分配不公。生态占补平衡会引发分配过程中的湿地资源分布不公，影响生态平衡。占补平衡是人为的制度安排，其引发的湿地生态分布不公更容易引发生态压力。

### （一）时间上的湿地不公

先补后占不存在时间不公。占补平衡制度规定先补后占。生态占补平衡制度中规定的先补后占将会产生时间上的生态盈余（$YY_{sss}$）。占用的湿地完全消失以前，新建湿地产生的生态效益（$Y_{scx}$）及其盈余存续时间（$t_{scx}$）的乘积，即时间上的生态盈余：$YY_{sss}=Y_{scx} \times t_{scx}$。在占用的湿地完全消失以前，新建湿地的盈余存续时间（$t_{scx}$）与占用湿地消失时间点（$T_{szyx}$）及新建湿地的建成时间点（$T_{sxjc}$）相关。在占用湿地消失时间点（$T_{szyx}$）确定的条件下，新建湿地的建成时间点（$T_{sxjc}$）越早，新建湿地的盈余存续时间（$t_{scx}$）越长。在新建湿地的建成时间点（$T_{sxjc}$）确定的条件下，占用湿地消失时间点（$T_{szyx}$）越晚，新建湿地的盈余存续时间（$t_{scx}$）越长。新建湿地越早，新建湿地产生的生态效益（$Y_{scx}$）的盈余存续时间（$t_{scx}$）越长，产生的生态盈余（$YY_{sss}$）越大。新建湿地产生的生态效益（$Y_{scx}$）越大，产生的生态盈余（$YY_{sss}$）越大。

先占后补存在时间不公。时间不公与先补后占相对立。这主要指因为先占后补会造成生态亏损。生态亏损（$KS_{ss}$）就是占用湿地的生态效益（$Y_{szy}$）与新建湿地建成时间点和占用湿地消失时间点之间的迟滞建成时间（$t_{szy}$）的乘积。占用的湿地完全消失以后，新建湿地的迟滞建成时间（$t_{szy}$）与占用湿地消失时间点（$T_{szyx}$）及新建湿地的建成时间点（$T_{sxjc}$）相关。在占用湿地消失时间点（$T_{szyx}$）

确定的条件下，新建湿地的建成时间点（$T_{sxjc}$）越早，新建湿地的迟滞建成时间（$t_{szy}$）越短；在新建湿地的建成时间点（$T_{sxjc}$）确定的条件下，占用湿地消失时间点（$T_{szyx}$）越晚，新建湿地的迟滞建成时间（$t_{szy}$）越短。新建湿地越晚，占用湿地的生态效益（$Y_{szy}$）获得补偿的迟滞建成时间（$t_{szy}$）越长，产生的生态亏损（$KS_{ss}$）越大，占用湿地的生态效益（$Y_{szy}$）越大，生态亏损（$KS_{ss}$）越大。

### （二）空间上的湿地不公

占用湿地与新建湿地往往在不同地点，从而造成地域上生态资源的分配不公，这称为空间上的生态分配不公。生态占补平衡过程中，要避免空间上的湿地分布不公。

生态占补平衡涉及湿地面积的空间分布格局的调整，即使在区域内实现了宏观面积占补平衡，仍然会造成微观层面面积分布不公。如果占用地的湿地面积减少或者完全消失，新建地湿地面积增加，则会引发湿地面积的此（A 地）消彼（B 地）长，导致占、补湿地面积在空间上的错配。

生态占补平衡涉及湿地生态量（生态功能与生态效益）的空间分布格局的调整。即使在区域内实现了宏观生态量（生态功能与生态效益）占补平衡，仍然会造成微观层面生态量（生态功能与生态效益）分布不公，占用地的湿地生态量（生态功能与生态效益）减少或者完全消失，新建地的湿地生态量（生态功能与生态效益）增加，引发生态量（生态功能与生态效益）的此（A 地）消彼（B 地）长，导致占、补湿地生态量、生态功能与生态效益在空间上的错配。

# 第三节 占用地居民生态消费水平占补平衡

## 一、湿地生态消费权与生态消费水平

### （一）湿地权益分类

湿地权益分为三大类：一是所有权（$Q_s$），所有权主要指湿地产权，即湿地归国家、集体所有还是归组织与个人所有。二是处分权（$Q_c$），确定湿地遵循面积占补平衡、生态占补平衡还是生态影响力占补平衡的决策权。三是受益权（$Q_{sh}$），与补偿比例研究相关的受益权主要指占用地居民因湿地存在而享有的湿地功能所带来的湿地效益。与之相对应，失去受益权是指在占用湿地后，占用地居民因湿地减少或消失，不能享有原有湿地的功能所带来的湿地效益的权益受损状态。

湿地产权明晰是大势所趋，产权明晰可以更好地保护湿地生态。湿地产权包括国家所有权与产权进一步明晰后的自然资源资产产权制度。无论在哪一种产权下，占用地居民都能够在占用湿地之前，享有湿地的功能及其带来的效益。湿地被占用，会降低或者剥离其原来享有的湿地功能带来的效益。占补平衡制度中，所有权对受益权的影响，完全取决于湿地资源配置方式。因此，处分权对受益权的影响（$Q_{cshf}$）大于所有权对受益权的影响（$Q_{sshf}$）：$Q_{cshf} > Q_{sshf}$。

处分权比所有权更重要。湿地属于用途管制的自然资源。与产权明晰的重要性相比，湿地补偿比例研究主要关注处分权。无论属于哪一种所有权关系，是产权公有，还是已经明晰到相关组织或个人所有，都必须在湿地的占用这一环节服从资源管制制度安排，在红线保护制度下配置资源。重视处分权安排很容易产生偏差，可能因此忽视湿地资源的受益权。处分权的慎重行使，会对相关利益者的利益产生重大影响。在补偿比例研究中，确定湿地受益权的地位十分重要。如果不能忽视作为受益权的湿地生态消费权，则拥有湿地处分权的主体必须在占补平衡过程中考虑占用地居民的生态消费权，以生态影响力占补平衡标准配置湿地资源。如果可以忽视作为受益权的生态消费权，则拥有湿地处分权的主体无须在占补平衡过程中考虑占用地居民的生态消费权，可以不采用生态影响力占补平衡标准配置湿地资源。

湿地受益权对应的是保护占用地生态平衡的重要性（$X_N$）。出发点不限于人类的权利与需求，但离不开人类的权利与需求。原因有两个方面。一是占用湿地属于无人区的情况。不属于人类居住区的占用地，其生态的完整保护，自然有益于所在国家或者地区的整体生态保护与平衡，湿地所在地自然本身的生态平衡需要所产生的重要性（$X_N$），成为影响湿地资源配置方式的关键。此时需要考虑两个力量的强弱来确定资源配置方式，即湿地所在地生态平衡的重要性（$X_N$），与湿地处分权拥有者对占用湿地的收益（$Sh_{zy}$）。如果 $X_N > Sh_{zy}$，湿地处分权主体会考虑占用地生态影响力占补平衡；如果 $X_N = Sh_{zy}$，湿地处分权主体可能考虑也可能不考虑占用地生态影响力占补平衡；如果 $X_N < Sh_{zy}$，湿地处分权主体可能不会考虑占用地生态影响力占补平衡。二是占用湿地属于人类居住区的情况。属于人类居住区的占用地，其生态的完整保护，自然有益于所在地居民。湿地所在地自然本身的生态平衡的需要所产生的重要性（$X_N$）与占用地居民的生态需求所产生的重要性（$X_R$）一起，成为影响湿地资源配置方式的关键。如果 $X_N + X_R > Sh_{zy}$，湿地处分权主体会考虑占用地生态影响力占补平衡；如果 $X_N + X_R = Sh_{zy}$，湿地处分权主体可能考虑也可能不考虑占用地生态影响力占补平衡；如果 $X_N + X_R < Sh_{zy}$，湿地处分权主体可能不会考虑占用地生态影响力占补平衡。

### （二）湿地受益权与处分权

湿地所有权在生态保障过程中的主导地位让位于处分权。关于处分权与受益权的关系有三种。不同的权益配置，影响占用地湿地生态保护。

如果湿地处分权高于占用地居民的生态受益权，处分主体往往会忽视占用地居民的湿地受益权。对处分权所有者而言，保障湿地面积在整个空间的不减少，即实现面积占补平衡，难度（$N_m$）最低。保障面积与生态指标在整个空间的占补平衡，难度（$N_s$）增加，最难以做到的是保障占用地湿地面积与生态指标的占补平衡，而生态影响力占补平衡难度（$N_{sf}$）最大：$N_m < N_s < N_{sf}$。一般情况下，湿地保护制度从面积占补平衡向生态占补平衡发展，很少有国家实行生态影响力占补平衡。这符合从难到易的内在逻辑。同一个国家或者地区在湿地保护制度中实行面积占补平衡的时间点（$T_m$），往往早于实行生态占补平衡的时间点（$T_s$），实行生态影响力占补平衡的时间点（$T_{sf}$）最晚：$T_m < T_s < T_{sf}$。如果一个国家很晚才开始保护占用地居民的生态权益，则可能对占用地生态产生影响。

如果处分权低于或等于占用地居民的生态受益权，处分主体则不敢忽视占用地居民的湿地受益权。对处分权所有者而言，不仅需要保障湿地面积在整个空间不减少，实现面积占补平衡，而且要保障面积与生态指标在整个空间的占补平衡。最关键的是，出于对占用地居民的湿地受益权的保护，必须保障占用地生态影响力占补平衡。此时，及时实行生态影响力占补平衡，既可以保护占用地居民的生态权益，又可以保护占用地生态。

提高占用地居民湿地受益权的地位，可以降低保障占用地生态平衡的难度。在权益配置中，从保护占用地生态平衡的角度分析，提高占用地居民的湿地受益权地位，是处分权与占用地居民的湿地受益权的理想配置。

### （三）湿地生态消费权

要严格区分湿地生态权与受益权，严格区分生态消费权与生态平衡权。为了深入分析占用地居民对占用地湿地所拥有的权益，有必要进一步对湿地生态权进行分析。本书提出的湿地生态权，包括湿地生态消费权与湿地生态平衡权。湿地生态消费权，是指占用地湿地所在地居民享受湿地生态功能与生态效益的权益。湿地生态平衡权，是指要求占用地湿地生态平衡的权利，即占用湿地不能因此影响占用地湿地生态平衡。本书着眼于生态占补平衡来分析影响补偿比例的要素，着重从生态权入手分析占用地居民的湿地生态权利对补偿比例的影响。

占用地生态被所在地居民消费，所在地居民具有生态消费权，消费权神圣不可侵犯。为了明晰生态消费权与湿地所有权的关系，需要区别湿地生态与湿地两个概念。湿地与湿地生态关系紧密，但湿地所有权与生态消费权概念并不相同。

产权研究实体湿地的所有权问题，即特定湿地归谁所有；生态消费权则研究湿地生态消费权归谁所有的问题。生态消费权可以归产权所有者，也可以扩大范围，延伸到生态影响所及的范围与所在地居民。产权归属与生态消费权归属可以相同，也可以不同。在湿地产权国有背景下，湿地所在地居民不可能拥有湿地的产权，但可能拥有生态消费权。具有生态消费权的主体有两种：第一种是狭义的、理所当然的群体，即生态消费权归产权所有者；第二种是广义的、扩大了的概念，生态消费权不仅属于产权所有者，还涵盖湿地生态影响所及的区域及居民。特定湿地的所有权属于国家，该湿地的生态所有权也属于国家，但很难说生态的消费权属于国家，国家无从消费生态。因此，作为所有权主体的国家，很难作为生态消费权的所有者。湿地的存在就是为惠及影响所及的区域与居民，无论其产权归属如何，生态惠及的区域与居民必然是生态的消费者，享有当然的生态消费权。从生态文明建设和中国产权制度的实践来看，在研究生态占补平衡时，采取广义的生态消费权归属的界定比狭义的界定更优，也更有意义。按照狭义的定义，国家所指空泛，并无所归属。按照广义的定义，归属主体可以明确到居民。因此，本书着力分析广义上的生态消费权的归属问题。一般研究多聚焦于湿地本身的所有权归属，很少从生态占补平衡的视角关注并深入研究生态消费的所有权问题。就湿地对周围环境的影响而言，生态消费权主要涉及生态指标影响的所有权，主要表现在生态功能影响的所有权与生态效益影响的所有权等。一块湿地可以归个体或者集体所有，其生态功能与生态效益却影响到更多个人与群体，从实践意义上分析，生态影响所及的个人与群体对生态消费具有所有权。为了区分对生态消费拥有所有权的居民与对生态消费不具有所有权的居民，这里给出两种居民的定义。把特定湿地影响所及的区域称为湿地所在地，把特定湿地影响所及的居民称为所在地居民；把特定湿地影响不到或者影响甚微的区域称为非湿地所在地，把特定湿地影响不到的居民称为非湿地所在地居民。根据广义的界定，无论特定湿地的所有权归属如何，其生态消费权既归湿地所有者所有，也归所在地居民所有。本书重点关注所在地居民的生态消费权。生态消费权归属容易产生异议，既然不关注归属权，把生态消费权界定为广义上的、湿地所在地居民的权利，并超出归属权所有者的范围，那么非湿地所在地居民不具备该生态消费的所有权，是否影响生态公平？本书认为这种区分是合理的，更是必要的，这不仅不会影响生态公平，而且唯有如此，才能保障湿地所在地居民的生态公平。相比较而言，异地生态占补平衡（即新建湿地与占用湿地并不在同一地点）会对占用地居民的生态环境造成影响。如果对湿地所在地居民与非湿地所在地居民不加区分，忽略异地占补平衡在空间上对生态消费的影响，会对湿地所在地居民造成不公，降低其生态福祉。生态消费权属于湿地所在地及其居民，而所有权归属不影响生态消费权（可以近似地等同于生态所有权）的归属。

　　占用造成所在地的湿地减少与生态损害。所在地居民不能消费到原有水平的生态功能带来的生态效益。新建地居民享受到与占用湿地水平相等的生态功能带来的生态效益。同样水平的湿地生态在空间的转移，使占用地所在地居民的生态消费权转移到新建地居民手中，出现生态消费权转移。生态消费权转移必然伴随湿地所有权转移，所有权转移涉及利益关系。所有权转移与占用地居民及新建地居民无关，因此容易忽视生态消费权转移对所在地居民的影响。

　　需要关注湿地生态对所在地居民产生的影响和所在地居民的生态消费权的内涵。湿地所有权不归所在地居民所有，但长期以来，受到生态影响的居民已经成为湿地生态事实上的消费者和消费权的所有者，生态消费权的所有者与生态关系十分紧密，他们有权表达对湿地存废与异地占补的意见，对异地占补产生的生态变化表达关切。所在地居民对生态的影响变化表达关切，是生态权益的一种表现。

　　湿地生态消费权与湿地消费权并不完全相同。湿地消费权包括湿地利用获益权与湿地生态消费权。湿地利用获益权是指湿地所有者通过开发利用湿地产生收益的权利。湿地生态消费权并不包括湿地利用获益权，只包括享有湿地生态功能与生态效益的权利。湿地利用获益权是直接开发利用湿地并获益的权利。与之不同，湿地生态消费权往往是通过间接的湿地效应为占用地居民带来福利。

　　湿地所有权、处分权与受益权等三种权利跟生态消费权存在关系，受益权包括湿地消费权与生态权。所有权对消费权的影响明显，处分权对生态权的影响明显。生态权包括生态平衡权。消费权包括湿地利用获益权与生态消费权。据此，受益权可以进一步细分为生态平衡权、生态消费权与利用获益权。其中，生态消费权既属于生态权，也属于消费权，受到所有权、处分权的共同影响。生态平衡权与利用获益权只分别受到处分权与所有权的影响。从所有权与受益权的关系角度分析，湿地利用获益权往往离不开湿地所有权，所有权决定了对湿地的开发利用产生收益的权利。湿地归谁所有，对湿地的开发利用产生收益的权利就属于谁。实践中，所有权对生态消费权的影响，没有处分权对生态消费权的影响大。生态权与消费权属于湿地受益权，通过生态消费权分析，实现生态消费水平占补平衡。生态影响力衰减引发占用地消费水平下降，确保生态消费水平均衡则需要进行补偿。

　　以湿地生态消费权为基础，进一步提出湿地生态所有权概念。本书不关注实体意义上的湿地生态产权的归属问题（目前湿地资源归国家所有，不存在实体意义上的湿地产权归属问题），只关注湿地生态这个无形资产的所有权问题，即本质上属于国有资源的湿地，其生态所有权归谁。理论上生态归属权与湿地归属权一致，拥有湿地所有权的主体也应该具有生态所有权，如果湿地所有权属于 A，则生态所有权也属于 A。湿地消费权与生态所有权的概念并不相同，前者是后者的衍生物，前者是后者的必要条件，后者是前者的充分条件。中国目前的湿地产权属于国有，湿地所有权及生态所有权都属于国家。湿地所有者如果是空泛而无所依傍的概念，不是具体居民，则不可能拥有生态所有权。因为就生态而言，生态所有权是生态对主体产生影响的权利，生态对所有者具有影响，生态所有权才有意义；生态不能对主体产生影响，主体就不可能具有拥有生态产权的资格；如果主体不是空泛无所依傍的概念，而是具体居民，则能够拥有生态所有权。这里，国家作为一个概念而不是具体的居民，不可能对其所有的湿地生态具有所有权，拥有生态所有权的只能是湿地所在地居民。

为了固化生态所有权，强化湿地生态保护，可以把生态所有权与生态消费权挂钩，把生态所有权让渡给拥有生态消费权的主体。国家在特定湿地影响所及的、具体区域的代表（湿地所在地居民），就具有生态所有权。从一定意义上说，湿地所有权、生态所有权的归属与湿地消费权的归属是一致的。虽然所有权属于国家，但生态所有权及其衍生的生态消费权都属于所在地居民。湿地所在地居民具备生态所有权。因为湿地生态不能对非湿地所在地居民产生影响，非湿地所在地居民不可能具备生态所有权。居民如果受湿地生态影响，就是具有湿地生态所有权的湿地所在地居民。没有受到湿地生态影响的居民，或者受湿地生态影响很小、可以忽略不计的区域的居民，即为非湿地所在地居民，都不具有对该湿地生态的所有权。要区分哪些居民对特定湿地的生态有所有权，即以其是否属于湿地所在地及是否属于所在地居民来区分。凡是属于所在地居民的，都具有对该特定湿地的生态的消费所有权，凡是不属于所在地居民的，都不具有对该特定湿地的生态的消费所有权。

从生态平衡的要求出发，不仅要求整个空间生态占补平衡，而且要求每一个地点生态占补平衡。新建地湿地面积增加，生态指标增加，实现湿地生态增长。生态平衡权主要是要求占用地湿地生态平衡的权利，要求占用地生态量影响力、生态功能影响力与生态效益影响力占补平衡。

### （四）湿地生态消费水平平衡

生态消费水平是保护湿地生态占补平衡的主要动力。湿地生态影响力一个概念并不能完全满足分析湿地补偿比例的需要。有了生态影响力概念，仍然在生态系统内部进行分析，如果要纳入人类群体，从生态消费主体角度分析生态消费权与生态消费水平，则可以更加清晰地看到补偿比例的必要性与计算方法。

湿地生态消费水平的主体包括占、补所在地居民，即占用地居民和新建地居民。在占、补实践中，占用地相对比较确定，新基地相对比较随机。占用地是自变量，新建地是因变量。占用地址是经济社会发展与占用主体战略选择的结果，是被预先确定的，确定因素相对复杂。一旦占用地址被确定，新建地址以占用地址为核心，围绕占用地址，位于一定方向的一定距离外。

占用地址作为原点被确定后，表述新建湿地的变量可以有三种：一是方向，方向不同，新建地的位置不同，所处流域与地域不同。二是距离，距离决定了生态影响力强弱，决定了占用地消费水平高低。三是占用湿地与新建湿地的面积、生态量、生态功能、生态效益的比例，即补偿比例（$u$）。补偿比例包括面积补偿比例（$u_m$）、生态量补偿比例（$u_l$）、生态功能补偿比例（$u_g$）与生态效益补偿比例（$u_y$）四种。一般所说的补偿比例往往局限于分析占用湿地面积（$m_x$）与新建湿地面积（$m_z$）的比例，即面积补偿比例：$u_m=m_x/m_z$。占补平衡过程中，出现多少生态指标，就会涉及多少种补偿比例。除面积补偿比例以外的三种补偿比例分别为 $u_l=l_x/l_z$；$u_g=g_x/g_z$；$u_y=y_x/y_z$。

### （五）湿地生态消费的公平性

生态占补平衡往往只着眼宏观层面的公平性。生态占补平衡理论建立在公平理论的基础上。这里的公平理论涉及三个层面：宏观层面的国内生态占补平衡，中观层面的省、市、县及其以下行政区域内层面的生态占补平衡，微观层面的占用地的生态占补平衡。宏观层面要满足湿地生态总体上的公平，国内湿地生态实现占补平衡。这种宏观上的生态占补平衡往往比较粗，忽略了国家内部地域之间的生态布局公平性。中观层面的生态占补平衡往往是一个省、市、县区及其以下区域内的生态占补平衡。中观层面的生态占补平衡比宏观层面的生态占补平衡更微观。中观层面的占补平衡，随着区域越来越小，要求越来越严格，占补的针对性越来越强，对占用地的生态影响越来越小。但中观层面的生态占补平衡仍然比较粗，即使是一个县区以下区域内的湿地生态占补平衡，仍然对占用地的生态有影响，只是与宏观层面和中观层面的其他范围内的生态占补平衡相比，对占用地的生态影响越来越小。宏观与中观层面的生态占补平衡，往往并没有实现微观层面占用地居民生态所有权的保障。微观层面占用地居民生态所有权，是指针对占用的具体湿地而言，该占用湿地周围居民的生态消费是否得到与占用之前完全一致的生态消费保障。一般意义上的生态占补平衡，只考虑可以观察的湿地面积在超出具体占用地的更大空间内实现生态占补平衡，只考虑可以测量的生态量、生态功能与生态效益在超出具体占用地的更大空间内实现生态占补平衡。这与严格意义上的微观层面的占用地居民的生态公平性保障相去甚远。对占用地居民而言，宏观层面生态占补平衡损害了其生态消费权与生态所有权。中观层面生态占补平衡损害了其生态消费权与生态所有权，只有微观层面的生态占补平衡保护了其生态消费权与生态所有权。不同层次的生态占补平衡，对应不同幅度的湿地生态消费补偿，也体现了不同程度的生态消费公平性：如果严格实现微观层面的生态占补平衡，对占用地居民的生态消费没有影响，占用地居民的生态消费具有公平性；如果能够实现中观层面的生态占补平衡，对占用地居民的生态消费产生影响，占用地居民的生态消费公平性较低；如果只是实现宏观层面的生态占补平衡，对占用地居民的生态消费产生很大影响，占用地居民的生态消费公平性最低。不同层面的生态占补平衡与生态消费补偿紧密相关。如果严格实现微观层面的生态占补平衡，对占用地居民的生态消费没有影响，不存在生态消费补偿；如果能够实现中观层面的生态占补平衡，对占用地居民的生态消费产生影响，要进行生态消费补偿；如果只是实现宏观层面的生态占补平衡，对占用地居民的生态消费产生很大影响，要大幅度进行生态消费补偿。

对占用主体而言，宏观层面生态占补平衡最容易实现，成本最低；中观层面生态占补平衡较易实现，成本提高；微观层面生态占补平衡最难实现，成本最高。从生态保护角度分析，宏观层面生态占补平衡对生态影响最大，生态效益最差；中观层面生态占补平衡对生态影响减少，生态效益较差；微观层面生态占补平衡对生态影响最小，生态效益最好。一般分析生态占补平衡在空间内的布局，往往是从生态影响的层面入手分析，微观层面生态占补平衡比中观层面对湿地均衡更有价值，中观层面生态占补平衡比宏观层面对生态稳定性更有利。这种视角，重视生态本身，比较客观。本书强调生态占补在空间的公平性视角，以此说明微观层面生态占补平衡的重要性。这种视角的好处是在以人为本的生态文明背景下，以微观层面生态占补平衡为标准所进行的生态消费补偿体现了占用地居民的生态权益，反映了居民的生态诉求，以此为动力，微观层面的生态占补平衡更容易得到保障。只有引入生态消费者，引入其生态利益诉求和生态消费补偿，引入生态消费公平性理论，才能有利于实现异地占补平衡对生态的影响最小化。否则，单纯以生态标准要求占用主体维持较高补偿比例（异地占补平衡中，新建湿地补偿与占用湿地的面积的比例即补偿比例）很难推行。

要在微观层面实现生态占补平衡。基于生态消费权与生态所有权理论，本书提出生态占补平衡中的生态消费的公平性原则：不能因实施生态占补平衡，而使占用地居民的生态利益受损。占用地居民的生态利益，表现在生态消费权与生态所有权。生态消费权是核心，生态所有权是基础。对占用地居民而言，所追求的是生态消费权的满足，如果因为异地占补平衡损害其生态消费权，那么用以维护自身权利的理论依据是生态所有权。要保障占用地居民的生态消费权与生态所有权，就要在微观层面实现生态占补平衡。新建湿地的生态必须对占用地产生不低于原有被占用湿地的生态影响。这才符合基于生态消费公平性的生态占补平衡的公平原则。必须考虑生态占补平衡是否实现占用地湿地面积、生态量、生态功能与生态效益占补平衡，保障占用地居民的生态消费权利。

要保障微观层面占用地居民的生态所有权。异地生态占补平衡会引起占用地的湿地生态减少，影响所在地居民的生态消费，损害其生态消费权，进而损害其生态所有权，由此引发生态不公，可能引起生态领域的矛盾。这些矛盾与问题，都源于生态占补平衡实践，责任应该由占用主体来承担。通过制度设计，由占用主体来解决异地生态占补平衡引发的空间分布不均，是根本之策。占用主体解决占用地生态消费公平性问题，核心在于确保占用地的生态水平不下降。只要是异地占补平衡，往往都会降低占用地的生态水平。为确保占用湿地生态水平不下降，本书提出一个分析框架：增加异地新建湿地量，接近占用地，使新建湿地对占用地的生态施加影响，来解决占用地居民的生态消费问题。

要通过新建湿地的生态影响，解决占用地居民的生态消费问题。虽然异地新建湿地，但只要新建湿地距离占用湿地足够近，且新建面积足够大，新建湿地仍然可以对占用地居民的生态消费提供足够的生态影响：包括生态量、生态功能与生态效益等方面的生态消费都可以得到满足。这个理论的基础是占用湿地可以对所在地居民产生生态影响，提供生态消费的基础；距离很近、面积足够大的新建湿地，同样可以对占用地居民产生同样的生态影响。要实现占用地居民从占用湿地消费的生态量、生态功能、生态效益与生态影响总量分别等于占用地居民从新建湿地消费的生态量、生态功能、生态效益与生态影响总量；其中，占用地居民从占用湿地获得的生态影响总量等于占用地居民从占用湿地消费的生态量、生态功能与生态效益的耦合；占用地居民从新建湿地获得的生态影响总量等于占用地居民从新建湿地所消费的生态量、生态功能与生态效益的耦合。

## 二、生态消费水平占补平衡

新建湿地对占用地居民提供不低于占用湿地提供的生态总量。保护占用地居民的生态消费权，唯一合理的做法是要求新建湿地对占用地居民提供不低于占用湿地所提供的生态总量：包括不低于占用湿地所提供的生态量、生态功能与生态效益，以确保占用地居民可以消费到不低于原有水平的湿地生态。本书提出生态影响概念并加以详尽分析。一般意义上的生态影响多指负面的含义，往往偏重分析某行为对生态产生的影响，特别是对生态所产生的负面影响。一般意义上的生态影响是一个动态的过程。本书提出的生态影响是一个名词性概念，指为生态消费而提供的湿地生态资源，该生态资源成为占用地居民消费湿地生态的载体和对象。这里的生态影响，近似于可以消费的生态载体和生态对象物。生态载体，是把可见不可见的湿地生态实体化。占用地居民因为附近有湿地而享受到湿地生态的诸多好处，如空气质量、水源环境等得到改善。改善环境的湿地生态好像可以感知的有形之物，即生态消费的对象物。新建湿地的生态影响覆盖了占用地及占用地居民，且新建湿地的生态影响在占用地的影响强度与占用湿地的生态影响强度相等。新建湿地对占用地居民的生态影响强度与占用湿地对占用地居民的生态影响强度相等，意味着占用地居民在两种情况下可以消费到同样水平的湿地生态，确保其生态消费权不受损害，实现了完全意义上的生态占补平衡。

生态占补平衡需要考虑生态消费水平占补平衡，不仅需要考虑广泛意义上的面积、生态量、生态功能与生态效益的占补平衡，更要从占用地居民的生态消费权保护角度出发，实现生态消费意义上的面积、生态量、生态功能与生态效益的占补平衡。这里的生态消费水平占补平衡，并非指必须实现就地占补平衡，而是新建湿地能够满足占用地居民的生态消费水平不下降。生态消费水平就地占补平衡可以是实际意义上的就地生态占补平衡，还可以是占用地居民生态消费水平不下降条件下的就地生态占补平衡。实际意义上的就地生态占补平衡是在占用地就地新建湿地的面积、生态量、生态功能与生态效益的占补平衡。占用地居民生态消费水平不下降条件下的就地生态占补平衡，不一定是在占用地就地新建的面积、生态量、生态功能与生态效益的占补平衡。无论是在占用地就地新建湿地还是异地新建湿地，只要确保占用地居民生态消费水平不下降且生态占补平衡即可。这种占用地居民生态消费水平不下降条件下的就地生态占补平衡，比实际意义上的就地生态占补平衡对占用主体的要求更灵活，更具有操作性，当然新建湿地面积、生态量、生态功能与生态效益也要更大更强，才能满足占用地居民生态消费水平不下降。因为实际没有就地新建湿地，意味着距离占用地有一定距离，如果新建湿地的生态影响等同于占用地，会产生衰减，除非新建湿地面积、生态量、生态功能与生态效益更大更强，否则不能满足占用地居民生态消费水平不下降。

生态消费水平就地占补平衡的意义重大。新建湿地要为占用地居民提供不低于占用湿地所提供的生态消费水平，新建湿地就不可能距离占用湿地过远。新建湿地距离占用湿地越远，同样面积的新建湿地，对占用地居民的生态影响越小。要为占用地居民提供不低于占用湿地所提供的生态影响，必须新建更大面积的湿地。新建湿地主体必须在与占用湿地的距离与新建面积之间做出抉择。如果就地新建湿地，只需要新建面积接近（之所以说是面积接近，而不是面积相等，主要原因是还要考虑生态量、生态功能与生态效益等因素）的湿地，即可克服距离对生态影响的制约。距离成为造成生态影响衰减的主要因素。这个理论框架必须具有自洽性，从占用地居民的生态消费权的角度，强制占用主体在新建湿地时克服距离的负面影响，新建湿地尽可能接近占用湿地，以节省成本，避免新建更大面积的湿地以提供相同的生态影响。

要分析生态消费水平占补平衡公式中变量之间的关系。为了量化新建与占用湿地之间的关系，以占用地居民的生态消费为标准，核算新建湿地对占用地居民的生态影响与占用湿地对占用地居民的生态影响，实现新建湿地对占用地居民的生态影响与占用湿地对占用地居民的生态影响相等。确定在新建湿地对占用地居民的生态影响与占用湿地对占用地居民的生态影响相等条件下，新建湿地与占用湿地之间的关系。在占用地面积一定的条件下，占用地居民要实现一定强度的生态消费，新建湿地距离占用湿地越远，要求新建面积、生态量、生态功能与生态效益越大，新建面积、生态量、生态功能及生态效益与距离成反比。

变量的选择比较重要。给定新建湿地生态影响总量（$ZL_{xs}$）、新建与占用湿地的距离（$J_{x-z}$）及占用湿地生态影响总量（$ZL_{zs}$）；这些变量是客观存在的。为了研究方便，设定占用湿地与占用湿地的距离（$J_{z-z}$）变量：新建湿地生态影响总量（$ZL_{xs}$）跟新建湿地与占用湿地的距离（$J_{x-z}$）的比例和占用湿地生态影响总量（$ZL_{zs}$）跟占用湿地与占用湿地的距离（$J_{z-z}$）的比例之间，应该存在比较恒定的关系。占用湿地与占用湿地之间的距离为 0（这个变量是一个常数项），把取值为 0 的这个常数项作为变量，使新建湿地生态影响总量跟新建与占用湿地距离的比例和占用湿地生态影响总量跟占用湿地与占用湿地的距离的比例相等，这必然存在矛盾，因为取值为 0 的常数项不能作为比例的后项（除数不能为 0）。既不能离开占用湿地与占用湿地的距离来探讨问题，又不能让后项（占用与占用湿地的距离）为 0，还要确保比例后项（占用湿地与占用湿地的距离）为 0 的条件下，正比例关系依然存在，这就需要考虑比例后项中占用湿地与占用湿地的距离这个量的设置问题。

不能忽视常数项的选择。新建湿地与占用湿地的距离（$J_{x-z}$）等于占用湿地与占用湿地的距离（$J_{z-z}$），新建湿地生态影响总量（$ZL_{xs}$）等于占用湿地生态影响总量（$ZL_{zs}$）。在占用湿地生态影响总量（$ZL_{zs}$）与占用湿地和占用湿地的距离（$J_{z-z}$）构成的正比例关系中，后项必须是 1，才能反映占用湿地生态影响总量（$ZL_{zs}$）的标准性。而要使取值为 0 的占用湿地与占用湿地的距离（$J_{z-z}$）所构成的比例后项的取值为 1，可以设定一个不为 0 的常数项，即异地占补平衡常量（$C_{yzp}$）。

可以通过生态影响总量来求湿地面积。要计算异地占补平衡的补偿比例（$BL_{yzpb}$），需要利用生态消费水平占补平衡公式，根据新建湿地生态影响总量（$ZL_{xs}$）与占用湿地生态影响总量（$ZL_{zs}$），分别计算新建湿地面积（$M_{xjsdmj}$）与占用湿地面积（$M_{zysdmj}$）。假定在生态影响所及的面积一定的情况下，根据新建湿地面积（$M_{xjsdmj}$）可以计算其生态影响总量（$ZL_{xs}$），自变量是新建湿地面积，因变量是新建湿地生态影响总量，新建湿地面积为 $M_{xjsdmj}$ 时，新建湿地生态影响总量为 $ZL_{xs}$，$f_{ZL_{xs}}\left(M_{xjsdmj}\right) = ZL_{xs}$。假定在生态影响所及的面积一定的情况下，新建湿地生态影响总量（$ZL_{xs}$）与新建湿地面积（$M_{xjsdmj}$）之间的函数关系是 $f_{M_{xjsdmj}}\left(ZL_{xs}\right)$，自变量是新建湿地生态影响总量，因变量是新建湿地面积，新建湿地生态影响总量为 $ZL_{xs}$ 时，新建湿地面积为 $M_{xjsdmj}$：$f_{M_{xjsdmj}}\left(ZL_{xs}\right) = M_{xjsdmj}$。$f_{ZL_{xs}}\left(M_{xjsdmj}\right)$ 与 $f_{M_{xjsdmj}}\left(ZL_{xs}\right)$ 两个运算互为逆运算：$f_{ZL_{xs}}\left(M_{xjsdmj}\right) = f_{ZL_{xs}}\left[f_{M_{xjsdmj}}\left(ZL_{xs}\right)\right] = ZL_{xs}$；即 $f_{ZL_{xs}}\left[f_{M_{xjsdmj}}\left(ZL_{xs}\right)\right] = ZL_{xs}$。假定在生态影响所及

的面积一定的情况下，根据占用湿地面积（$M_{zysdmj}$）可以计算其生态影响总量（$ZL_{zs}$），自变量是占用湿地面积，因变量是占用湿地生态影响总量，占用湿地面积为 $M_{zysdmj}$ 时，占用湿地生态影响总量为 $ZL_{zs}$：$f_{ZL_{zs}}\left(M_{zysdmj}\right)=ZL_{zs}$。假定在生态影响所及的面积一定的情况下，占用湿地生态影响总量（$ZL_{zs}$）与占用湿地面积（$M_{zysdmj}$）之间的函数关系是 $f_{M_{zysdmj}}\left(ZL_{zs}\right)$，自变量是占用湿地生态影响总量，因变量是占用湿地面积，函数关系表示：占用湿地生态影响总量为 $ZL_{zs}$ 时，占用湿地面积为 $M_{zysdmj}$：$f_{M_{zysdmj}}\left(ZL_{zs}\right)=M_{zysdmj}$；$f_{ZL_{zs}}\left(M_{zysdmj}\right)$ 与 $f_{M_{zysdmj}}\left(ZL_{zs}\right)$ 两个运算互为逆运算：$f_{ZL_{zs}}\left(M_{zysdmj}\right)=f_{ZL_{zs}}\left[f_{M_{zysdmj}}\left(ZL_{zs}\right)\right]=ZL_{zs}$；即 $f_{ZL_{zs}}\left[f_{M_{zysdmj}}\left(ZL_{zs}\right)\right]=ZL_{zs}$。占用湿地生态影响总量（$ZL_{zs}$）一定的条件下，新建湿地与占用湿地的距离（$J_{x-z}$）越大，异地占补平衡的补偿比例（$BL_{yzpb}$）越大。量化异地占补平衡的补偿比例具有现实意义。比例制定过程更加科学，占补平衡管理更加有效、具有依据。没有定量指标，湿地在地域内的生态占补平衡就无章可循。湿地生态影响覆盖理论，可以较好地解决这一问题。

## 三、湿地生态影响覆盖理论分析

提出湿地生态影响覆盖理论很有必要。从占用地居民的生态消费水平占补平衡的视角出发，其要求占用湿地损失的生态要素（包括面积、生态量、功能与效益）都获得完全补偿，以至于占用地居民的生态消费水平没有下降。名义上是从占用地居民的生态利益保护角度来分析生态占补平衡的影响，以此为凭借，通过分析占用地居民的生态消费水平变化，来研究生态占补平衡对占用地生态的影响及其补偿，并进一步分析异地占补平衡过程中，占用地居民的生态消费水平是如何得到保障的。占用地居民的生态消费水平之所以没有下降，获得占补平衡，是因为新建湿地对占用地居民产生影响，新建湿地对占用地居民的生态影响，成为占用地居民生态消费水平没有下降、实现生态消费水平占补平衡的关键。把这种来自异地新建湿地对占用地居民的生态影响，归纳为生态影响覆盖理论。

第一，地域内生态占补平衡的最高目标是要实现就地生态占补平衡。就地生态占补平衡，是指在占用地范围内，实现湿地生态占补平衡。就地生态占补平衡概念是与异地生态占补平衡概念相对而言的。异地生态占补平衡中，新建湿地与占用湿地有距离（$J_{x-z}$）且距离大于 0：$J_{x-z}>0$。就地生态占补平衡中，新建湿地与占用湿地没有距离（$J_{x-z}$）：$J_{x-z}=0$。新建湿地与占用湿地的距离（$J_{x-z}$）概念演化为占用湿地与占用湿地的距离（$J_{z-z}$）概念：$J_{x-z}=J_{z-z}=0$。与异地生态占补平衡相比，就地生态占补平衡考虑占用地居民的生态消费权，是一种以人为本的生态占补平衡。与就地生态占补平衡相比，异地生态占补平衡则更加粗放。其忽视了占用地居民的生态需求，侵犯了占用地居民的生态消费权，引发生态不公。就地生态占补平衡可以确保占用地居民生态消费水平占补平衡。其虽然往往很难实现就地生态占补平衡，但通过制度设计（生态消费水平占补平衡和对占用地居民的生态消费补偿制度），要求占用主体尽可能接近占用地，否则必须增加经济支出，以承担不能实现生态就地占补平衡的成本。

第二，就地生态占补平衡的主要生态源是新建湿地。生态占补平衡过程中，不可能通过其他来源解决占用地居民的生态消费问题，只能通过新建湿地来解决生态影响问题。新建湿地如果与占用湿地相距甚远，则不可能对占用地居民产生任何生态影响。占用地居民生态消费权无从保障，损失惨重，居民需要获得的生态消费补偿也越多。新建湿地为占用地及其居民提供生态源的主要途径是生态影响。生态影响具有空间阻隔的特征。空间距离越大，新建湿地对占用地居民的生态影响越小。距离成为异地生态占补平衡实现生态就地占补平衡的障碍。生态影响的最高目标是新建湿地为占用地及其居民提供全覆盖的、与占用湿地所提供的生态影响同等水平、同等强度的生态影响。

第三，生态影响覆盖理论的重要意义是实现生态占补平衡由面到点的回归。面上的生态占补平衡，只需要考虑一个相对宽广的地域之内面积及生态指标的占补平衡。点上的生态占补平衡，不仅需要考虑一个相对宽广的地域之内面积及生态指标的占补平衡，而且要以占用地为标的，考虑占用地这一定点之内面积及生态指标的占补平衡。

面上的生态占补平衡实现了生态消费权在相对宽广的地域之内的转移。起点是占用地，终点是新建地。面上的生态占补平衡，同时实现了生态消费权在不同群体之间的转移，转出方是占用地居民，转入方是新建地居民。点上的生态占补平衡，既没有实现生态消费权在宽广地域内、微观地域之间的转移，也没有实现生态消费权在宽广的地域内、不同群体之间的转移，从而确保了占用地居民的生态权益。点上的生态占补平衡是一种精准的生态占补平衡。湿地管理经过了几个阶段，实现了多次飞跃，从没有占补平衡到实现面积占补平衡是第一次飞跃；从面积占补平衡演化为面积、生态量、生态功能与生态效益全方位的生态占补平衡是第二次飞跃；从区域内生态占补平衡（面上的生态占补平衡）演化为就地生态占补平衡（点上的生态占补平衡）是第三次飞跃。点上的生态占补平衡，是一种最严格的生态占补平衡。

异地占补平衡原理值得分析。占补平衡不可能在严格意义上的同一个地点发生。如果在 A 地发生严格意义上的占补平衡，则意味着面积为 $M_A$ 的 A 地，在占用全部湿地面积（$M_A$）后（或者之前），建立同样面积（$M_A$）的湿地。既然不可能出现严格意义上的同一地点的占补平衡，即在 A 地占用湿地（面积为 $M_A$），又恰好在同一地点 A 建设湿地（面积为 $M_A$），说明新建湿地在实践中不可能与原被占湿地全部重合。一般情况下，新建湿地与占用湿地的占补平衡在实践中往往是异地的。异地占补平衡原理是实践中的占补平衡必然不会发生在同一地点。

　　占补平衡影响占用地生态。既然占、补的湿地往往不在同一地点，则无论属于占、补湿地相切（A 与 C 的关系）还是相离（A 与 D 的关系），新建湿地（C、D）的生态，都与所占用地保持距离，都会影响占用地的生态。这称为占补平衡绝对影响占用地生态原理（图 3-1）。

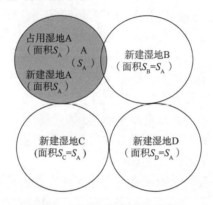

图 3-1　湿地占补平衡的异地性

　　要进一步分析湿地生态影响覆盖理论的含义。A 表示生态占补平衡过程中的占用湿地。B 表示在新建湿地的地点与占用湿地面积相等的区域。按照面积占补平衡理论，建立与 A 面积相等的湿地 B，可以实现面积均衡。但在严格意义上的生态影响标准下，与 A 面积相等的湿地 B，只具备面积相等一条，其生态量、生态功能、生态效益必须满足条件：湿地 B 对湿地 A 所在地环境的生态效益必须与占用湿地 A 对 A 所在地环境的生态效益完全相等。湿地 B 对湿地 A 所在地的环境的生态效益必须与占用的湿地 A 对 A 所在地的环境的生态效益完全相等；而不是湿地 B 对湿地 B 所在地的环境的生态功能、生态效益（面积、生态量相等是前提）必须与占用的湿地 A 对 A 所在地的环境的生态功能、生态效益完全相等。这是生态影响理论的精髓。

　　生态占补平衡过程中湿地生态影响覆盖理论涉及不同层次。为了实现全国范围内的面积占补平衡，在 B 地，新建了与 A 面积相等的湿地 B，以补偿全国范围内的湿地面积减少，这属于面积占补平衡的基本要求。在不考虑地域与流域的情况下，在全国范围内，生态占补平衡只需要使湿地 B 对湿地 B 所在地的环境的生态功能、生态效益实现与占用的湿地 A 对 A 所在地的环境的生态功能、生态效益完全相等。对生态占补平衡而言这是生态要求。考虑不同地域、不同流域的生态占补平衡的视角下，还要满足特殊要求。占补平衡往往是在异地进行的，即占用湿地 A 绝对不可能与新建湿地 B 在同一地点。在同一地点占补平衡，不属于占用湿地的生态占补平衡，往往属于湿地修复或者恢复。只要存在生态占补平衡，绝对会产生不同地域甚至流域的生态失衡。严格分析，占用湿地 A 绝对影响了湿地 A 所在地的生态，新建湿地 B 不在同一地点，对湿地 A 所在地的生态的影响不如对湿地 B 所在地的生态影响大。在新建湿地 B 点建立的湿地，对 B 点的影响最大，随距离越来越远，影响衰减，对 A 点也有影响。随着 A、B 之间距离减少，影响力增强，但影响必然存在。

湿地生态影响覆盖理论具有创新意义。地域与流域内占用湿地的补偿比例是生态占补平衡所关心的核心问题之一，没有理论依据，很难说明异地占补平衡补偿比例制定的合法性。找到异地生态占补平衡下湿地补偿比例的计算依据，有利于实现湿地补偿的量化管理，使补偿比例管理建立在科学化与标准化的基础上。严格意义上的生态影响覆盖理论可以有效解释地域内的湿地面积补偿比例、地域内生态量补偿比例、地域内功能补偿比例与地域内效益补偿比例，并对四种指标的综合取值进行合理解释。

补偿比例确保占用所在区域生态没有损失。异地生态占补平衡补偿比例着眼于占用地居民生态消费水平指标设计分析框架，只要严格遵循补偿比例计算公式，就不会对占用地生态造成损失。

根据最弱项生态指标达标的要求，要使占用地居民生态消费水平不下降，则必须确保占用地最弱生态指标不下降，据此进行的生态占补平衡会产生生态盈余。

新建与占用湿地存在一定的距离，距离的存在，使新建湿地的生态对占用地的影响力低于对新建地的生态影响力，产生了生态影响力衰减现象。新建湿地要对占用地居民产生与新建地居民同样水平的生态影响，必须使新建湿地面积大于占用湿地面积，大大增加补偿面积。最弱指标达标的要求同样增加补偿面积。生态影响衰减现象与最弱指标达标要求相互叠加，产生的综合效应会产生更多的生态盈余。

## 四、异地占补平衡途径

### （一）资金补偿

当湿地所在地居民原本可以受到的生态影响受到来自人为安排的制度影响时，生态利益减弱甚至消失，可能对湿地所在地居民的日常生活产生影响。生态占补平衡过程中，所在地居民对生态损失产生的不利影响，可以要求获得补偿。湿地占用影响了所在地居民的生态环境，有特定的消费所有权的居民，对该湿地被占用，有权提出消费生态补偿。湿地占用没有影响非湿地所在地居民的生态环境，没有特定湿地消费所有权的居民，对该湿地被占用，无权提出消费生态补偿。

拥有生态消费权的占用地居民有权在异地占补平衡过程中获得生态消费补偿。生态消费补偿与一般意义上的生态补偿不同。一般意义上的生态补偿是从生产环节入手，从湿地的生产角度出发来分析补偿问题，认为为湿地生态生产做出贡献的主体，应该获得生态效益补偿，主要补偿其为增加生态而支付的成本和减少的收益，造成生态减少的主体，为生态的生产主体提供补偿资金。生态消费补偿主要从生态消费角度出发分析生态补偿。一块湿地被占用之前，其可持续存在会使当地居民付出一定的代价（不以损害湿地为代价进行大规模经济开发所少收入的部分），对所在地居民要进行生态效益补偿。这是对湿地生产（湿地的可持续维护类似湿地生产）进行的补偿。一块湿地被占用后，如果没有引入生态消费补偿概念，占用主体需要支出的主要是生产性新建湿地费用，要在占用地新建湿地，以补偿占用湿地对当地生态的损失。无论是占用主体自己新建湿地，还是支出资金请第三方在当地新建湿地，都会支出资金，资金支出都属于占用湿地本身产生的、用于生产新建湿地的补偿费用，即生产性新建湿地费用。一块湿地被占用后，如果引入生态消费补偿概念，占用主体还需要支出异地占补平衡所产生的费用。异地新建湿地，占用会对当地居民的生态消费产生影响，湿地资源受损甚至消失，占用地居民的生态消费权受到侵害。异地新建湿地，不仅产生生产性补偿费用，还要对占用地居民进行消费补偿产生的消费性湿地生态补偿费用，即生态消费补偿。湿地是生态的基础，在湿地的生产环节，凡对湿地生产与保护做出贡献的，都可以获得效益补偿制度中的资金支持，资金主要来自减少湿地的占用主体；在生态消费环节，占用地居民对生态具有消费权，如果在异地新建湿地进行生态补偿，会损害占用地居民的生态消费权，此时需要由占用主体对占用地居民进行生态消费补偿。

生态消费补偿是对不能继续消费湿地生态的所在地居民的生态补偿。占用湿地引起生态破坏，给所在地居民的生存、生活环境造成影响。生态利益下降，对居民生活与健康造成损害，支出增加。湿地占用减少的利益与增加的支出之和，即占用地居民的生态消费补偿金额。

对生产环节的生态保护主体进行资金补助，无疑是很有意义的。生产环节的资金补助，对于生态占补平衡功不可没。异地生态占补平衡对占用地居民的生态消费产生影响，补偿之前要明确几个问题：一是补偿的依据。如果占用地居民具有生态消费权，该权利就理应得到保护。如果该权利有部分占用湿地生态所有权支撑，则其生态消费权损失更应该获得补偿。二是补偿的对象，即谁有资格获得补偿。占用地居民的范围应该加以界定，占用湿地的范围、其所能够影响的居民数量，都应该合理计算。三是补偿的主体，即谁来出资补偿。如果补偿是必需的，则需要界定出资的主体。占用主体造成了占用地居民的生态损失，理应由占用主体出资补偿。四是通过什么途径补偿。首选方法是尽可能接近占用湿地来新建湿地。在不可能靠近占用湿地的条件下，可以允许采用资金补偿方法。五是补偿金额和力度。如果要通过尽可能接近占用湿地来实现补偿，则需要计算因无法就地新建湿地而对占用地居民造成的生态影响，根据生态影响计算补偿金额。一般来说，占用湿地生态影响总量一定的条件下，新建湿地距离占用湿地越远，生态影响越小，对占用地居民的生态消费补偿应该越多。六是评估补偿的效益。这是最关键的环节。本书之所以要提出生态消费补偿概念，具有深刻的用意。提出生态消费补偿，势必增加占用主体的补偿负担，增加资金支出，所以可以促使占用主体在考虑经济成本的条件下，尽可能就近新建湿地，尽可能不影响占用地生态，尽可能不影响占用地居民的生态消费水平，尽可能不影响作为系统的湿地生态环境。

（二）湿地补偿

如果湿地占用发生在土地资源特别稀缺的大都市，则可以在异地新建等面积的湿地，以实现与占用湿地的面积平衡。其余部分可以通过缴纳资金的方式进行补偿，资金用于修复湿地。这种方法巧妙地结合了面积占补平衡与资金补偿的方法，但这种补偿思路，与本书所提出的就地生态占补平衡要求相去甚远。这种思路可以实现地域内的面积占补平衡，如果资金可以很好地用于湿地生态修复，则可以归为异地生态占补平衡。但对占用地居民而言，异地生态占补平衡对其所在环境如果不具有有效性，占用地居民的生态消费权无从保障。因此，严格遵循就地生态占补平衡的要求，尽可能在距离占用地居民不远的区域进行生态占补平衡，是实现就地生态占补平衡的应有之义。

为了计算异地占补平衡的补偿比例，本书提出生态影响原则：新建湿地与占用湿地距离越远，对占用地居民产生同样的生态影响所需新建的湿地面积越大，对占用地居民提供同样的生态量（生态功能、生态效益）所需的新建湿地面积越大。

# 第四节　湿地占补生态消费水平与影响力比例

## 一、异地占补对占用地生态的影响

### （一）异地占补时占用地生态受损

目前，实施湿地生态占补平衡、试点湿地生态指标交易制度的时机已经成熟，但生态占补平衡制度、生态指标交易制度的创新与试点存在致命弱点。占补平衡中最常见的是异地占补平衡。即使实现面积占补平衡基础上的整个国家或区域的湿地生态占补平衡，也仍然不能避免对占用地生态的影响。占用地生态不能得到补偿，往往成为生态占补平衡特别是异地生态占补平衡的牺牲品。这往往表现为占用地湿地面积、生态量、生态功能与生态效益的全面下降。因为占用湿地 $B_1$ 使占用地 $A_1$ 的生态出现损失，损失表现为直接损失与系统性损失，系统性损失属于间接损失。

### （二）占用湿地对占用地的生态损失

占用湿地导致的直接损失可以表现为四个部分：占用导致的湿地面积直接损失（$M_{zyzsh}$）、占用导致的湿地生态量直接损失（$L_{zyzsh}$）、占用导致的湿地生态功能直接损失（$G_{zyzsh}$）及占用导致的湿地生态效益直接损失（$Y_{zyzsh}$），分别等于占用湿地的面积、生态量、生态功能与生态效益。直接生态损失往往具有线性特征，这可以表现为占用地的湿地直接生态损失与减少的湿地生态指标之间的一一对应关系。

占用湿地 $B_1$ 作为所在地（$A_1$）生态系统的有机组成部分，对占用地（$A_1$）的生态系统具有系统性贡献。占用导致的系统性损失可以表现为四个部分：占用导致的湿地面积系统性损失（$M_{zyxsh}$）、占用导致的湿地生态量系统性损失（$L_{zyxsh}$）、占用导致的湿地生态功能系统性损失（$G_{zyxsh}$）及占用导致的湿地生态效益系统性损失（$Y_{zyxsh}$）。与直接损失不同，系统性生态损失不能直接表示为占用湿地的面积、生态量、生态功能与生态效益。但可以表示为以占用湿地的面积、生态量、生态功能与生态效益为因变量的函数关系：$M_{zyxsh} = f_{M_{zy}}\left(M_{zy}\right)$；$L_{zyxsh} = f_{L_{zy}}\left(L_{zy}\right)$；$G_{zyxsh} = f_{G_{zy}}\left(G_{zy}\right)$；$Y_{zyxsh} = f_{Y_{zy}}\left(Y_{zy}\right)$。

### （三）新建湿地对新建地的生态增量

湿地 $B_1$ 失去后的直接损失促生了新建湿地的直接生态增量。新建湿地导致的直接生态增量可以表现为四个部分：新建湿地导致的面积直接增量（$M_{xjzzl}$）、新建湿地导致的生态量直接增量（$L_{xjzzl}$）、新建湿地导致的生态功能直接增量（$G_{xjzzl}$）及新建湿地导致的生态效益直接增量（$Y_{xjzzl}$），分别等于新建湿地的面积、生态量、生态功能与生态效益。直接生态增量往往具有线性特征，表现为新建地的湿地直接生态增量与补偿的湿地生态指标之间的一一对应关系。在生态占补平衡的理想状态，生态指标恰好一一相等，占用湿地对占用地的直接生态损失等于新建湿地对补偿所在地的直接生态增量：$M_{zyzsh} = M_{zy} = M_{xjzzl} = M_{xj}$；$L_{zyzsh} = L_{zy} = L_{xjzzl} = L_{xj}$；$G_{zyzsh} = G_{zy} = G_{xjzzl} = G_{xj}$；$Y_{zyzsh} = Y_{zy} = Y_{xjzzl} = Y_{xj}$。直接生态损失与直接生态增量往往具有线性特征，表现为新建地的湿地直接生态增量与占用地的湿地直接生态损失之间的一一对应关系。

湿地 $B_1$ 失去后的系统性损失，促生了新建湿地的系统性生态增量。新建湿地导致的系统性生态增量可以表现为四个部分：新建湿地导致的面积系统性增量（$M_{xjxzl}$）、新建湿地导致的生态量系统性增量（$L_{xjxzl}$）、新建湿地导致的生态功能系统性增量（$G_{xjxzl}$）及新建湿地导致的生态效益系统性增量（$Y_{xjxzl}$）。与直接生态增量不同，系统性生态增量不能直接表示为新建湿地的面积、生态量、生态功能与生态效益。但可以表示为以新建湿地的面积、生态量、生态功能与生态效益为因变量的函数关系：$M_{xjxzl}=f_{M_{xj}}\left(M_{xj}\right)$；$L_{xjxzl}=f_{L_{xj}}\left(L_{xj}\right)$；$G_{xjxzl}=f_{G_{xj}}\left(G_{xj}\right)$；$Y_{xjxzl}=f_{Y_{xj}}\left(Y_{xj}\right)$。

## （四）占用对占用地的生态损失与补偿对新建地的生态增量

在生态占补平衡中，即使生态指标恰好一一相等，占用湿地对占用地的系统性生态损失也很难与新建湿地对补偿所在地的系统性生态增量产生一一相等的关系。因为很难有 $f_{M_{zy}}\left(M_{zy}\right)=f_{M_{xj}}\left(M_{xj}\right)$；$f_{L_{zy}}\left(L_{zy}\right)=f_{L_{xj}}\left(L_{xj}\right)$；$f_{G_{zy}}\left(G_{zy}\right)=f_{G_{xj}}\left(G_{xj}\right)$；$f_{Y_{zy}}\left(Y_{zy}\right)=f_{Y_{xj}}\left(Y_{xj}\right)$；即使有 $M_{zy}=M_{xj}$；$L_{zy}=L_{xj}$；$G_{zy}=G_{xj}$；$Y_{zy}=Y_{xj}$；往往很难有 $M_{zyxsh}=M_{xjxzl}$；$L_{zyxsh}=L_{xjxzl}$；$G_{zyxsh}=G_{xjxzl}$；$Y_{zyxsh}=Y_{xjxzl}$。占用湿地对占用地的损失总量可以表现为四个部分：占用湿地导致的面积损失总量（$M_{zysh}$）、占用湿地导致的生态量损失总量（$L_{zysh}$）、占用湿地导致的生态功能损失总量（$G_{zysh}$）及占用湿地导致的生态效益损失总量（$Y_{zysh}$），分别等于占用湿地的直接损失（占用导致的面积、生态量、生态功能与生态效益损失）与系统性损失（面积、生态量、生态功能与生态效益的系统性损失）之和：$M_{zysh}=M_{zyzsh}+M_{zyxsh}=M_{zy}+M_{zyxsh}$；$L_{zysh}=L_{zyzsh}+L_{zyxsh}=L_{zy}+L_{zyxsh}$；$G_{zysh}=G_{zyzsh}+G_{zyxsh}=G_{zy}+G_{zyxsh}$；$Y_{zysh}=Y_{zyzsh}+Y_{zyxsh}=Y_{zy}+Y_{zyxsh}$。新建湿地对新建地的生态增加总量可以表现为四个部分：新建湿地导致的面积增加总量（$M_{xjzl}$）、新建湿地导致的生态量增加总量（$L_{xjzl}$）、新建湿地导致的生态功能增加总量（$G_{xjzl}$）及新建湿地导致的生态效益增加总量（$Y_{xjzl}$），分别等于新建湿地的直接增量（补偿导致的面积、生态量、生态功能与生态效益增量）与系统性增量（面积、生态量、生态功能与生态效益的系统性增量）之和：$M_{xjzl}=M_{xjzzl}+M_{xjxzl}=M_{xj}+M_{xjxzl}$；$L_{xjzl}=L_{xjzzl}+L_{xjxzl}=L_{xj}+L_{xjxzl}$；$G_{xjzl}=G_{xjzzl}+G_{xjxzl}=G_{xj}+G_{xjxzl}$；$Y_{xjzl}=Y_{xjzzl}+Y_{xjxzl}=Y_{xj}+Y_{xjxzl}$。在生态占补平衡中，因为占用湿地对占用地的系统性生态损失很难与新建湿地对补偿所在地的系统性生态增量一一相等。因此，即使占、补湿地的生态指标一一相等，占用湿地对占用地的生态损失总量，也很难与新建湿地对补偿所在地的生态增量总量一一相等。因为很难有

$M_{zyxsh}=M_{xjxzl}$；$L_{zyxsh}=L_{xjxzl}$；$G_{zyxsh}=G_{xjxzl}$；$Y_{zyxsh}=Y_{xjxzl}$。即使有 $M_{zy}=M_{xj}$；$L_{zy}=L_{xj}$；$G_{zy}=G_{xj}$；$Y_{zy}=Y_{xj}$，往往很难有 $M_{zy}+M_{zyxsh}=M_{xj}+M_{xjxzl}$；$L_{zy}+L_{zyxsh}=L_{xj}+L_{xjxzl}$；$G_{zy}+G_{zyxsh}=G_{xj}+G_{xjxzl}$；$Y_{zy}+Y_{zyxsh}=Y_{xj}+Y_{xjxzl}$；很难有 $M_{zysh}=M_{xjzl}$；$L_{zysh}=L_{xjzl}$；$G_{zysh}=G_{xjzl}$；$Y_{zysh}=Y_{xjzl}$。

### （五）占补平衡对湿地生态空间分布的影响

异地占补比就地占补复杂。此时，$S_{xj-zy}>0$，$S_{xj-zy}$ 表示新建湿地与占用湿地的距离。异地占补平衡不能仅仅简单满足整个国家或者区域的生态占补平衡，而需要考虑占补平衡对湿地生态空间分布的影响。整个国家或者地区的生态占补平衡，只需要考虑影响生态占补平衡的湿地指标（面积、生态量、生态功能与生态效益）的总量占补平衡：$L_{xj}=L_{zy}$；$G_{xj}=G_{zy}$；$X_{xj}=X_{zy}$；且 $M_{xj}\geqslant M_{zy}$。

不同地点的湿地生态并没有占补平衡。占补平衡对湿地生态空间分布的影响需要考虑不同地点的湿地指标（面积、生态量、生态功能与生态效益）的占补平衡。在异地占补平衡中，涉及占用湿地与新建湿地，简称占用地与新建地。如果不要求生态影响力占补平衡，只满足于生态占补平衡，往往会出现不均衡情况，占用地湿地指标下降，而新建地湿地指标提升。分别以 $L_{xjq}$、$L_{xjh}$ 表示新建地新建湿地以前与以后的生态量，以 $L_{zyq}$、$L_{zyh}$ 表示占用地占用湿地以前与以后的生态量，则往往有 $L_{xjq}<L_{xjh}$ 和 $L_{zyq}>L_{zyh}$；以 $G_{xjq}$、$G_{xjh}$ 表示新建地新建湿地以前与以后的生态功能，以 $G_{zyq}$、$G_{zyh}$ 表示占用地占用湿地以前与以后的生态功能，则往往有 $G_{xjq}<G_{xjh}$ 和 $G_{zyq}>G_{zyh}$；以 $X_{xjq}$、$X_{xjh}$ 表示新建地新建湿地以前与以后的生态效益，以 $X_{zyq}$、$X_{zyh}$ 表示占用地占用湿地以前与以后的生态效益，则往往有 $X_{xjq}<X_{xjh}$ 和 $X_{zyq}>X_{zyh}$；以 $M_{xjq}$、$M_{xjh}$ 表示新建地新建湿地以前与以后的湿地面积，以 $M_{zyq}$、$M_{zyh}$ 表示占用地占用湿地以前与以后的湿地面积，则往往有 $M_{xjq}<M_{xjh}$ 和 $M_{zyq}>M_{zyh}$。

生态占补平衡忽略了生态影响力衰减。如果不考虑生态影响力占补平衡，只考虑生态占补平衡，那么，在面积、生态量、生态功能与生态效益一定的占用湿地不同距离外的不同地点，新建单位面积的生态量、生态功能与生态效益相同的湿地，所需的新建湿地面积相同，补偿比例没有变化。只需要符合下述公式即可：$M_{sp}\geqslant M_{zy}$；$L_{sp}\geqslant L_{zy}$；$G_{sp}\geqslant G_{zy}$；$Y_{sp}\geqslant Y_{zy}$。但很明显，在不同距离补偿面积、生态量、生态功能与生态效益一定的新建湿地，对占用地的生态、效益影响并不相同。距离占用地越近（$j_1$），新建湿地对占用地的生态功能影响力（$G_{fj1}$）与生态效益影响力（$G_{yj1}$）越大；距离占用地越远（$j_2$），新建湿地对占用地的生态功能影响力（$G_{fj2}$）与生态效益影响力（$G_{yj2}$）越小：$j_1<j_2$；$G_{fj1}>G_{fj2}$；$G_{yj1}>G_{yj2}$。

## 二、湿地生态影响力平衡下的补偿比例分析

### （一）湿地生态影响力平衡

湿地生态影响力是异地占补平衡的核心概念。湿地生态影响力分析，比湿地生态指标的概念更进一步。生态占补平衡主要考虑实现生态影响力占补平衡，核心指标是生态影响力。湿地生态指标中，面积与生态量是一个独立概念，表现了湿地自身具备的客观条件。生态功能与生态效益是一个关系概念，反映了湿地对环境的影响（生态功能）与人类的影响（生态效益）。仅有生态指标概念远远不够，必须考虑空间内作为媒介的地理环境对湿地生态指标的影响。在考虑了距离与地形阻隔等地理环境媒介的影响的条件下，湿地生态指标在空间内的平衡，很难以纯粹的生态指标本身去比较，必须考虑生态影响力，即空间内作为媒介的地理环境对生态指标的影响。有了生态影响力指标，基本上可以满足生态占补平衡补偿比例分析的理论需要。

就整个研究区域（国家或地区）而言，在就地占补平衡条件下，新建湿地的生态影响力与占用湿地生态影响力占补平衡的充分必要条件是，新建湿地的生态指标与占用湿地生态指标占补平衡。如果 $L_{xj} \geq L_{zy}$；$G_{xj} \geq G_{zy}$；$X_{xj} \geq X_{zy}$；则 $L_{xjf} \geq L_{zyf}$；$G_{xjf} \geq G_{zyf}$；$X_{xjf} \geq X_{zyf}$；如果 $L_{xjf} \geq L_{zyf}$；$G_{xjf} \geq G_{zyf}$；$X_{xjf} \geq X_{zyf}$；则 $L_{xj} \geq L_{zy}$；$G_{xj} \geq G_{zy}$；$X_{xj} \geq X_{zy}$。异地占补平衡条件下，如果考虑不同地点的具体情况，要实现具体地点（占用地与新建地）的生态影响力占补平衡，必然面临严峻挑战。在占用地湿地面积、生态量、生态功能与生态效益减少，新建地相应湿地指标增加的情况下，要保障占用地湿地生态量、生态功能与生态效益的影响力占补平衡，就必须使新建湿地对占用地的生态影响力不低于占用湿地对占用地的生态影响力：$M_{xjq} < M_{xjh}$；$M_{zyq} > M_{zyh}$；$L_{xjq} < L_{xjh}$；$L_{zyfq} = L_{zyfh}$；$G_{xjq} < G_{xjh}$；$G_{zyfq} = G_{zyfh}$；$X_{xjq} < X_{xjh}$；$X_{zyfq} = X_{zyfh}$。新建地湿地面积、生态量、生态功能与生态效益的增加，说明新建地湿地指标整体增加。占用地的生态影响力指标占补平衡，表现在新建湿地对占用地的生态量影响力、生态功能影响力及生态效益影响力等于占用湿地对占用地的生态量影响力、生态功能影响力及生态效益影响力。

就地占补平衡条件下，生态影响力占补平衡的情况与生态占补平衡完全相同。生态影响力占补平衡不仅能够保障占补湿地面积占补平衡，还能确保生态量影响力、生态功能影响力与生态效益影响力的占补平衡。生态量影响力、生态功能影响力与生态效益影响力的占补平衡，取决于单位面积新建地与占用湿地的生态量、生态功能与生态效益的关系。前者不低于后者，则必然实现生态占补平衡。$M_{XJ} \geq M_{ZY}$；$L_{XJ} = L_{ZY}$；$G_{XJ} = G_{ZY}$；$X_{XJ} = X_{ZY}$；就地占补平衡中，符号取值为

"="。异地占补平衡条件下，生态影响力占补平衡要比生态占补平衡对新建湿地指标的要求更高。异地占补平衡条件下，生态影响力占补平衡要求新建湿地面积、生态量、生态功能与生态效益均大于占用湿地面积、生态量、生态功能与生态效益，才可能确保生态量影响力、生态功能影响力与生态效益影响力的占补平衡。生态量影响力、生态功能影响力与生态效益影响力的占补平衡，取决于单位面积新建湿地与占用湿地的生态量、生态功能与生态效益的关系。前者高于后者，则必然实现生态影响力占补平衡。$M_{XJ} > M_{ZY}$；$L_{XJ} > L_{ZY}$；$G_{XJ} > G_{ZY}$；$X_{XJ} > X_{ZY}$；异地占补平衡中，符号取值为">"（表3-1）。

表3-1 不同占补平衡涉及的指标变化及其关系

| 占补平衡分类 | | 面积占补平衡 | 生态占补平衡 | 生态影响力占补平衡 |
|---|---|---|---|---|
| 整个区域 | 面积 | $M_{XJ}=M_{ZY}$ | $M_{XJ} \geq M_{ZY}$ | $M_{XJ} \geq M_{ZY}$ |
| | 生态量 | | $L_{XJ}=L_{ZY}$ | $L_{XJ} \geq L_{ZY}$ |
| | 生态功能 | | $G_{XJ}=G_{ZY}$ | $G_{XJ} \geq G_{ZY}$ |
| | 生态效益 | | $X_{XJ}=X_{ZY}$ | $X_{XJ} \geq X_{ZY}$ |
| 不同地点 | 面积 | $M_{xjq} < M_{xjh}$<br>$M_{zyq} > M_{zyh}$ | $M_{xjq} < M_{xjh}$<br>$M_{zyq} > M_{zyh}$ | $M_{xjq} < M_{xjh}$<br>$M_{zyq} > M_{zyh}$ |
| | 生态量 | $L_{xjq} < L_{xjh}$<br>$L_{zyq} > L_{zyh}$ | $L_{xjq} < L_{xjh}$<br>$L_{zyq} > L_{zyh}$ | $L_{xjq} < L_{xjh}$<br>$L_{zyfq}=L_{zyfh}$ |
| | 生态功能 | $G_{xjq} < G_{xjh}$<br>$G_{zyq} > G_{zyh}$ | $G_{xjq} < G_{xjh}$<br>$G_{zyq} > G_{zyh}$ | $G_{xjq} < G_{xjh}$<br>$G_{zyfq}=G_{zyfh}$ |
| | 生态效益 | $X_{xjq} < X_{xjh}$<br>$X_{zyq} > X_{zyh}$ | $X_{xjq} < X_{xjh}$<br>$X_{zyq} > X_{zyh}$ | $X_{xjq} < X_{xjh}$<br>$X_{zyfq}=X_{zyfh}$ |

## （二）湿地生态影响力平衡的补偿比例分析

生态影响力补偿比例指生态量影响力补偿比例、生态功能影响力补偿比例、生态效益影响力补偿比例。生态影响力占补平衡，必然有生态量影响力补偿比例（$u_{LF}$）、生态功能影响力补偿比例（$u_{GF}$）、生态效益影响力补偿比例（$u_{YF}$），它们分别等于：$u_{LF}=L_{xjf}/L_{zyf}$；$u_{GF}=G_{xjf}/G_{zyf}$；$u_{YF}=Y_{xjf}/Y_{zyf}$；其中 $L_{xjf}$、$L_{zyf}$ 分别表示单位面积新建湿地对占用地的生态量影响力、单位面积占用湿地对占用地的生态量影响力。$G_{xjf}$、$G_{zyf}$ 分别表示单位面积新建湿地对占用地的生态功能影响力、单位面积占用湿地对占用地的生态功能影响力。$Y_{xjf}$、$Y_{zyf}$ 分别表示单位面积新建湿地对占用地的生态效益影响力、单位面积占用湿地对占用地的生态效益影响力。对同样面积、生态量、生态功能与生态效益的占用湿地而言，在同一距离新建湿地，如果要实现生态影响力占补平衡，所需的湿地面积要比实现生态占补平衡所需的面积大：$u_{LF} \geq u_L$；$u_{GF} \geq u_G$；$u_{YF} \geq u_Y$。

距离影响占用湿地的补偿比例。在面积、生态量、生态功能与生态效益一定的占用湿地不同距离外的不同地点，新建单位面积生态量、生态功能与生态效益与占用湿地相同的湿地所需的新建补偿面积并不相同，补偿比例随之变化。

实现生态量影响力占补平衡所需的面积（$M_{lfp}$）为 $M_{lfp}=M_{zy}/y_l M_{zy}$，表示占用湿地面积，异地占补平衡的生态量影响力指数（$y_l$）是新建湿地对占用地的生态量影响力与占用湿地对占用地的生态量影响力的比值：$y_l=L_{xjf}/L_{zyf}$。实现生态量影响力占补平衡的补偿比例（$u_{LF}$）为 $U_{LF}=M_{lfp}/M_{zy}=（M_{zy}/y_l）/M_{zy}=1/y_l=1/（L_{xjf}/L_{zyf}）=L_{zyf}/L_{xjf}$。实现生态量影响力占补平衡的补偿比例（$u_{LF}$）为异地占补平衡的生态量影响力指数（$y_l$）的倒数。为了简洁明了，一般假定关于生态影响力的所有指标都是对占用地的生态影响力，而不涉及对占用地以外区域的生态影响力，如果要表达对占用地以外区域的生态影响力，则特别说明并重新构建表达式。不加特别说明，$L_{xjf}$ 表示新建湿地对占用地的生态量影响力，$L_{zyf}$ 表示占用湿地对占用地的生态量影响力。$G_{xjf}$ 表示新建湿地对占用地的生态功能影响力，$G_{zyf}$ 表示占用湿地对占用地的生态功能影响力，$Y_{xjf}$ 表示新建湿地对占用地的生态效益影响力，$Y_{zyf}$ 表示占用湿地对占用地的生态效益影响力。

实现生态功能影响力占补平衡的补偿比例、实现生态效益影响力占补平衡的补偿比例的分析，与此类似。

当 $u_M=1$ 时，面积占补平衡可以实现生态影响力占补平衡。生态量影响力补偿比例（$u_{LF}$）、生态功能影响力补偿比例（$u_{GF}$）、生态效益影响力补偿比例（$u_{YF}$）分别等于 1。但生态量影响力补偿比例（$u_{LF}$）、生态功能影响力补偿比例（$u_{GF}$）、生态效益影响力补偿比例（$u_{YF}$）分别等于 1 的情况并不多见。因为生态指标达标率不一致，往往出现这样的情况：当 $u_{LF}$、$u_{GF}$ 与 $u_{YF}$ 中最小的值为 1 时，其余补偿比例往往大于 1；面积补偿比例不可能取最小值。在实现生态影响力占补平衡的条件下，只有当 $u_M$、$u_{LF}$、$u_{GF}$ 与 $u_{YF}$ 分别相等时，面积补偿比例才最小。

# 第四章 生态指标影响力占补比例与生态影响力补偿比例

## 第一节 湿地生态影响力占补比例与补偿比例

湿地生态影响力占补比例包括生态量影响力占补比例、生态功能影响力占补比例、生态效益影响力占补比例。湿地生态影响力补偿比例即求湿地占补比例为 1 时的面积补偿比例。

### 一、湿地生态影响力占补比例与补偿比例的概念

湿地生态影响力占补比例在实现生态影响力占补平衡条件下都取值为 1。湿地生态量影响力占补比例（$b_{Lf}$）=新建湿地生态量影响力（$L_{xjf}$）/占用湿地生态量影响力（$L_{zyf}$），如果实现生态影响力占补平衡，$b_{Lf}=L_{xjf}/L_{zyf}=1$。生态量影响力占补比例（$b_{Lf}$）为 1 时，假定所需新建湿地面积为 $M_{lfp}$。新建湿地生态量影响力（$L_{xjf}$）与占用湿地生态量影响力（$L_{zyf}$）分别可以表示为单位面积的新建湿地生态量影响力（$L_{dxjf}$）与单位面积的占用湿地生态量影响力（$L_{dzyf}$）：$L_{xjf}=L_{dxjf}\times M_{xjf}$；$L_{zyf}=L_{dzyf}\times M_{zyf}$。因为 $L_{xjf}=L_{zyf}$，生态量影响力占补平衡下的湿地补偿比例（$u_{Lf}$），即生态量影响力补偿比例，可以表示为生态量影响力占补比例（$b_{Lf}$）为 1 时，新建面积与占用湿地面积的比例，或单位面积占用湿地生态量影响力与单位面积新建湿地生态量影响力的比例：$u_{Lf}=M_{lfp}/M_{zyf}=M_{xjf}/M_{zyf}=L_{dzyf}/L_{dxjf}$。

生态量影响力占补平衡时，生态量影响力占补比例总是为 1，且往往不大于此时的补偿比例。生态量影响力占补平衡条件下，影响力补偿比例往往不低于占补比例。生态量影响力占补平衡条件下，生态量影响力占补比例决定了此时影响力补偿比例的取值。

湿地生态功能与生态效益影响力占补比例与补偿比例的分析，与此类似。

## 二、湿地生态影响力占补平衡下的占补比例关系

湿地生态影响力占补平衡下，不仅实现了生态量影响力占补平衡，而且实现了生态功能影响力占补平衡与生态效益影响力占补平衡。生态量影响力占补平衡下的湿地补偿比例（$u_{Lf}$）为　$u_{Lf}=M_{lpf}/M_{zyf}=M_{xjf}/M_{zyf}=L_{dzyf}/L_{dxjf}$；生态功能影响力占补平衡下的湿地补偿比例（$u_{Gf}$）为　$u_{Gf}=M_{gpf}/M_{zyf}=M_{xjf}/M_{zyf}=G_{dzyf}/G_{dxjf}$；生态效益影响力占补平衡下的湿地补偿比例（$u_{Yf}$）为　$u_{Yf}=M_{ypf}/M_{zyf}=M_{xjf}/M_{zyf}=Y_{dzyf}/Y_{dxjf}$。湿地生态影响力占补平衡下的补偿比例，要实现生态量影响力占补比例、生态功能影响力占补比例与生态效益影响力占补比例至少为 1：$b_{Lf}=L_{xjf}/L_{zyf}=1$；$b_{Gf}=G_{xjf}/G_{zyf}=1$；$b_{Yf}=Y_{xjf}/Y_{zyf}=1$。

生态量影响力占补比例（$b_{Lf}$）为 1 时，生态功能影响力占补比例（$b_{Gf}$）不一定为 1，生态效益影响力占补比例（$b_{Yf}$）也不一定为 1。它们可能出现多种组合。A 组合：$b_{Lf}=1$；$b_{Gf}>1$；$b_{Yf}>1$；B 组合：$b_{Lf}=1$；$b_{Gf}<1$；$b_{Yf}<1$；C 组合：$b_{Lf}=1$；$b_{Gf}>1$；$b_{Yf}<1$；D 组合：$b_{Lf}=1$；$b_{Gf}<1$；$b_{Yf}>1$；E 组合：$b_{Lf}=1$；$b_{Gf}=1$；$b_{Yf}>1$；F 组合：$b_{Lf}=1$；$b_{Gf}=1$；$b_{Yf}<1$；G 组合：$b_{Lf}=1$；$b_{Gf}>1$；$b_{Yf}=1$；H 组合：$b_{Lf}=1$；$b_{Gf}<1$；$b_{Yf}=1$。表 4-1 中，出现的生态影响力盈余的指标是指在 3 个值中最小的指标取值为 1 时，其余指标可能取值大于 1，此时凡是取值可能大于 1 的其余指标，会出现生态影响力盈余。A 组合中，当生态量影响力占补比例为 1 时，生态功能影响力占补比例与生态效益影响力占补比例都大于 1。此时，生态量影响力的占补比例是最小值，出现生态影响力盈余的指标分别是生态功能影响力与生态效益影响力。B 组合中，当生态量影响力占补比例为 1 时，生态功能影响力占补比例与生态效益影响力占补比例都小于 1。此时，一是生态功能影响力占补比例比生态效益影响力占补比例小，生态功能影响力的占补比例是最小值。当生态功能影响力的占补比例取值为 1 时，生态量影响力与生态效益影响力的占补比例取值大于 1，出现生态影响力盈余的指标分别是生态量影响力与生态效益影响力：$b_{Lf}>1$；$b_{Gf}=1$；$b_{Yf}>1$。二是生态功能影响力占补比例比生态效益影响力占补比例大，生态效益影响力占补比例是最小值，当生态效益影响力的占补比例取值为 1 时，生态量影响力与生态功能影响力的占补比例取值大于 1，出现生态影响力盈余的指标分别是生态量影响力与生态功能影响力：$b_{Lf}>1$；$b_{Gf}>1$；$b_{Yf}=1$。三是生态功能影响力占补比例与生态效益影响力占补比例相等，生态功能影响力占补比例与生态效益影响力占补比例是最小值，当生态功能影响力占补比例与生态效益影响力占补比例取值为 1 时，生态量影响力占补比例取值大于 1，出现生态影响力盈余的指标是生态量影响力：$b_{Lf}>1$；$b_{Gf}=1$；$b_{Yf}=1$；其他组合以此类推。

**表 4-1　生态量影响力占补比例、生态功能影响力占补比例与生态效益影响力占补比例的关系组合**

| 占补比例组合 | 生态量影响力 | 生态功能影响力 | 生态效益影响力 | 占补比例最小值 | 出现生态影响力盈余的指标 |
|---|---|---|---|---|---|
| A | = | > | > | 生态量影响力 | 生态功能影响力、生态效益影响力 |
| B | = | < | < | 生态功能影响力与生态效益影响力 | 生态量影响力、生态量影响力与生态功能影响力、生态量影响力与生态效益影响力 |
| C | = | > | < | 生态效益影响力 | 生态量影响力、生态功能影响力 |
| D | = | < | > | 生态功能影响力 | 生态量影响力、生态效益影响力 |
| E | = | = | > | 生态量影响力与生态功能影响力 | 生态效益影响力 |
| F | = | = | < | 生态效益影响力 | 生态量影响力、生态功能影响力 |
| G | = | > | = | 生态量影响力与生态效益影响力 | 生态功能影响力 |
| H | = | < | = | 生态功能影响力 | 生态量影响力、生态效益影响力 |
| I | > | = | > | 生态功能影响力 | 生态量影响力、生态效益影响力 |
| J | < | = | < | 生态量影响力与生态效益影响力 | 生态功能影响力、生态量影响力与生态功能影响力、生态功能影响力与生态效益影响力 |
| K | = | = | < | 生态效益影响力 | 生态量影响力、生态功能影响力 |
| L | = | = | > | 生态量影响力 | 生态功能影响力、生态效益影响力 |
| O | > | = | = | 生态功能影响力与生态效益影响力 | 生态量影响力 |
| P | < | = | = | 生态量影响力 | 生态功能影响力、生态效益影响力 |
| Q | > | > | = | 生态效益影响力 | 生态量影响力、生态功能影响力 |
| R | < | < | = | 生态量影响力与生态功能影响力 | 生态效益影响力、生态量影响力与生态效益影响力、生态功能影响力与生态效益影响力 |
| S | < | > | = | 生态量影响力 | 生态功能影响力、生态效益影响力 |
| T | > | < | = | 生态功能影响力 | 生态量影响力、生态效益影响力 |

注：表格中的=、>、<，表示该占补比例与1的关系，即等于、大于或者小于1

生态功能影响力占补比例（$b_{Gf}$）为 1 时、生态效益影响力占补比例（$b_{Yf}$）为 1 时的分析与此类似。

# 第二节　生态指标影响力占补比例与补偿比例

## 一、生态影响力最低占补比例指标与补偿比例的关系

在生态量影响力补偿比例、生态功能影响力补偿比例与生态效益影响力补偿

比例 3 个指标中，影响力占补比例最小值是决定生态影响力占补平衡补偿比例的关键。在表 4-1A、E、G、J、L、P、R、S 等组合中，生态量影响力占补比例最低，意味着当生态量影响力占补比例为 1 时，其余影响力占补比例不会低于 1，说明生态量影响力占补比例为 1，即可确保生态量影响力、生态功能影响力与生态效益影响力占补平衡。生态量影响力占补比例成为决定生态量影响力、生态功能影响力与生态效益影响力占补平衡的生态补偿比例的关键指标。生态量影响力占补比例取值为 1 时，新建面积与占用湿地面积的比例，即生态量影响力、生态功能影响力与生态效益影响力占补平衡的生态影响力补偿比例。生态量影响力占补比例（$b_{Lf}$）为 1 时的生态影响力补偿比例，相当于单位面积占用湿地生态量影响力与新建湿地生态量影响力的比例：$u_{Lf}=M_{lpf}/M_{zyf}=M_{xjf}/M_{zyf}=L_{dzyf}/L_{dxjf}$。在 B、D、E、H、I、O、R、T 等组合中，生态功能影响力占补比例（$b_{Gf}$）为 1 时的生态影响力补偿比例，相当于单位面积占用湿地生态功能影响力与单位面积新建湿地生态功能影响力的比例：$u_{Gf}=M_{gpf}/M_{zyf}=M_{xjf}/M_{zyf}=G_{dzyf}/G_{dxjf}$。在 B、C、F、G、J、K、O、Q 等组合中，生态效益影响力占补比例（$b_{Yf}$）为 1 时的生态影响力补偿比例，相当于单位面积占用湿地生态效益影响力与单位面积新建湿地生态效益影响力的比例：$u_{Yf}=M_{ypf}/M_{zyf}=M_{xjf}/M_{zyf}=Y_{dzyf}/Y_{dxjf}$。

占用湿地在分析中可以是固定的，是针对特定地理位置的特定面积、生态量影响力、生态功能影响力与生态效益影响力的被占用湿地。新建湿地面积（$M_{xjf}$）的概念、内涵随时在发生变化。

在生态量影响力占补比例（$b_{Lf}$）最低时，求取生态量影响力、生态功能影响力与生态效益影响力都实现占补平衡的条件下生态影响力补偿比例。要求生态量影响力的占补比例为 1，此时的新建湿地面积（$M_{xjf}$）是占用湿地生态量影响力与新建湿地生态量影响力相等时的新建湿地面积，也是生态量影响力占补平衡下的新建湿地面积，可以称为生态量影响力平衡的新建湿地面积（$M_{lpf}$）：$M_{xjf}=M_{lpf}$。生态量影响力平衡的新建湿地面积（$M_{lpf}$）的存在条件是生态量影响力占补平衡：$L_{zyf}=L_{xjf}$。在生态功能影响力占补比例（$b_{Gf}$）最低时，生态功能影响力平衡的新建湿地面积（$M_{gpf}$）为 $M_{xjf}=M_{gpf}$，$G_{zyf}=G_{xjf}$。在生态效益影响力占补比例（$b_{Yf}$）最低时，生态效益影响力平衡的新建湿地面积（$M_{ypf}$）为 $M_{xjf}=M_{ypf}$，$Y_{zyf}=Y_{xjf}$。

## 二、占补比例为 1 时补偿比例的决定因素

单位面积生态影响力指标是计算补偿比例的关键要素。生态量影响力占补比例（$b_{Lf}$）为 1 时的生态影响力补偿比例，相当于单位面积占用湿地生态量影响力与新建湿地生态量影响力的比例：$u_{Lf}=M_{lpf}/M_{zyf}=M_{xjf}/M_{zyf}=L_{dzyf}/L_{dxjf}$。生态功能影

响力占补比例 ($b_{Gf}$) 为 1 时的生态影响力补偿比例，相当于单位面积占用湿地生态功能影响力与单位面积新建湿地生态功能影响力的比例：$u_{Gf}=M_{gpf}/M_{zyf}=M_{xjf}/M_{zyf}=G_{dzyf}/G_{dxjf}$。生态效益影响力占补比例 ($b_{Yf}$) 为 1 时的生态影响力补偿比例，相当于单位面积占用湿地生态效益影响力与单位面积新建湿地生态效益影响力的比例：$u_{Yf}=M_{ypf}/M_{zyf}=M_{xjf}/M_{zyf}=Y_{dzyf}/Y_{dxjf}$。3 个生态影响力指标占补比例分别为 1 时的生态影响力补偿比例，分别相当于单位面积占用湿地生态影响力指标与单位面积新建湿地生态影响力指标的比例。

如果单位面积的占用湿地与新建湿地的生态影响力指标相等，则生态影响力指标占补比例为1时，补偿比例为1。如果单位面积的占用与新建湿地的生态量影响力相等，则生态量影响力占补比例为 1 时，生态量影响力补偿比例为 1：$L_{dzyf}=L_{dxjf}$，$L_{zyf}=L_{xjf}$，$M_{lpf}=M_{zyf}$，$M_{xjf}=M_{zyf}$，$u_{Lf}=1$。如果单位面积的占用与新建湿地的生态功能影响力相等，则生态功能影响力占补比例为 1 时，生态功能影响力补偿比例为 1：$G_{dzyf}=G_{dxjf}$；$G_{zyf}=G_{xjf}$；$M_{gpf}=M_{zyf}$；$M_{xjf}=M_{zyf}$；$u_{Gf}=1$。如果单位面积的占用与新建湿地的生态效益影响力相等，则生态效益影响力占补比例为 1 时，生态效益影响力补偿比例为 1：$Y_{dzyf}=Y_{dxjf}$；$Y_{zyf}=Y_{xjf}$；$M_{ypf}=M_{zyf}$；$M_{xjf}=M_{zyf}$；$u_{Yf}=1$。

如果单位面积占用湿地的生态影响力指标低于单位面积新建湿地的生态影响力指标，则生态影响力指标占补比例为 1 时，补偿比例小于 1。如果单位面积占用湿地的生态量影响力低于单位面积新建湿地的生态量影响力，则生态量影响力占补比例为 1 时，补偿比例小于 1：$L_{dzyf} < L_{dxjf}$；$L_{zyf}=L_{xjf}$；$M_{zyf} > M_{lpf}$；$M_{zyf} > M_{xjf}$；$u_{Lf} < 1$。如果单位面积占用湿地的生态功能影响力低于单位面积新建湿地的生态功能影响力，则生态功能影响力占补比例为 1 时，补偿比例小于 1：$G_{dzyf} < G_{dxjf}$；$G_{zyf}=G_{xjf}$；$M_{zyf} > M_{gpf}$；$M_{zyf} > M_{xjf}$；$u_{Gf} < 1$。如果单位面积占用湿地的生态效益影响力低于单位面积新建湿地的生态效益影响力，则生态效益影响力占补比例为 1 时，补偿比例小于 1：$Y_{dzyf} < Y_{dxjf}$；$Y_{zyf}=Y_{xjf}$；$M_{zyf} > M_{ypf}$；$M_{zyf} > M_{xjf}$；$u_{Yf} < 1$。单位面积占用湿地生态影响力指标较小的情况并不多见，因此这种情况下的补偿比例也不多见。

最常见的是单位面积占用湿地的生态影响力指标高于单位面积新建湿地的生态影响力指标的情况。如果单位面积占用湿地的生态影响力指标大于单位面积新建湿地的生态影响力指标，则生态影响力指标占补比例为 1 时，补偿比例大于 1。如果单位面积占用湿地的生态量影响力大于单位面积新建湿地的生态量影响力，则生态量影响力占补比例为 1 时，补偿比例大于 1：$L_{dzyf} > L_{dxjf}$，$L_{zyf}=L_{xjf}$，$M_{zyf} < M_{lpf}$，$M_{zyf} < M_{xjf}$，$u_{Lf} > 1$。如果单位面积占用湿地的生态功能影响力大于单位面积新建湿地的生态功能影响力，则生态功能影响力占补比例为 1 时，补偿比例大于 1：$G_{dzyf} > G_{dxjf}$，$G_{zyf}=G_{xjf}$，$M_{zyf} < M_{gpf}$，$M_{zyf} < M_{xjf}$，$u_{Gf} > 1$。如果单位面积占用湿地的生态效益影响力大于单位面积新建湿地的生态效益影响力，则生态效益影响力占补比例为 1 时，补偿比例大于 1：$Y_{dzyf} > Y_{dxjf}$，$Y_{zyf}=Y_{xjf}$，$M_{zyf} < M_{ypf}$，$M_{zyf} < M_{xjf}$，$u_{Yf} > 1$。

## 三、根据生态影响力占补比例计算生态影响力补偿比例的程序

　　从生态量影响力指标入手寻找影响力占补比例最低的生态指标。要实现生态影响力占补平衡，往往要求生态量影响力占补比例、生态功能影响力占补比例与生态效益影响力占补比例 3 个指标取值不低于 1。在生态量影响力、生态功能影响力与生态效益影响力 3 个指标中，为了寻找占补比例最低的生态影响力指标，往往需要比较生态量影响力占补比例、生态功能影响力占补比例与生态效益影响力占补比例 3 个指标的大小。最一般的计算方法是随意给其中一个生态影响力指标的占补比例赋值为 1，然后计算此时的其他 2 个指标的占补比例。从生态量影响力指标入手寻找影响力占补比例最低的生态指标，可以先令生态量影响力指标占补比例取值为 1：$b_{Lf}=1$，$L_{zyf}=L_{xjf}$。可以用占用湿地面积表达此时的新建湿地面积。根据：$u_{Lf}=M_{lpf}/M_{zyf}=M_{xjf}/M_{zyf}=L_{dzyf}/L_{dxjf}$，可以计算出：$M_{lpf}=M_{xjf}=u_{Lf} \times M_{zyf}=（L_{dzyf}/L_{dxjf}）\times M_{zyf}=（L_{dzyf} \times M_{zyf}）/L_{dxjf}$。计算此时其他 2 个指标的占补比例。首先计算生态功能影响力的占补比例，占用湿地的生态功能影响力、新建湿地的生态功能影响力与生态功能影响力的占补比例可以分别表示为 $G_{zyf}=G_{dzyf} \times M_{zyf}$，$G_{xjf}=G_{dxjf} \times M_{xjf}=G_{dxjf} \times M_{lpf}=G_{dxjf} \times [（L_{dzyf} \times M_{zyf}）/L_{dxjf}]$，$b_{Gf}=G_{xjf}/G_{zyf}=\{ G_{dxjf} \times [（L_{dzyf} \times M_{zyf}）/L_{dxjf}] \}/[G_{dzyf} \times M_{zyf}]=（G_{dxjf} \times L_{dzyf}）/（L_{dxjf} \times G_{dzyf}）=（G_{dxjf}/G_{dzyf}）\times（L_{dzyf}/L_{dxjf}）$。然后计算生态效益影响力的占补比例，占用湿地的生态效益影响力、新建湿地的生态效益影响力与生态效益影响力的占补比例可以分别表示为 $Y_{zyf}=Y_{dzyf} \times M_{zyf}$，$Y_{xjf}=Y_{dxjf} \times M_{xjf}=Y_{dxjf} \times M_{lpf}=Y_{dxjf} \times [（L_{dzyf} \times M_{zyf}）/L_{dxjf}]$，$b_{Yf}=Y_{xjf}/Y_{zyf}=\{ Y_{dxjf} \times [（L_{dzyf} \times M_{zyf}）/L_{dxjf}] \}/[Y_{dzyf} \times M_{zyf}]=（Y_{dxjf} \times L_{dzyf}）/（L_{dxjf} \times Y_{dzyf}）=（Y_{dxjf}/Y_{dzyf}）\times（L_{dzyf}/L_{dxjf}）$。

　　根据计算出的生态量影响力占补比例、生态功能影响力占补比例与生态效益影响力占补比例的具体数值，比较 3 个数值的大小，找出最小值代表的生态影响力指标。如果最小值代表的生态影响力指标有 1 个，则选这个生态影响力指标作为占补比例最低的生态影响力指标。如果最小值代表的生态影响力指标有 2 个，在这 2 个指标中随机选 1 个生态影响力指标作为占补比例最低的生态影响力指标。如果最小值代表的生态影响力指标有 3 个，在这 3 个指标中随机选 1 个生态影响力指标作为占补比例最低的生态影响力指标。

　　从生态功能影响力指标入手寻找影响力占补比例最低的生态指标、从生态效益影响力指标入手寻找影响力占补比例最低的生态指标分析，与此类似。

　　找到占补比例最低的生态影响力指标后，可以计算该指标占补比例为 1 时的

影响力补偿比例。该影响力补偿比例确保各生态影响力指标占补平衡，以该补偿比例作为生态影响力补偿比例。根据生态影响力占补平衡要求，生态量影响力占补比例最低时，生态功能影响力与生态效益影响力的占补比例都不低于 1。计算生态量影响力占补比例为 1 时的补偿比例，可以确保生态功能影响力与生态效益影响力的占补比例都不低于 1，生态量影响力实现占补平衡，生态功能影响力与生态效益影响力也都实现了占补平衡。根据生态影响力占补平衡要求，占补比例最低的生态影响力指标为生态功能影响力时的分析，以及占补比例最低的生态影响力指标为生态效益影响力时的分析，与此类似。

## 四、单个生态影响力指标补偿比例与所有生态影响力指标补偿比例的关系

占补比例最低的单个生态影响力指标的补偿比例就是所有生态影响力指标补偿比例。占补比例最低的生态影响力指标为生态量影响力时，生态量影响力的补偿比例就是所有生态影响力指标占补平衡的生态影响力补偿比例：$u_{sf}=u_{Lf}=M_{lpf}/M_{zyf}=M_{xjf}/M_{zyf}=L_{dzyf}/L_{dxjf}$。占补比例最低的生态影响力指标为生态功能影响力时，生态功能影响力的补偿比例就是所有生态影响力指标占补平衡的生态影响力补偿比例：$u_{sf}=u_{Gf}=M_{gpf}/M_{zyf}=M_{xjf}/M_{zyf}=G_{dzyf}/G_{dxjf}$。占补比例最低的生态影响力指标为生态效益影响力时，生态效益影响力的补偿比例就是所有生态影响力指标占补平衡的生态影响力补偿比例：$u_{sf}=u_{Yf}=M_{ypf}/M_{zyf}=M_{xjf}/M_{zyf}=Y_{dzyf}/Y_{dxjf}$。这反映了 3 个生态影响力指标占补平衡的综合补偿比例，可以简化为其中 1 个生态影响力指标占补平衡的补偿比例：$u_{sf}=u_{Lf}$ 表示综合生态影响力补偿比例简化为生态量影响力补偿比例；$u_{sf}=u_{Gf}$ 表示反映了 3 个生态影响力指标占补平衡的综合生态影响力补偿比例简化为生态功能影响力补偿比例；$u_{sf}=u_{Yf}$ 表示综合生态影响力补偿比例简化为生态效益影响力补偿比例。

## 五、生态影响力补偿比例与占补比例的关系

### （一）生态影响力补偿比例与占补比例的反变关系

生态量影响力占补平衡下的湿地补偿比例即生态量影响力补偿比例（$u_{Lf}$）。可以表示为生态量影响力占补比例（$b_{Lf}$）为 1 时，新建湿地面积与占用湿地面积的比例，或单位面积占用湿地生态量影响力与单位面积新建湿地生态量影响力的比例：$u_{Lf}=M_{lpf}/M_{zyf}=M_{xjf}/M_{zyf}=L_{dzyf}/L_{dxjf}$。为了更加清晰地梳理生态量影响力补偿比例与占补比例之间的关系，需要考虑占用湿地面积等于新建

湿地面积的情况。此时，生态量影响力占补比例可以表示为 $M_{xjf}/M_{zyf}$，$b_{Lf}=L_{xjf}/L_{zyf}=(M_{xjf}\times L_{dxjf})/(M_{zyf}\times L_{dzyf})=L_{dxjf}/L_{dzyf}$。因为湿地生态量影响力补偿比例为 $u_{Lf}=L_{dzyf}/L_{dxjf}$，生态量影响力占补比例可以表示为 $b_{Lf}=1/u_{Lf}$。如果占用湿地面积不等于新建湿地面积，生态量影响力占补比例可以表示为 $b_{Lf}=L_{xjf}/L_{zyf}=(M_{xjf}\times L_{dxjf})/(M_{zyf}\times L_{dzyf})=M_{xjf}/M_{zyf}\times L_{dxjf}/L_{dzyf}=M_{xjf}/M_{zyf}\times 1/u_{Lf}$。在占用湿地面积与新建湿地面积确定的条件下，生态量影响力占补比例与补偿比例是反变关系；生态功能影响力占补比例与补偿比例是反变关系；生态效益影响力占补比例与补偿比例是反变关系。

不同生态影响力指标的生态影响力补偿比例与占补比例的反变关系。生态量影响力占补比例可以表示为 $b_{Lf}=M_{xjf}/M_{zyf}\times 1/u_{Lf}$。生态功能影响力占补比例可以表示为 $b_{Gf}=M_{xjf}/M_{zyf}\times 1/u_{Gf}$。生态效益影响力占补比例可以表示为 $b_{Yf}=M_{xjf}/M_{zyf}\times 1/u_{Yf}$。将上述 3 个公式整理后，有关系式：$b_{Lf}\times u_{Lf}=M_{xjf}/M_{zyf}$，$b_{Gf}\times u_{Gf}=M_{xjf}/M_{zyf}$，$b_{Yf}\times u_{Yf}=M_{xjf}/M_{zyf}$。在占用湿地面积与新建湿地面积确定的条件下，$M_{xjf}/M_{zyf}$ 取值确定。生态量影响力占补比例与补偿比例、生态功能影响力占补比例与补偿比例、生态效益影响力占补比例与补偿比例 3 组变量之间是反变关系：$b_{Lf}\times u_{Lf}=b_{Gf}\times u_{Gf}=b_{Yf}\times u_{Yf}$。生态量影响力占补比例与补偿比例、生态功能影响力占补比例与补偿比例、生态效益影响力占补比例与补偿比例 3 组变量中，占补比例越大的生态指标，其补偿比例越小；占补比例越小的生态指标，其补偿比例越大。根据不同生态指标的生态影响力补偿比例与占补比例的普遍关系，得出 3 种生态影响力指标的生态影响力补偿比例与占补比例的具体关系，如果 $b_{Lf}=b_{Gf}=b_{Yf}$，则 $u_{Lf}=u_{Gf}=u_{Yf}$。如果 $b_{Lf}>b_{Gf}>b_{Yf}$，则 $u_{Lf}<u_{Gf}<u_{Yf}$。其余以此类推。

进一步讨论生态影响力指标占补比例与补偿比例赖以确定的变量之间的关系。生态影响力指标的补偿比例的公式为 $u_{Lf}=L_{dzyf}/L_{dxjf}$，$u_{Gf}=G_{dzyf}/G_{dxjf}$，$u_{Yf}=Y_{dzyf}/Y_{dxjf}$。

生态影响力指标的补偿比例赖以确定的变量分别是单位面积占用湿地与单位面积新建湿地的生态量影响力、生态功能影响力和生态效益影响力的量值。生态影响力指标占补比例赖以确定的变量比补偿比例多了占用面积与新建湿地面积。每一个生态影响力指标占补比例都相当于新建湿地面积与占用面积的比例与对应的占补比例的比值：$b_{Lf}=M_{xjf}/M_{zyf}\times 1/u_{Lf}$，$b_{Gf}=M_{xjf}/M_{zyf}\times 1/u_{Gf}$，$b_{Yf}=M_{xjf}/M_{zyf}\times 1/u_{Yf}$。

仅凭单位面积占用湿地与单位面积新建湿地的特定生态影响力指标的量值，即可确定补偿比例。单位面积占用湿地与单位面积新建湿地的特定生态影响力指标（生态量影响力、生态功能影响力和生态效益影响力）的量值，属于新建湿地与占用湿地的本来属性。占用与新建湿地的本来属性确定了占用与新建湿地实现生态影响力占补平衡的补偿比例。这种不依靠外在变量（面积等）确定补偿比例的特质，使补偿比例具有根本性和本质性，是不受外在变量（面积等）影响的指标。与之不同，要确定占补比例，仅凭单位面积占用湿地与单位面积新建湿地的特定生态影响力指标的量值是不够的，除此之外，还需要占用与新建湿地的面积，面积指标是湿地的外在属性变量，不属于新建与占用湿地的本来属性。反映占用与新建湿地的本来属性的内在变量（单位面积占用与新建湿地的特定生态影响力指标的量值）与外在变量（面积）一起，确定了占用与新建湿地的占补比例。这种既依靠内在变量，又依靠外在变量确定占补比例的特质，使占补比例容易受外在变量（面积等）影响。

### （二）生态影响力补偿比例与占补比例的性质比较

生态量影响力占补比例与补偿比例之所以不同，是因为生态量影响力补偿比例反映了占用与新建湿地的内在本质性关系，是在生态量影响力占补比例为 1 时的占补面积比例：$L_{zyf}=L_{xjf}$，$M_{zyf} \times L_{dzyf}=M_{xjf} \times L_{dxjf}$，$M_{zyf} \times L_{dzyf}=M_{zyf} \times u_{Lf} \times L_{dxjf}$。

占补湿地生态量影响力相等的关系式中，面积与影响力补偿比例无关，影响力补偿比例只与单位面积湿地的生态影响力有关。生态量影响力占补比例仅反映某一随机时刻（该时刻并不受限制，没有特定的内在逻辑要求）占补湿地生态量影响力指标的比例，占补湿地生态量影响力指标之间没有必然的联系和内在的逻辑。因此，占补湿地的面积作为外在变量，与表示单位面积占补湿地生态量影响力的指标一起，对确定占补比例影响很大：$b_{lf}=L_{xjf}/L_{zyf}=(M_{xjf} \times L_{dxjf})/(M_{zyf} \times L_{dzyf})$。

影响力占补比例计算公式中，占补湿地的生态量影响力并没有限定为一定相同，两者的关系有多种：$L_{xjf}>L_{zyf}$，$L_{xjf}=L_{zyf}$，$L_{xjf}<L_{zyf}$。

正是因为占补湿地的生态量影响力没有限定为一定相同，才有必要求两者的比例。如果像影响力补偿比例计算公式一样，占补湿地生态量影响力相同，则占补比例一定为 1，也就没有必要计算此时的影响力占补比例了：$L_{xjf}=L_{zyf}$，$b_{lf}=L_{xjf}/L_{zyf}=1$。

占补湿地的生态量影响力是否相同是区别补偿比例与占补比例的关键环节，使占补比例更具有开放性（占补湿地生态量影响力可以相同，也可以前者大于后者，或者后者大于前者），补偿比例具有明显的规定性（占补湿地生态量影响力必须相同）。影响力补偿比例与占补比例涉及的变量不同决定了比例的性质不同，影响力补偿比例求面积比例、影响力占补比例求生态量影响力比例，两者所求比例涉及的指标不同，使其均衡性不同。补偿比例具有严格的均衡性。补偿比例计算生态量影响力相等条件下的占补湿地面积的比例，是有严格约束条件下的面积关系，可以将其关系追溯到单位面积生态量影响力的关系，面积关系（补偿比例属于占补面积之间的关系）把面积与生态量影响力变量联系起来。单位面积生态量影响力变量，既涉及面积，也涉及生态量影响力变量：$u_{Lf}=M_{xjf}/M_{zyf}$，$u_{Lf}=L_{dzyf}/L_{dxjf}$，$L_{dzyf}=L_{zyf}/M_{zyf}$，$L_{dxjf}=L_{xjf}/M_{xjf}$，$u_{Lf}=L_{dzyf}/L_{dxjf}=$（$L_{zyf}/M_{zyf}$）/（$L_{xjf}/M_{xjf}$）。

从理论上分析，新建湿地可以无限大，也可以很小，甚至没有新建湿地。影响力占补比例可以从 0 到无穷大取值。这种广泛的关联性使影响力占补比例具有很强的随机性与随意性：$b_{Lf}=L_{xjf}/L_{zyf}$，$L_{xjf}=[0，+\infty)$，$b_{Lf}=[0，+\infty)$。

影响力补偿比例的取值范围要小得多。单位面积占用湿地的生态量影响力一定的条件下，从理论上分析，单位面积新建湿地的生态量影响力大于单位面积占用湿地的生态量影响力的可能性不是没有，但从实践中观察，可能性确实很小。因此，最常见的是单位面积新建湿地的生态量影响力小于等于单位面积占用湿地的生态量影响力，补偿比例的取值不会低于 1：$L_{dxjf}\leqslant L_{dzyf}$，$L_{dzyf}/L_{dxjf}\geqslant 1$，$u_{Lf}=L_{dzyf}/L_{dxjf}$，$u_{Lf}=[1，+\infty)$。影响力占补比例在补偿比例分析中的地位远低于影响力补偿比例。

生态功能影响力补偿比例与占补比例的性质比较、生态效益影响力补偿比例与占补比例的性质比较分析，与此类似。

## 六、特定占补湿地的最大影响力补偿比例与最小影响力占补比例的关系

特定占补湿地的最大影响力补偿比例与最小影响力占补比例的对应关系。假定占用与新建湿地是确定的，两者的面积及单位面积占补湿地 3 个生态影响力指标的比例也是确定的。单位面积占用湿地的生态量影响力与单位面积新建湿地的生态量影响力的比例最大，既不低于单位面积的占用湿地的生态功能影响力与单位面积的新建湿地的生态功能影响力的比例，也不低于单位面积的占用湿地的生态效益影响力与单位面积的新建湿地的生态效益影响力的比例：$L_{dzyf}/L_{dxjf}\geqslant G_{dzyf}/G_{dxjf}$，$L_{dzyf}/L_{dxjf}\geqslant Y_{dzyf}/Y_{dxjf}$。此时，先计算 3 个生态影响力指标的占补比例。占补比例与占补湿地的面积及单位面积生态影响力指标有关：$b_{Lf}=M_{xjf}/M_{zyf}\times L_{dxjf}/L_{dzyf}$，$b_{Gf}=M_{xjf}/M_{zyf}\times G_{dxjf}/G_{dzyf}$，$b_{Yf}=M_{xjf}/M_{zyf}\times Y_{dxjf}/Y_{dzyf}$。可以得到 3 个生态影响力指标的占补比例的相互关系：$b_{Lf}\leqslant b_{Gf}$，$b_{Lf}\leqslant b_{Yf}$。生态量影响力占补比例是 3 个生态影响力指标中占补比例最小的。接着，计算 3 个生态影响力指标的补偿比例。$u_{Lf}=L_{dzyf}/L_{dxjf}$，$u_{Gf}=G_{dzyf}/G_{dxjf}$，$u_{Yf}=Y_{dzyf}/Y_{dxjf}$。生态量影响力补偿比例是 3 个指标中最大的：$u_{Lf}\geqslant u_{Gf}$，$u_{Lf}\geqslant u_{Yf}$，$u_{Sf}=u_{Lf}$。补偿比例最大的生态影响力指标的补偿比例可以作为生态影响力补偿比例。3 个生态影响力指标中，生态量影响力指标的占补比例最小，补偿比例最大，可以以生态量影响力补偿比例作为生态影响力补偿比例。对特定占补湿地而言，可以用最大补偿比例与最小占补比例对应的生态量影响力指标，作为计算湿地生态影响力补偿比例的生态影响力指标。

生态功能影响力最大补偿比例与最小占补比例、生态效益影响力最大补偿比例与最小占补比例的分析与此类似。3 个生态影响力指标实现占补平衡的补偿比例，是特定条件下占补比例最小的生态影响力指标的补偿比例。补偿比例与占补比例存在反变关系，上述分析框架进一步拓展为 3 个生态影响力指标实现占补平衡的补偿比例，是补偿比例最大的生态影响力指标的补偿比例。对特定占补湿地而言，可以用最大补偿比例与最小占补比例对应的生态影响力指标，作为计算生态影响力补偿比例的生态影响力指标。对特定占补湿地而言，作为计算生态影响力补偿比例的生态影响力指标，补偿比例最大，占补比例最小。

特定占补湿地的最大影响力补偿比例与最小影响力占补比例对应关系的条件。特定占补湿地的补偿比例与占补比例之间存在的反变关系（占补比例最小的生态影响力指标，其补偿比例往往最大）需要考虑给定的条件。只有在特定的条件下，其才能满足反变关系。否则，反变关系并不存在。这里的特定占补湿地是指占用湿地的面积、生态量影响力、生态功能影响力与生态效益影响力一定，新建湿地的面积、生态量影响力、生态功能影响力与生态效益影响力一定。占补湿地面积、生态量影响力、生态功能影响力与生态效益影响力 4 个指标确定时，单位面积占用湿地的生态量影响力、生态功能影响力与生态效益影响力确定，单位面积新建湿地的生态量影响力、生态功能影响力与生态效益影响力也得以确定。考虑补偿比例时，要考虑占用与新建湿地的整个湿地指标，即占补湿地的整个面积、生态量影响力、生态功能影响力与生态效益影响力。但补偿比例并不需要考虑占用与新建湿地的整个指标，只需要考虑单位面积的生态影响力指标。这种区别使得补偿比例具有超越性。超越性是指补偿比例与现有湿地面积无关，计算的是应当实现的补偿与占用湿地的比例。占补比例并不具有超越性，占补比例具有明显的现实性。占补比例着眼特定湿地的现实，计算占用与新建湿地的整体指标的比值，如生态量影响力占补比例，需要计算整个补偿与占用湿地生态量影响力的比例。生态功能影响力占补比例，需要计算整个补偿与占用湿地生态功能影响力的比例。生态效益影响力占补比例，需要计算整个补偿与占用湿地生态效益影响力的比例。计算所依据的是现实湿地的生态影响力指标。一般而言，占补比例不需要考虑应当实现的占补湿地生态影响力指标的比例。补偿比例不可能像占补比例一样，只计算现有的占用与新建湿地的整体指标的比值。计算补偿比例时，在给定的占用与新建湿地的整体指标中，并不是全都有用，只有单位面积生态影响力指标的量值有用，而单位面积生态影响力量值的计算，必须用到占用与新建湿地的整体指标。即使如此，补偿比例仍然超越现实。

# 第三节　单位面积生态影响力指标与生态影响力补偿比例

## 一、占补湿地补偿比例比较

### （一）不同生态影响力指标占补平衡的新建湿地面积比较

生态量影响力占补平衡时，生态量影响力补偿比例等于单位面积占用湿地生态量影响力与单位面积新建湿地生态量影响力的比值：$u_{Lf}=M_{lpf}/M_{zyf}=M_{xjf}/M_{zyf}=L_{dzyf}/L_{dxjf}$。生态功能影响力占补平衡时，生态功能影响力补偿比例等于单位面积占用湿地生态功能影响力与单位面积新建湿地生态功能影响力的比值：$u_{Gf}=M_{gpf}/M_{zyf}=M_{xjf}/M_{zyf}=G_{dzyf}/G_{dxjf}$。生态效益影响力占补平衡时，生态效益影响力补偿比例等于单位面积占用湿地生态效益影响力与单位面积新建湿地生态效益影响力的比值：$u_{Yf}=M_{ypf}/M_{zyf}=M_{xjf}/M_{zyf}=Y_{dzyf}/Y_{dxjf}$。

其中出现的 3 个新建湿地面积并不相同。生态量影响力占补平衡的新建湿地面积等于使占补湿地生态量影响力相等的新建湿地面积：$M_{xjf}=M_{lpf}$。生态功能影响力占补平衡的新建湿地面积等于使占补湿地生态功能影响力相等的新建湿地面积：$M_{xjf}=M_{gpf}$。生态效益影响力占补平衡的新建湿地面积等于使占补湿地生态效益影响力相等的新建湿地面积：$M_{xjf}=M_{ypf}$。生态量影响力平衡的新建湿地面积为 $M_{xjf}=M_{lpf}=M_{zyf}\times(L_{dzyf}/L_{dxjf})$。生态功能影响力平衡的新建湿地面积为 $M_{xjf}=M_{gpf}=M_{zyf}\times(G_{dzyf}/G_{dxjf})$。生态效益影响力平衡的新建湿地面积为 $M_{xjf}=M_{ypf}=M_{zyf}\times(Y_{dzyf}/Y_{dxjf})$。

比较不同生态影响力指标占补平衡的新建湿地面积，只需要比较单位面积占补湿地不同生态影响力指标的量值。比较生态量影响力与生态功能影响力占补平衡的新建湿地面积，只需要比较单位面积占补湿地生态量影响力与生态功能影响力的量值：$M_{lpf}/M_{gpf}=[M_{zyf}\times(L_{dzyf}/L_{dxjf})]/[M_{zyf}\times(G_{dzyf}/G_{dxjf})]=(L_{dzyf}/L_{dxjf})/(G_{dzyf}/G_{dxjf})$。

比较生态量影响力与生态效益影响力占补平衡的新建湿地面积，比较生态功能影响力与生态效益影响力占补平衡的新建湿地面积，与此类似。

### （二）单位面积占补湿地不同生态影响力指标的比例对补偿比例的影响

为了实现生态影响力指标占补平衡，需要的新建湿地面积必须满足所有生态影响力指标占补平衡。在 3 种生态影响力指标占补平衡所需的新建面积中，最大的面积是确保所有生态影响力指标占补平衡的新建面积：$M_{xjf}=\max\{M_{lpf},M_{gpf},M_{ypf}\}=\max\{M_{zyf}\times(L_{dzyf}/L_{dxjf}),M_{zyf}\times(G_{dzyf}/G_{dxjf}),M_{zyf}\times(Y_{dzyf}/Y_{dxjf})\}$。

　　这里的新建湿地面积（$M_{xjf}$）与此前的新建湿地面积有所不同。此前的新建湿地面积只确保某一个生态影响力指标占补平衡，只满足某一个生态影响力指标占补平衡的湿地补偿比例，是单一生态影响力指标的补偿比例。生态功能影响力占补平衡的新建湿地面积、生态效益影响力占补平衡的新建湿地面积与此类似。

　　这里的新建湿地面积是确保 3 个生态影响力指标占补平衡的新建湿地面积，补偿比例是确保满足 3 个生态影响力指标占补平衡的湿地补偿比例，是综合的生态影响力指标的补偿比例。可以把确保所有生态影响力指标占补平衡的新建面积的工作简化为求取下面 3 个系数的最大值。生态量影响力平衡的新建湿地面积系数为 $L_{dzyf}/L_{dxjf}$。生态功能影响力平衡的新建湿地面积系数为 $G_{dzyf}/G_{dxjf}$。生态效益影响力平衡的新建湿地面积系数为 $Y_{dzyf}/Y_{dxjf}$。这 3 个系数分别是不同生态影响力指标占补平衡的补偿比例 $u_{Lf}$、$u_{Gf}$、$u_{Yf}$。$u_{sf}=\max\{L_{dzyf}/L_{dxjf},G_{dzyf}/G_{dxjf},Y_{dzyf}/Y_{dxjf}\}=\max\{u_{Lf},u_{Gf},u_{Yf}\}$，$u_{sf}=\min\{L_{dxjf}/L_{dzyf},G_{dxjf}/G_{dzyf},Y_{dxjf}/Y_{dzyf}\}=\min\{1/u_{Lf},1/u_{Gf},1/u_{Yf}\}$。

　　3 个生态影响力指标实现占补平衡的补偿比例是单位面积占补湿地生态量影响力比例、单位面积占补湿地生态功能影响力比例与单位面积占补湿地生态效益影响力比例中的最大值，也是单位面积补偿与占用湿地生态量影响力比例、单位面积补偿与占用湿地生态功能影响力比例与单位面积补偿与占用湿地生态效益影响力比例中的最小值。找准单位面积生态影响力指标的最弱项，是找到确保 3 个指标占补平衡的生态影响力补偿比例的关键。生态影响力补偿比例与单位面积占补湿地全部生态影响力指标的比例中的极值紧密相关。

## 二、占补比例与补偿比例的关系

### （一）单位面积生态影响力指标比例最大值相等时占补比例与补偿比例的关系

　　单位面积占补湿地的生态影响力指标的比值，决定了影响力补偿比例。单位面积占补湿地的生态量影响力的比值，决定了生态量影响力补偿比例：$u_{Lf}=L_{dzyf}/L_{dxjf}$。单位面积占补湿地的生态功能影响力的比值，决定了生态功能影响力补偿比例：$u_{Gf}=G_{dzyf}/G_{dxjf}$。单位面积占补湿地的生态效益影响力的比值，决定了生态效益影响力补偿比例：$u_{Yf}=Y_{dzyf}/Y_{dxjf}$。单位面积占补湿地的 3 个生态影响力指标的比值的最大值，决定了 3 个生态影响力指标占补平衡的生态影响力补偿比例：$u_{sf}=\max\{L_{dzyf}/L_{dxjf},G_{dzyf}/G_{dxjf},Y_{dzyf}/Y_{dxjf}\}=\max\{u_{Lf},u_{Gf},u_{Yf}\}$。在占补湿地的 3 项生态影响力指标中，如果单位面积生态量影响力指标占补比例最大：$L_{dzyf}/L_{dxjf}\geqslant G_{dzyf}/G_{dxjf}$，$L_{dzyf}/L_{dxjf}\geqslant Y_{dzyf}/Y_{dxjf}$，且单位面积生态量影响力指标占补比例为 $1:L_{dzyf}/L_{dxjf}=1$，说明湿地生态影响力补偿比例为 $1:u_{sf}=\max\{L_{dzyf}/L_{dxjf},G_{dzyf}/G_{dxjf},Y_{dzyf}/Y_{dxjf}\}=\max\{u_{Lf},u_{Gf},u_{Yf}\}=u_{Lf}=L_{dzyf}/L_{dxjf}=1$。生态影响力补偿比例是生态影响力占补平衡时所必需的新建与占用湿地面积的比例：$u_{sf}=M_{xjf}/M_{zyf}=1$。

新建与占用湿地的比例不能低于 1，即最低限度必须实现面积占补平衡。生态量影响力的占补比例为 $1:b_{Lf}=M_{xjf}/M_{zyf}\times L_{dxjf}/L_{dzyf}=u_{sf}\times 1/u_{Lf}=1$。补偿比例等于占补比例：$u_{sf}=b_{Lf}=1$。在占补湿地单位面积生态量影响力比例最大的条件下，如果占补湿地单位面积生态量影响力相等，生态功能影响力占补比例为 $b_{Gf}=M_{xjf}/M_{zyf}\times G_{dxjf}/G_{dzyf}=M_{xjf}/M_{zyf}\times 1/u_{Gf}=u_{sf}\times 1/u_{Gf}=u_{Lf}/u_{Gf}$，因为 $u_{Lf}\geqslant u_{Gf}$，$b_{Gf}\geqslant 1$，$u_{Gf}\leqslant 1$，$b_{Gf}\geqslant u_{Gf}$。

在占补湿地单位面积生态量影响力比例最大的条件下，如果占补湿地单位面积生态量影响力相等，生态效益影响力占补比例为 $b_{Yf}=M_{xjf}/M_{zyf}\times Y_{dxjf}/Y_{dzyf}=M_{xjf}/M_{zyf}\times 1/u_{Yf}=u_{sf}\times 1/u_{Yf}=u_{Lf}/u_{Yf}$，因为 $u_{Lf}\geqslant u_{Yf}$，$b_{Yf}\geqslant 1$，$u_{Yf}\leqslant 1$，$b_{Yf}\geqslant u_{Yf}$，在占补湿地单位面积生态量影响力比例最大的条件下，如果占补湿地单位面积生态量影响力相等，生态量影响力占补比例等于生态影响力补偿比例。生态功能影响力占补比例不低于生态影响力补偿比例，生态效益占补比例不低于生态影响力补偿比例。

单位面积生态功能影响力相等时占补比例与补偿比例的关系、单位面积生态效益影响力相等时占补比例与补偿比例的关系的分析，与此类似。

在单位面积占补湿地生态影响力指标比例最大的条件下，如果占补湿地单位面积该生态影响力指标相等，该指标占补比例等于生态影响力补偿比例且等于 1，其余指标占补比例不低于生态影响力补偿比例（表 4-2）。

表 4-2　单位面积生态影响力指标比例最大值相等时占补比例与补偿比例的关系

| 单位面积生态影响力指标相等 | 影响力占补比例最小值 | 占补比例与补偿比例的关系 | 其他指标占补比例与补偿比例的关系 |
|---|---|---|---|
| $L_{dzyf}=L_{dxjf}$ | 生态量影响力 | $b_{Lf}=u_{sf}=1$ | $b_{Gf}\geqslant u_{Gf}$<br>$b_{Yf}\geqslant u_{Yf}$ |
| $G_{dzyf}=G_{dxjf}$ | 生态功能影响力 | $b_{Gf}=u_{sf}=1$ | $b_{Lf}\geqslant u_{Lf}$<br>$b_{Yf}\geqslant u_{Yf}$ |
| $Y_{dzyf}=Y_{dxjf}$ | 生态效益影响力 | $b_{Yf}=u_{sf}=1$ | $b_{Lf}\geqslant u_{Lf}$<br>$b_{Gf}\geqslant u_{Gf}$ |

（二）单位面积占用湿地生态影响力指标较大时占补比例与补偿比例的关系

在占补湿地的 3 项生态影响力指标中，如果单位面积生态量影响力指标占补比例最大：$L_{dzyf}/L_{dxjf} \geqslant G_{dzyf}/G_{dxjf}$，$L_{dzyf}/L_{dxjf} \geqslant Y_{dzyf}/Y_{dxjf}$，且单位面积生态量影响力指标占补比例大于 1：$L_{dzyf}/L_{dxjf} > 1$，说明湿地生态影响力补偿比例大于 1：$u_{sf} = u_{Lf} = L_{dzyf}/L_{dxjf}$，$u_{Lf} > 1$，$u_{sf} > 1$，$u_{sf} = M_{xjf}/M_{zyf}$。生态量影响力的占补比例为 1：$b_{Lf} = u_{sf} \times 1/u_{Lf} = 1$。在占补湿地单位面积生态量影响力比例最大的条件下，如果单位面积占用湿地生态量影响力较大，生态量影响力占补比例小于生态量影响力补偿比例：$b_{Lf} < u_{Lf}$，在单位面积占补湿地生态量影响力比例最大的条件下，如果单位面积占用湿地生态量影响力较大，生态功能影响力占补比例为 $b_{Gf} = u_{sf} \times 1/u_{Gf} = u_{Lf}/u_{Gf}$，因为 $u_{Lf} \geqslant u_{Gf}$，$b_{Gf} \geqslant 1$，无法判定生态功能影响力占补比例与生态功能影响力补偿比例的关系。其可能存在 3 种情况：$b_{Gf} > u_{Gf}$，$b_{Gf} = u_{Gf}$，$b_{Gf} < u_{Gf}$。在单位面积占补湿地生态量影响力比例最大的条件下，如果单位面积占用湿地生态量影响力较大，生态效益影响力占补比例为 $b_{Yf} = u_{sf} \times 1/u_{Yf} = u_{Lf}/u_{Yf}$，因为 $u_{Lf} \geqslant u_{Yf}$，$b_{Yf} \geqslant 1$，无法判定生态效益影响力占补比例与生态效益影响力补偿比例的关系。其可能存在 3 种情况：$b_{Yf} > u_{Yf}$，$b_{Yf} = u_{Yf}$，$b_{Yf} < u_{Yf}$。

在占补湿地单位面积生态量影响力比例最大的条件下，如果单位面积占用湿地生态量影响力较大，生态量影响力占补比例小于生态量影响力补偿比例，生态功能影响力占补比例与生态功能影响力补偿比例的关系无法判定，生态效益影响力占补比例与生态效益影响力补偿比例的关系无法判定。

单位面积占用湿地生态功能影响力较大时占补比例与补偿比例的关系、单位面积占用湿地生态效益影响力较大时占补比例与补偿比例的关系的分析，与此类似。

在占补湿地单位面积某生态影响力比例最大的条件下，如果占用湿地单位面积该生态影响力较大，该指标占补比例小于生态影响力补偿比例且等于 1，其余指标占补比例与补偿比例无法判定（表 4-3）。

表 4-3　单位面积生态影响力比例最大值相等时占补比例与补偿比例的关系

| 单位面积占补湿地比例最大的生态影响力指标 | 单位面积占用湿地生态影响力指标较大 | 该指标占补比例与补偿比例的关系 | 其他指标占补比例与补偿比例的关系 |
|---|---|---|---|
| 生态量影响力 | $L_{dzyf}/L_{dxjf} > 1$ | $b_{Lf} < u_{Lf}$ | 无法判定 |
| 生态功能影响力 | $G_{dzyf}/G_{dxjf} > 1$ | $b_{Gf} < u_{Gf}$ | 无法判定 |
| 生态效益影响力 | $Y_{dzyf}/Y_{dxjf} > 1$ | $b_{Yf} < u_{Yf}$ | 无法判定 |

## 三、面积占补比例等于生态影响力补偿比例条件下占补比例与补偿比例的关系分析

不同条件下影响力占补比例与补偿比例的关系不同。面积与单位面积生态影响力指标确定的占补湿地的影响力补偿比例是确定的。要确定生态影响力补偿比例，只需要确定单位面积占补湿地的生态影响力指标。对不同面积的占补湿地而言，只要单位面积生态影响力指标确定，面积的变化不会影响生态影响力补偿比例。生态影响力补偿比例只与单位面积生态影响力指标有关：$u_{sf}$=max $\{L_{dzyf}/L_{dxjf},G_{dzyf}/G_{dxjf},Y_{dzyf}/Y_{dxjf}\}$=max $\{u_{Lf},u_{Gf},u_{Yf}\}$。影响力占补比例既与占补面积变量有关，也与单位面积生态影响力指标变量有关：$b_{Lf}=M_{xjf}/M_{zyf} \times L_{dxjf}/L_{dzyf}=M_{xjf}/M_{zyf} \times 1/u_{Lf}$，$b_{Gf}=M_{xjf}/M_{zyf} \times G_{dxjf}/G_{dzyf}=M_{xjf}/M_{zyf} \times 1/u_{Gf}$，$b_{Yf}=M_{xjf}/M_{zyf} \times Y_{dxjf}/Y_{dzyf}=M_{xjf}/M_{zyf} \times 1/u_{Yf}$。单位面积占补湿地的生态影响力指标确定的条件下，补偿比例不变，占补比例随面积变化而发生变化。新建与占用湿地的面积比例越大，不同生态影响力指标的占补比例越高。

补偿比例与占补湿地的面积关系不大，占补湿地的面积对影响力补偿比例的计算并无影响。而选择占补湿地的面积对影响力占补比例影响很大，在比较补偿比例与占补比例的过程中，选择占补湿地的面积占补比例（即占补湿地的面积之比）等于生态影响力补偿比例的情况作为约束条件，对研究生态影响力占补平衡比较有用。面积占补比例等于生态影响力补偿比例，这是研究占补比例与补偿比例的较佳约束条件：面积占补比例（$b_M$）=新建湿地面积（$M_{xj}$）/占用湿地面积（$M_{zy}$），即 $b_M=u_{sf}$。

占补湿地的面积占补比例等于生态影响力补偿比例下，新建湿地面积与占用面积的比例恰好等于实现生态影响力占补平衡所需要的面积补偿比例。在占补湿地的面积占补比例（即占补湿地的面积之比）等于生态影响力补偿比例的情况下，生态影响力补偿比例等于最大补偿比例的生态影响力指标的生态影响力补偿比例：$u_{sf}$=max $\{L_{dzyf}/L_{dxjf},G_{dzyf}/G_{dxjf},Y_{dzyf}/Y_{dxjf}\}$=max $\{u_{Lf},u_{Gf},u_{Yf}\}$。

占补湿地的面积占补比例等于生态影响力补偿比例下新建湿地面积与占用面积的比例，恰好等于实现最大补偿比例的生态影响力指标占补平衡所需要的面积补偿比例。占补湿地的面积占补比例（即占补湿地的面积之比）等于生态影响力补偿比例的情况下，至少有 1 个生态影响力指标的占补比例取 1，即补偿比例最大的生态影响力指标的占补比例为 1。最大补偿比例的生态影响力指标为生态量影响力时，新建湿地面积与占用面积的比例，恰好等于实现生态量影响力占补平衡所需要的面积补偿比例：$b_{Mf}=u_{Lf}$。

在占补湿地的面积占补比例等于生态影响力补偿比例（也等于生态量影响力

补偿比例）的情况下，补偿比例最大的生态量影响力的占补比例为 1，其余生态影响力指标的占补比例不低于 1：$b_{Lf}=1$，$b_{Gf}\geqslant1$，$b_{Yf}\geqslant1$。

　　面积占补比例等于生态影响力补偿比例情况下生态功能影响力占补比例与补偿比例的关系、生态效益影响力占补比例与补偿比例的关系的分析，与此类似。

# 第五章 湿地占补补偿比例及其关系

## 第一节 湿地面积占补平衡的补偿比例

### 一、湿地占补平衡的补偿比例的制定

制定补偿比例的理论体系多元化。首先，要充分考虑不同国家与地区的湿地生态环境禀赋。各个国家不仅湿地资源禀赋并不相同，人口禀赋相差也很大，人均湿地禀赋差距很大。湿地资源禀赋较好的地区和国家，可以制定相对宽松的补偿比例，其所依据的理论体系可以允许采用相对较低的补偿比例。湿地资源较少的地区和国家，如果制定相对宽松的补偿比例，允许采用相对较低的补偿比例，可能对湿地生态保护不利，其所依据的理论体系可以适度从严，建立严格的补偿比例理论体系与较高的补偿比例标准。其次，要充分考虑不同国家与地区的湿地生态保护压力。不同国家在不同时期所处发展阶段不同，面临的湿地保护压力各不相同。目前中国进入新型城镇化战略实施的关键时期，建设用地对湿地的占用压力很大，湿地保护面临前所未有的严峻形势。制定更加严格的管理制度势在必行。制定补偿比例的原则与目标并不一致，不仅允许有不同的、据以建立补偿比例标准体系的理论依据，而且不同国家，特别是像中国这样幅员辽阔的国家，根据本国湿地资源的实际，建立符合中国资源禀赋的理论依据是很有必要的。建立中国自己的制定补偿比例的理论体系势在必行。

建立湿地生态影响力占补平衡体系。制定补偿比例标准的理论体系，应该适应中国的资源禀赋与湿地保护压力。中国新型城镇化战略对湿地的压力较大，建立严格标准、创新补偿比例指标体系是符合实际的。在实施生态占补平衡制度之初，即建立中国的生态影响力占补平衡理论体系，规定更为严格的补偿比例制定标准，实施中国的生态占补平衡制度，使中国的生态影响力占补平衡理论体系更加严格。这会对建设用地利用效率的提升产生倒逼机制。十分严格的补偿比例标

准制定，使占用湿地的成本大幅度提高，倒逼建设用地主体尽可能提升土地资源利用效率，实现土地资源利用的转型升级。

补偿比例概念模糊。补偿比例往往被认为是湿地面积之间的比例：补偿比例（$u$）=新建湿地面积（$M_{xj}$）/占用湿地面积（$M_{zy}$）。这种补偿比例的概念太过模糊。补偿比例主要表现为面积的比例，因为在生态占补平衡实践中，只有面积是比较容易衡量的，其他指标，如生态量、生态功能与生态效益很难简单地予以度量。在度量难度方面，面积具有得天独厚的条件。但补偿比例表现为面积的比例，不等于面积占补平衡条件下的补偿比例。补偿比例反映了生态量、生态功能与生态效益及其影响力占补平衡下的面积比例。表现为面积指标增加关系的补偿比例，包括了复杂的关系，反映了面积以外的 3 个指标及其生态影响力的占补平衡。这里有两层含义：第一层是面积不减少基础上的 3 个指标（生态量、生态功能与生态效益）的占补平衡，这是一般制定补偿比例所考虑的因素。第二层是面积不减少基础上的 3 个指标（生态量、生态功能与生态效益）的生态影响力的占补平衡，这是本书新提出的制定补偿比例所考虑的因素。第二层含义比第一层含义更加丰富，更加复杂。考虑到面积比例所蕴含的复杂变量及其关系，面积补偿比例已经不是面积占补平衡下的面积比例那么简单。必须满足面积占补平衡之外的多组关系：新建湿地对占用地的生态量影响力（$L_{xjf}$）=占用湿地对所在地的生态量影响力（$L_{zyf}$），新建湿地对占用地的生态功能影响力（$G_{xjf}$）=占用湿地对所在地的生态功能影响力（$G_{zyf}$），新建湿地对占用地的生态效益影响力（$Y_{xjf}$）=占用湿地对所在地的生态效益影响力（$Y_{zyf}$）。

补偿比例缺乏可变性。既然距离是影响补偿比例的重要因素，在一个地区内规定不同的补偿比例，以反映距离对生态影响力的影响是合适的。但是，如果占补距离（即占用湿地与新建湿地的距离，占用地 A 与新建湿地 B 的距离表示为 $S_{AB}$）范围很大：$S_{AB} \leqslant S_1$。$S_1$ 是一个相当大的数值，且因为 $S_1$ 过大，不能不考虑 $S_{AB}$ 的不同取值，所产生的补偿比例存在很大差别。按照生态影响力分析，占用湿地与新建湿地距离接近 0 时，补偿比例接近 1。占用湿地与新建湿地距离接近 $S_1$ 时，补偿比例趋于无穷大。此时，$S_1$ 范围内的异地占补的补偿比例取值为（0，$+\infty$）。如果对 $S_1$ 范围内的异地占补的补偿比例不加区分，影响生态占补平衡。

实施有变化的补偿比例，是生态占补平衡的保障。单一的固定比例，并不能完全反映距离等因素在补偿比例确定中的重要意义。单一补偿比例会使占用主体尽可能在较远处新建湿地。

不设定占补范围，按照一定标准（如距离）设定无数个相对固定的补偿比例，补偿距离在区间内的变化，不影响该比例的取值；补偿距离在区间外的变化，影响该比例的取值。

从补偿比例的变动性分析，可以分为变动性补偿比例与固定性补偿比例。固定性补偿比例可以分为两种：一是单一的固定比例，即在一定范围内，只设定一个补偿比例，且补偿距离的变化，不影响该比例的取值；二是少数固定比例，即在一定范围内，设定少数几个固定的补偿比例，补偿距离在区间内的变化，不影响该比例的取值，补偿距离在区间外的变化，影响该比例的取值。

固定性补偿比例必须限定占补范围。在固定比例分析中，一定要限定占补范围。这与固定比例本身存在的矛盾有关。如果在单一固定比例模式中不限定占补范围，可能出现这样的情况：占补距离 10 000 千米与占补距离 1 千米具有同样的补偿比例。很明显，占用湿地位置、面积、生态量、生态功能、生态效益确定的条件下，10 000 千米外的新建湿地的生态量、生态功能、生态效益对占用湿地产生的影响力，要与 1 千米外的新建湿地的生态量、生态功能、生态效益对占用湿地产生的影响力相等，前者的面积、生态量、生态功能、生态效益相当于后者的很多倍。这种不限定占补距离的模式很不公平，而且产生负激励，激励更多占用主体在尽可能远的地区新建湿地，因为在边远地区新建湿地的成本低。在新建面积、生态量、生态功能、生态效益确定的条件下，更边远地区的新建湿地对占用地产生的生态影响力更小，对占用地生态的补偿效应更弱，损害生态平衡。在少数固定比例模式中不限定占补范围，同样可能出现这种情况。例如，在不限定占补范围的条件下，假定某地区较广阔，占补距离最大可达 10 000 千米，只规定 2 个固定补偿比例，第一个补偿比例的适用范围是 5 000 千米及其以下，第二个补偿比例的适用范围是 5 000 千米以上。在第一个补偿比例的适用范围内，占补距离的可浮动空间有 5 000 千米之大，占补距离 5 000 千米与 1 千米具有同样的补偿比例，占补距离 5 001 千米与 10 000 千米具有同样的补偿比例。这种模式与单一固定比例模式类似，缺乏公平性，激励更多占用主体在尽可能远、新建成本尽可能低的地区新建湿地，损害生态平衡。固定性补偿比例要限定占补范围，尽可能既确保公平性，又确保生态占补平衡。

固定性补偿比例具有优势。从管理成本的角度分析，固定性补偿比例相对简单，测算成本很低，管理成本较低。这是很多地区选择固定性补偿比例的原因。

固定性补偿比例存在不足。即使设定占补范围，仍然不能解决固定比例的缺陷。从本质上看，固定性补偿比例是一种保守型的补偿比例设定模式。首先，可能限制占用主体的补偿权利。占用的主体虽然可能对生态保护有影响，但从权利平等的意义上看，其占用的权利应该得到保障。限制占补范围，是固定性补偿比例实施的必要条件。实施固定性补偿比例，必然要求限制占补范围，限制占用主体的选择权利。其次，阻碍补偿比例的价值发挥。如果允许开放补偿比例，即打破固定性比例的保守性，实施变动性补偿比例，会极大地促进湿地增长。最后，补偿比例并不统一。按照生态影响力概念分析，在距离相等的情况下，地理环境影响生态影响力衰减比例，从而影响补偿比例。

## 二、湿地补偿比例的研究目的

建立确定湿地补偿比例的理论体系很有必要。提出湿地生态影响力占补平衡下的补偿比例制定框架，有两个概念需要深入分析，一是生态占补平衡，二是生态影响力占补平衡。生态占补平衡概念比占补平衡概念更加明确清晰地说明占补平衡是生态意义上的占补平衡，而非仅限于面积占补平衡。生态影响力占补平衡概念比生态占补平衡更进一步，要求新建湿地对占用地的生态量的影响力与占用湿地对本地的生态量影响力平衡，要求新建湿地对占用地的生态功能的影响力与占用湿地对本地的生态功能影响力平衡，要求新建湿地对占用地的生态效益的影响力与占用湿地对本地的生态效益的影响力平衡。如果对不同区域不加区分，只关注整个国家或者地区的生态占补平衡，则可能对占用地生态产生影响。这种分析框架，显然比只关注面积的占补平衡有吸引力。但这种做法忽略了占用地及其居民的生态权益，使其成为占补平衡的最大受害者。

不同基准下利益主体的损益不同。单纯的面积占补平衡，有利于占用主体，对整个国家或地区的生态可能产生影响。生态占补平衡降低占用主体的利益，使其补偿更多湿地，切实保护了生态，对整个国家或者地区的生态保护有利。生态影响力占补平衡，进一步降低占用主体的利益，使其补偿更多湿地，切实保护了占用地生态及占用地居民的生态权益，对整个国家或者地区的生态保护更加有利。

生态影响力占补平衡具有突破性。影响力占补平衡打破了生态占补平衡研究中的忽视占用地生态及其居民生态权益的分析框架，紧紧围绕占用地生态影响力占补平衡，使补偿比例制定更符合公平性与合理性。

可以建立随机浮动的补偿比例确定体系。区域内的补偿比例可以实施固定补偿比例，即一定区域内的占补平衡采用同一标准，也可以实施随机浮动的补偿比例，即一定区域内的占补平衡随距离等变量的随机变化采用不同的补偿比例。从实际出发，建立随机浮动的补偿比例确定体系，提供公平合理的生态补偿。

## 三、湿地补偿比例的研究意义

补偿比例对生态占补平衡至关重要。湿地占补往往属于异地占补，异地占补必然存在补偿比例。占补平衡必然存在补偿比例问题。实现生态占补平衡，离不开补偿比例这一必然存在的指标。生态占补平衡目标的实现，最关键的有三个方面。补偿比例作为生态占补平衡的核心指标体系，直接影响生态平衡能否实现。如果补偿比例（$u$）低于实现生态占补平衡要求的标准，则生态平衡不能实现，必须有补偿比例（$u$）×占用湿地指标=新建湿地指标，新建湿地的生态影响力≥占用湿地的生态影响力，即补偿比例必须不低于使新建湿地的生态影响力等于占用湿地的生态影响力的标准。使新建湿地的生态影响力等于占用湿地的生态影响力的标准，可以称为最低补偿比例（$u_0$）：$u \geqslant u_0$。

建立生态影响力占补平衡的理论分析框架很有意义。补偿比例建立在占补平衡的分析基础之上，有什么样的占补平衡理论，就会有什么样的补偿比例分析框架，计算得出的补偿比例也各不相同。生态影响力概念与湿地生态概念相比，更适用于对占用地湿地生态补偿的分析。目前，湿地指标交易制度最受诟病的是能否确保生态占补平衡，实践中最受影响的是占用地生态保护。湿地银行制度能否顺利推广，取决于对整个国家或地区的生态总量平衡的保障，还取决于对占用地生态总量平衡的保障。因此，不仅要分析基于生态占补平衡的补偿比例，更要确保占用地生态影响力占补平衡。基于占用地生态影响力平衡的湿地补偿比例的制定非常必要。

## 四、湿地补偿比例与占补比例概念

生态补偿比例可以有多种含义，一是生态量补偿比例（$u_L$）、生态功能补偿比例（$u_G$）与生态效益补偿比例（$u_Y$）的统称，即 3 个补偿比例都可以称为生态补偿比例，此时，生态补偿比例不是一个指标，而是一组指标的综合体；二是生态占补平衡下的湿地补偿比例（$u_s$），取值为下面 3 个变量的最大值：生态量补偿比例（$u_L$）、生态功能补偿比例（$u_G$）与生态效益补偿比例（$u_Y$），即 $u_s = \max \{ u_L, u_G, u_Y \}$。补偿比例是生态占补平衡条件下的湿地生态补偿比例，此时，生态补偿比例是一个指标，而不是一组指标的综合体。面积补偿比例（$u_m$）从数量上表现为占用湿地面积（$m_{zy}$）与新建湿地面积（$m_{xj}$）的比例：$u_m = m_{xj}/m_{zy}$。

占补比例与补偿比例并不相同。湿地的面积占补比例是占用湿地面积与新建湿地面积的比例，湿地的生态量占补比例是占用湿地生态量与新建湿地生态量的比例，湿地的生态功能占补比例是占用湿地生态功能与新建湿地生态功能的比例，湿地的生态效益占补比例是占用湿地生态效益与新建湿地生态效益的比例。湿地补偿比例只表现为面积比例。占补比例与补偿比例类似的地方是都可能表现为面积之间的关系。其他的湿地指标，如生态量、生态功能与生态效益只可能表现为占补比例，即补偿与占用湿地的生态量、生态功能与生态效益等变量之间的比例关系，并不表现为补偿比例。占补比例可以出现在就地占补平衡与异地占补平衡中。与之不同的是补偿比例往往在异地占补平衡过程中出现。异地占补对生态的影响与损害更大，需要面积、生态量、生态功能与生态效益等指标超出占用湿地。新建面积更大、生态量更多、生态功能更强、生态效益更高的湿地，带有增加补偿的含义。占补比例客观地反映了占用与新建湿地量的关系，其中"补"的含义是新建补偿的湿地。补偿比例中的"补"的含义是因为异地占补造成额外损失必须增加补偿，强调了超出正常补偿的补偿。补偿比例与占补比例的取值范围有差别。根据占补平衡要求，补偿比例与占补比例不能小于1，但如果是就地占补平衡，占补比例可能等于1。补偿比例往往大于1。占补比例范围更广，补偿比例只偏重研究异地占补平衡中的占用与新建湿地的面积比例。占补比例包括了补偿比例。

## 五、湿地补偿的规律性分析

湿地补偿的规律如果可以表现为比例，即表明占用与新建湿地之间相关指标具有比例性。首先，根据后面提及的生态影响力占补平衡标准，对面积、生态量、生态功能与生态效益确定的同一占用湿地而言，如果简化分析，会假定与占用地相同距离的新建湿地，根据本章后面的相关分析，以其生态影响力指数（$y$）的倒数（$1/y$）来表示补偿比例（$u$）：$u=1/r$。生态影响力指数与占补湿地的距离之间的关系不是线性的。

湿地补偿比例具有复杂性。除了距离这一常规变量外，地理环境也会影响生态影响力。$O_3$ 与 $O_2$ 分别表示两个新建湿地，两个新建湿地与占用湿地（$O_1$）等距离：$O_1O_2=O_1O_3$。按照生态影响力的主要影响因素（距离）分析，两个新建湿地（$O_3$ 与 $O_2$）对占用地的生态影响力应该相同。因为生态影响力衰减比例与距离有关，是距离的函数。但是，如果两个新建湿地与占用湿地之间的地理环境情况并不相同，则会对占用地的生态影响力产生影响。假如新建湿地 $O_3$ 与 $O_1$ 之间是大山阻隔，新建湿地 $O_2$ 与 $O_1$ 之间是平原地区，没有阻挡生态影响力的地理环境，生态量、生态功能与生态效益同样的新建湿地 $O_2$ 与 $O_3$ 对距离相等的占用地 $O_1$ 的影响力并不相同。固然可以把生态影响力衰减比例设定为距离的函数，但距离并不是唯一的影响因子。湿地补偿比例的复杂性由此可见。对生态量、生态功能与生态效益确定的占用湿地而言，生态量、生态功能与生态效益相同，但位置不同的新建湿地（如 $O_2$，$O_3$ 等，当然也可以包括 $O_4$，$O_5$，$O_6$，…，$O_n$）对距离相等的同一占用地（如 $O_1$）的影响力并不相同。甚至可能出现不同的新建湿地（如 $O_2$，$O_3$，$O_4$，$O_5$，$O_6$，…，$O_n$）对距离相等的同一占用地（如 $O_1$）的影响力全不相同的情况。这种情况反映了补偿比例的复杂性和独特性，即并不存在完全同一的补偿比例。

补偿比例内涵具有多元性。为了更深入分析补偿比例，本书强调占补平衡的生态性，即占补平衡实际上是生态占补平衡。占补平衡不局限于面积占补平衡及面积补偿比例，更重要的是要首先考虑面积之外的生态指标的占补平衡与补偿比例。本书特别提出生态量占补平衡与生态量补偿比例，即新建湿地生态量与占用湿地生态量的比例。其次提出生态功能占补平衡与生态功能补偿比例，即新建湿地生态功能与占用湿地生态功能的比例。最后强调生态效益占补平衡与生态效益补偿比例，即新建湿地生态效益与占用湿地生态效益的比例。补偿比例是一种概念。补偿比例包括面积补偿比例并表现为面积补偿比例，但补偿比例不局限于面积补偿比例。补偿比例更多考虑生态量补偿比例、生态功能补偿比例与生态效益补偿比例，最终将这一种补偿比例融会贯通、落实到面积补偿比例。补偿比例是一个表现为面积补偿比例的集合概念。

## 六、占补湿地面积补偿比例

湿地占补平衡类似零净损失概念，零净损失制度改变了湿地的地理位置，保持面积总量与功能总量持平[25]。占补平衡概念有多重含义：面积占补平衡、生态占补平衡与生态影响力占补平衡。生态占补平衡包括生态量占补平衡、生态功能占补平衡与生态效益占补平衡。生态影响力占补平衡包括生态量影响力占补平衡、生态功能影响力占补平衡与生态效益影响力占补平衡。零净损失概念只考虑了面积占补平衡与生态占补平衡中的生态功能占补平衡，不仅未包括生态量占补平衡与生态效益占补平衡，也忽视了生态影响力占补平衡。

湿地面积占补平衡是最低层次的占补平衡，是占补平衡的基础，也是最重要的占补平衡。特别是在除面积之外的生态指标占补平衡条件下，即使只需要较小面积的新建湿地即可实现生态量、生态功能与生态效益的占补平衡，也必须实现面积占补平衡，不允许以生态量、生态功能和生态效益指标占补平衡为标准，减少新建湿地面积。在生态影响力占补平衡条件下，即使只需要较小面积的新建湿地即可实现生态功能与生态效益的占补平衡，也必须实现面积占补平衡，不允许以生态功能和生态效益占补平衡为标准，减少新建湿地面积。在生态消费水平占补平衡条件下，即使只需要较小面积的新建湿地即可实现生态功能与生态效益的占补平衡，也必须实现面积占补平衡，不允许以生态功能和生态效益占补平衡为标准，减少新建湿地面积。

最常见的是面积补偿比例。生态补偿比例最终要落实到面积补偿比例，生态影响力补偿比例也要表示为面积补偿比例。一般所说的湿地补偿比例，如果没有特别指出，都表现为面积补偿比例。面积补偿比例表示为 $u_M$，如果没有特别指出，可以简化为 $u$。在不考虑生态占补平衡的条件下，占补面积平衡比例：$u_M=1$。以面积占补平衡为目标，不考虑生态占补平衡的标准，补偿比例为 1：$u=1$。此时，补偿比例即是面积补偿比例：$u=u_M$。

在面积占补平衡、生态占补平衡与生态影响力占补平衡的不同背景下，面积、生态量、生态功能与生态效益的关系并不相同。就整个研究区域（整个国家或者统一的地区）而言，在就地占补平衡条件下，只有面积占补平衡，只能够保障占补湿地面积相等，不能确保生态量、生态功能与生态效益的占补平衡。生态量、生态功能与生态效益的占补平衡，取决于单位面积新建湿地与占用湿地的生态量、生态功能与生态效益的关系。前者不低于后者，则实现生态占补平衡。

面积占补平衡的不足比较明显。一是无法实现整个空间的生态占补平衡。因为不存在生态占补平衡，对生态指标的补偿比例（$u_L$、$u_G$、$u_Y$）不作要求。生态量补偿比例可能存在三种情况：$u_L > 1$，$u_L = 1$，$u_L < 1$，生态功能补偿比例可能存在三种情况：$u_G > 1$，$u_G = 1$，$u_G < 1$，生态效益补偿比例可能存在三种情况：$u_Y > 1$，$u_Y = 1$，$u_Y < 1$，补偿比例与生态指标补偿比例不存在内在的约束关系。生态指标不能决定补偿比例的取值，无论生态指标补偿比例是否实现占补平衡，都不影响补偿比例与面积补偿比例的关系。二是无法实现占用地生态占补平衡。异地占补平衡条件下，只有面积占补平衡，从整体空间而言，不能确保生态量、生态功能与生态效益的占补平衡。如果考虑不同地点的具体情况，必然出现占用地湿地面积减少、新建地湿地面积增加的情况，更无法保障生态量、生态功能与生态效益的占补平衡了。即使从整体空间而言，能确保生态量、生态功能与生态效益的占补平衡，即新建地增加的生态量、生态功能与生态效益等于占用地减少的生态量、生态功能与生态效益，也必然会出现新建湿地的生态指标增加，占用地的生态指标下降的情况：$M_{xjq} < M_{xjh}$，$M_{zyq} > M_{zyh}$，$L_{xjq} < L_{xjh}$，$L_{zyq} > L_{zyh}$，$G_{xjq} < G_{xjh}$，$G_{zyq} > G_{zyh}$，$X_{xjq} < X_{xjh}$，$X_{zyq} > X_{zyh}$。

$u_m$ 表示的面积补偿比例是指以面积占补平衡为目标的补偿比例。$u_M$ 表示的面积补偿比例是指包括面积占补平衡、生态占补平衡与生态影响力占补平衡中占补湿地的面积比例：$u_M = M_{xj}/M_{zy}$。$u_M$ 代表了一个具体的补偿比例，$u_m$ 代表了一个典型的补偿比例。在以面积占补平衡为目标的实践中，两者相等：$u_m = u_M = M_{xj}/M_{zy}$。

# 第二节　湿地生态指标占补平衡的补偿比例

## 一、湿地生态指标占补平衡

分析湿地生态指标平衡的补偿比例确定标准具有重要意义。对特定面积、生态量、生态功能、生态效益与位置的占用湿地而言，在同一位置新建湿地，有什么样的补偿比例确定标准，就有什么样的补偿比例。面积占补平衡确定的补偿比例称为面积补偿比例，或者面积占补平衡的补偿比例。生态量占补平衡确定的补偿比例称为生态量补偿比例，生态功能占补平衡确定的补偿比例称为生态功能补偿比例，生态效益占补平衡确定的补偿比例称为生态效益补偿比例，生态量补偿比例、生态功能补偿比例与生态效益补偿比例都属于生态补偿比例，三者不一定相等，生态占补平衡下的补偿比例最终根据3个补偿比例的最大值确定。生态量影响力占补平衡确定的补偿比例称为生态量影响力补偿比例，生态功能影响力占补平衡确定的补偿比例称为生态功能影响力补偿比例，生态效益影响力占补平衡确定的补偿比例称为生态效益影响力补偿比例，生态量影响力补偿比例、生态功能影响力补偿比例与生态效益影响力补偿比例都属于生态影响力补偿比例，三者不一定相等，生态影响力占补平衡下的补偿比例最终根据3个补偿比例的最大值确定。

　　在同一位置新建湿地，不同标准确定的补偿比例并不相同。一般而言，面积补偿比例不高于生态补偿比例，生态补偿比例不高于生态影响力补偿比例。因此，建立系统的补偿比例确定标准，对补偿比例的量值确定至关重要。

　　确定补偿比例制定标准有战略意义。选择面积占补平衡作为补偿比例的标准，只能实现简单的面积不减少。选择面积与生态功能占补平衡，只能实现整个空间的面积与生态功能不减少的零净损失目标。本书提出实现零净损失目标之上的补偿比例标准，在零净损失制度提出面积与生态功能指标后，进一步提出生态量与生态效益占补平衡目标下的补偿比例，更进一步提出实现占用地生态占补平衡的生态影响力占补平衡目标，要求新建湿地对占用地的生态功能影响力、生态效益影响力实现占补平衡。很明显，生态影响力占补平衡下的补偿比例比零净损失制度更进一步，提出严格要求，从而实现局部（占用地）的生态占补平衡。

　　实现湿地补偿的面积占补平衡目标，需要做到 $M_{xj}=M_{zy}$。实现湿地补偿的生态量占补平衡目标，需要做到 $L_{xj}=L_{zy}$。实现湿地补偿的生态功能占补平衡目标，需要做到 $G_{xj}=G_{zy}$。实现湿地补偿的生态效益占补平衡目标，需要做到 $Y_{xj}=Y_{zy}$。

　　就地占补中，湿地生态指标平衡的补偿比例分析，无须考虑生态衰减与生态影响力指数，只需要实现面积、生态量、生态功能与生态效益在整个空间的占补平衡，即可满足占用地的面积、生态量、生态功能与生态效益的占补平衡。异地占补中，湿地生态指标平衡的补偿比例分析，需要考虑生态衰减与生态影响力指数，既要实现面积、生态量、生态功能与生态效益在整个空间的占补平衡，还要克服生态衰减对占用地生态影响力的影响，进一步实现占用地的面积、生态量、生态功能与生态效益的占补平衡。

就整个研究区域（整个国家或者统一的地区）而言，在就地占补平衡条件下，生态占补平衡不仅能够保障占补湿地面积相等，还能确保生态量、生态功能与生态效益的占补平衡。前者不低于后者，则必然实现生态占补平衡，$M_{XJ} \geqslant M_{ZY}$，$L_{XJ}=L_{ZY}$，$G_{XJ}=G_{ZY}$，$X_{XJ}=X_{ZY}$。

与面积占补平衡中占补湿地面积相等不同，生态占补平衡下，单位面积新建湿地的生态量、生态功能与生态效益与占用湿地的比例不一定完全相同，因此，实现生态占补平衡后，占补湿地的面积往往并不相等：$L_{dxj}/L_{dzy} \neq G_{dxj}/G_{dzy}$ 或 $G_{dxj}/G_{dzy} \neq X_{dxj}/X_{dzy}$ 或 $X_{dxj}/X_{dzy} \neq L_{dxj}/L_{dzy}$。

新建湿地面积往往大于占用湿地面积：$M_{XJ} > M_{ZY}$。异地占补平衡条件下，如果考虑不同地点的具体情况，很难实现具体地点（占用地与新建地）的占补平衡，必然出现占用地湿地面积、生态量、生态功能与生态效益减少，新建地相应指标增加的情况，不能保障占用地生态量、生态功能与生态效益的占补平衡：$M_{xjq} < M_{xjh}$，$M_{zyq} > M_{zyh}$，$L_{xjq} < L_{xjh}$，$L_{zyq} > L_{zyh}$，$G_{xjq} < G_{xjh}$，$G_{zyq} > G_{zyh}$，$X_{xjq} < X_{xjh}$，$X_{zyq} > X_{zyh}$。

## 二、湿地生态补偿比例

湿地生态补偿比例多指生态量补偿比例、生态功能补偿比例、生态效益补偿比例。往往生态指标达标率不一致：当 $u_M$、$u_L$、$u_G$ 与 $u_Y$ 中最小的值 $\min\{u_M, u_L, u_G, u_Y\}$ 为1时，其余补偿比例往往大于1。其余补偿比例可以表示为 $\{u_M, u_L, u_G, u_Y\} \cap \min\{u_M, u_L, u_G, u_Y\}$，且 $\{u_M, u_L, u_G, u_Y\} \cap \min\{u_M, u_L, u_G, u_Y\} > 1$。实现生态占补平衡的条件下，只有当 $u_M$、$u_L$、$u_G$ 与 $u_Y$ 分别相等时：$u_M=u_L=u_G=u_Y$，$u_M=1$。此时，面积占补平衡才可以实现生态占补平衡。

生态量补偿比例（$u_l$）表现为新建湿地生态量（$l_{xj}$）与占用湿地生态量（$l_{zy}$）相等时，新建湿地面积（$m_{xj}$）与占用湿地面积（$m_{zy}$）的比例：$l_{xj}=l_{zy}$，$u_l=m_{xj}/m_{zy}$。新建湿地生态量（$l_{xj}$）可以表示为新建湿地面积（$m_{xj}$）与单位面积新建湿地生态量（$l_{dxj}$）的乘积，占用湿地生态量（$l_{zy}$）可以表示为占用湿地面积（$m_{zy}$）与单位面积占用湿地生态量（$l_{dzy}$）的乘积：$l_{xj}=m_{xj} \times l_{dxj}$，$l_{zy}=m_{zy} \times l_{dzy}$，$m_{xj}=l_{xj}/l_{dxj}$，$m_{zy}=l_{zy}/l_{dzy}$，$u_l=m_{xj}/m_{zy}=(l_{xj}/l_{dxj})/(l_{zy}/l_{dzy})=l_{dzy}/l_{dxj}$，生态量补偿比例（$u_l$）表现为单位面积占用湿地生态量（$l_{dzy}$）与单位面积新建湿地生态量（$l_{dxj}$）的比值。生态功能补偿比例与生态效益补偿比例的分析，与此类似。

## 三、生态占补平衡补偿比例的关系

生态占补平衡需要满足湿地面积、生态量、生态功能与生态效益 4 个指标的补偿比例不低于 1。面积补偿比例最为基础，但最后被确定。因为其余 3 个补偿比例最终的表现形式都是面积补偿比例，也是单位面积的特定指标的比例。生态量补偿比例是生态量相等时的面积补偿比例，是单位面积生态量的比例。生态功能补偿比例是生态功能相等时的面积补偿比例，是单位面积生态功能的比例。生态效益补偿比例是生态效益相等时的面积补偿比例，是单位面积生态效益的比例。3 个生态指标的补偿比例往往不低于 1，如果 3 个生态指标的补偿比例低于 1，则必须至少确保湿地面积占补平衡。因此，湿地生态占补平衡比例往往不低于湿地面积补偿比例。

　　面积、生态量、生态功能与生态效益一定的占用湿地，在同一距离外，同一地点，新建补偿不同单位面积的生态量、生态功能与生态效益不同的占用湿地，所需的新建湿地面积并不相同，补偿比例随之变化。实现生态量占补平衡所需的面积（$M_{lp}$）为 $M_{lp}=L_{zy}/L_{dxj}$，$L_{zy}$、$L_{dxj}$ 分别表示占用湿地生态量与单位面积新建湿地的生态量。实现生态功能占补平衡所需的面积（$M_{gp}$）为 $M_{gp}=G_{zy}/G_{dxj}$，$G_{zy}$、$G_{dxj}$ 分别表示占用湿地生态功能与单位面积新建湿地的生态功能。实现生态效益占补平衡所需的面积（$M_{yp}$）为 $M_{yp}=Y_{zy}/Y_{dxj}$，$Y_{zy}$、$Y_{dxj}$ 分别表示占用湿地生态效益与单位面积新建湿地的生态效益。

　　新建湿地要实现生态量、生态功能与生态效益 3 个生态指标占补平衡，必须取实现生态量占补平衡所需的面积（$M_{lp}$）、实现生态功能占补平衡所需的面积（$M_{gp}$）与实现生态效益占补平衡所需的面积（$M_{yp}$）等 3 个指标中的最大值，称为生态平衡所需的湿地面积（$M_{sp}$）：$M_{sp}=\max\{M_{lp},M_{gp},M_{yp}\}$。此时，新建面积不低于生态平衡所需的湿地面积（$M_{sp}$）：$M_{xj}\geqslant M_{sp}$，$M_{xj}\geqslant\max\{M_{lp},M_{gp},M_{yp}\}$。

　　湿地生态平衡所需的湿地面积（$M_{sp}$）与占用湿地面积的比值，即实现生态占补平衡的补偿比例（$u_s$）：$u_s=M_{sp}/M_{zy}=\max\{M_{lp},M_{gp},M_{yp}\}/M_{zy}$。生态平衡所需的湿地面积（$M_{sp}$）的要求是必须不低于占用湿地面积，即补偿比例不低于 1，即 $M_{sp}\geqslant M_{zy}$，$u_s\geqslant1$。如果生态平衡所需的湿地面积（$M_{sp}$）低于占用面积，则取占用面积作为生态平衡所需的湿地面积（$M_{sp}$），即 $M_{sp}=M_{zy}$，此时的补偿比例为 1，即 $u_s=1$。

　　湿地生态平衡下，不同指标的补偿比例并不相同。为了分析不同指标的补偿比例，除了对生态平衡所需的湿地补偿比例的分析，还需要分别分析实现生态平衡后，生态量的补偿比例（$u_L$）、生态功能的补偿比例（$u_G$）与生态效益的补偿比例（$u_Y$）。一般意义上的补偿比例主要表现为面积补偿比例。

# 第三节　湿地不同补偿比例的替代关系

## 一、不同补偿比例的数量关系

在单位面积的占用与新建湿地的生态量、生态功能与生态效益确定的条件下，面积补偿比例（$u_m$）、生态补偿比例（$u_s$）、基于占用地的生态影响力补偿比例（$u_{sf}$）这 3 种补偿比例的关系是 $u_{sf}=u_m \times u_s \times u_f$（$u_{sf} \geqslant u_m$）。

面积占补平衡中的补偿比例为 1。因此，在单位面积的占用与新建湿地的生态量、生态功能与生态效益确定的条件下，面积补偿比例（$u_m$）、生态补偿比例（$u_s$）、基于占用地的生态影响力补偿比例（$u_{sf}$）这 3 种补偿比例的关系可以简化为 $u_{sf}=u_s \times u_f$。

生态补偿比例取决于 3 个变量：生态量补偿比例、生态功能补偿比例与生态效益补偿比例，即生态量占补平衡下的面积补偿比例、生态功能占补平衡下的面积补偿比例、生态效益占补平衡下的面积补偿比例。生态补偿比例考虑了 3 个变量，并不低于占用湿地面积的面积补偿比例。生态影响力补偿比例取决于 3 个变量：生态量影响力补偿比例、生态功能影响力补偿比例与生态效益影响力补偿比例，即生态量影响力占补平衡下的面积补偿比例、生态功能影响力占补平衡下的面积补偿比例、生态效益影响力占补平衡下的面积补偿比例。生态影响力补偿比例考虑了 3 个变量，并不低于占用湿地面积的面积补偿比例。生态影响力补偿比例与生态补偿比例都最终表现为面积补偿比例，但却负载着不同的复杂内涵。此处所说的生态补偿比例（$u_s$），是生态补偿比例的第二种含义。即 $u_s=\max\{u_L, u_G, u_Y\}$。

面积补偿比例（$u_m$）、生态补偿比例（$u_s$）与生态影响力补偿比例（$u_{sf}$）从小到大，向上依次排列，表示了在同样的占补平衡个案中，针对特定面积、特定单位面积生态量、特定单位面积生态功能、特定单位面积生态效益的占补湿地来说，除非特殊情况（即就地占补，占补面积、单位面积占补生态量、单位面积占补生态功能、单位面积占补生态效益相等），一般会有 $u_m < u_s < u_{sf}$。

要对 $u_{sf}$ 与 $u_f$ 两个概念加以区分，$u_{sf}$ 是一个综合概念，既包括了面积补偿比例，又包括了生态补偿比例，是基于占用地的生态影响力综合补偿比例。$u_f$ 则仅表示影响力补偿比例，是剔除掉面积补偿比例与生态补偿比例之后生态影响力补偿比例中残留的部分，反映了生态影响力占补平衡因素对湿地补偿比例的影响，只是一个要素单一的概念。表示生态影响力补偿比例的 $u_{sf}$，既包括面积补偿比例（$u_m$），也包括生态补偿比例（$u_s$），还包括影响力补偿比例（$u_f$）。$u_f$ 只是基于占用地的生态影响力综合补偿比例（$u_{sf}$）中与影响力有关的部分：$u_f=u_{sf}/(u_m \times u_s)$。

表 5-1 全面概括了面积补偿比例、生态补偿比例与生态影响力补偿比例的表达式、关系式与取值范围，是补偿比例研究的核心分析框架。生态影响力补偿比例（$u_{sf}$）是一组补偿比例的最大值：生态量影响力补偿比例（$u_{slf}$）、生态功能影响力补偿比例（$u_{sgf}$）与生态效益影响力补偿比例（$u_{syf}$）。这 3 个指标分别等于面积补偿比例、生态补偿比例与影响力补偿比例的乘积：$u_{slf}=u_m \times u_L \times u_{LF}$，$u_{sgf}=u_m \times u_G \times u_{GF}$，$u_{syf}=u_m \times u_Y \times u_{YF}$，生态影响力补偿比例取值不低于 1，也不低于其他补偿比例：$u_{sf} \geqslant 1$，$u_{sf} \geqslant u_m$，$u_{sf} \geqslant u_s$，$u_{sf} \geqslant u_f$。

**表 5-1　面积、生态与生态影响力补偿比例关系**

| 补偿比例 | 面积 | 生态 | 影响力 | 生态影响力 |
|---|---|---|---|---|
| 表达式 | $u_m=u_M$ | $u_s=\max\{u_L,u_G,u_Y\}$ | $u_f=1/y$；$u_{LF}=1/y_l$；$u_{GF}=1/y_g$；$u_{YF}=1/y_y$ | $u_{sf}=\max\{u_{slf},u_{sgf},u_{syf}\}=\max\{u_m \times u_L \times u_{LF}, u_m \times u_G \times u_{GF}, u_m \times u_Y \times u_{YF}$ |
| 关系式 | $u_m$ | $u_s \geqslant u_m$ | $u_f=u_{sf}/(u_m \times u_s)$ | $u_{sf}=u_m \times u_s \times u_f$；$u_{sf} \geqslant u_m$；$u_{sf} \geqslant u_s$；$u_{sf} \geqslant u_f$ |
| 取值 | $u_m=1$ | $u_s \geqslant 1$ | $u_f \geqslant 1$ | $u_{sf} \geqslant 1$ |

## 二、面积与生态补偿比例的替代关系

生态补偿比例等于 1，面积占补平衡可以实现生态占补平衡。说明新建补偿与占用湿地在生态结构方面具有同构性：$u_M=M_{xj}/M_{zy}$，$u_L=L_{xj}/L_{zy}$，$u_G=G_{xj}/G_{zy}$，$u_Y=Y_{xj}/Y_{zy}$，$M_{xj}/M_{zy}=L_{xj}/L_{zy}=G_{xj}/G_{zy}=Y_{xj}/Y_{zy}=1:1$。4 个补偿比例不完全相等的情况下，如果最小补偿比例是面积补偿比例，则必须要使其不低于 1，面积补偿比例最小值为 $u_M=1$，其余补偿比例中至少有 1~3 个补偿比例大于 1，这些补偿比例高于 1，会有 1~3 个指标产生生态盈余，称之为生态占补平衡的生态盈余。

## 三、面积与生态影响力补偿比例的替代关系

生态影响力补偿比例等于 1，面积占补平衡可以实现生态影响力占补平衡。说明新建补偿与占用湿地在生态结构方面具有同构性：$u_M=M_{xj}/M_{zy}$，$u_{LF}=L_{xjf}/L_{zyf}$，$u_{GF}=G_{xjf}/G_{zyf}$，$u_{YF}=Y_{xjf}/Y_{zyf}$，$M_{xj}/M_{zy}=L_{xjf}/L_{zy}$，$f=G_{xjf}/G_{zy}$，$f=Y_{xjf}/Y_{zyf}=1:1$。

即使单位面积新建湿地对占用地的生态指标影响力高于占用湿地对当地的生态指标影响力，新建补偿与占用湿地的面积比例也不能低于 1:1，才能保证新建

湿地的面积不低于占用湿地，实现面积占补平衡。$L_{dxjf}$、$L_{dzyf}$ 分别代表单位面积新建与占用湿地对占用地的生态量的影响力；$G_{dxjf}$、$G_{dzyf}$ 分别代表单位面积新建与占用湿地对占用地的生态功能的影响力；$X_{dxjf}$、$X_{dzyf}$ 分别代表单位面积新建与占用湿地对占用地的生态效益的影响力。即使 $L_{dxjf} > L_{dzyf}$，$G_{dxjf} > G_{dzyf}$，$X_{dxjf} > X_{dzyf}$，必须至少有 $M_{xj}=M_{zy}$，$u=M_{xj}/M_{zy}=1:1$。

单位面积新建湿地对占用地的生态指标影响力高于或等于占用湿地指标影响力时，新建补偿与占用湿地的面积比例可以等于 1 : 1，生态影响力占补平衡简化为面积占补平衡，可以忽略补偿比例问题。单位面积新建湿地对占用地的生态指标影响力高于或等于占用湿地指标影响力，是新建补偿与占用湿地的面积比例等于 1 : 1 的条件，即当下列条件成立时：$L_{dxjf} \geqslant L_{dzyf}$，$G_{dxjf} \geqslant G_{dzyf}$，$X_{dxjf} \geqslant X_{dzyf}$，必然有 $u=M_{xj}/M_{zy}=1:1$，单位面积新建湿地对占用地的生态指标影响力高于或等于占用湿地指标影响力，是生态影响力占补平衡简化为面积占补平衡的条件。当下列条件成立时：$L_{dxjf} \geqslant L_{dzyf}$，$G_{dxjf} \geqslant G_{dzyf}$，$X_{dxjf} \geqslant X_{dzyf}$，必然有 $ZP_{SY} \rightarrow ZP_M$，新建补偿与占用湿地的面积比例等于 1 : 1，是生态影响力占补平衡简化为面积占补平衡的条件。当下列条件成立时：$u=M_{xj}/M_{zy}=1:1$，必然有 $ZP_{SY} \rightarrow ZP_M$。生态影响力占补平衡可以简化为面积占补平衡时：$ZP_{SY} \rightarrow ZP_M$，则可忽略生态影响力平衡条件下的异地补偿比例问题。单位面积新建湿地对占用地的生态指标影响力高于或者等于占用湿地指标影响力：$L_{dxjf} \geqslant L_{dzyf}$，$G_{dxjf} \geqslant G_{dzyf}$，$X_{dxjf} \geqslant X_{dzyf}$，则可忽略生态影响力平衡条件下的异地补偿比例问题。新建补偿与占用湿地的面积比例为 $u=M_{xj}/M_{zy}=1:1$，则可忽略生态影响力平衡条件下的异地补偿比例问题。

## 四、生态与生态影响力补偿比例的替代关系

单位面积新建湿地对占用地的生态指标影响力高于或等于占用湿地指标影响力时，新建补偿与占用湿地的面积比例可以等于 1 : 1，生态影响力占补平衡简化为面积占补平衡，可以忽略补偿比例问题。此时面积占补平衡也保证了生态占补平衡，生态影响力占补平衡简化为生态占补平衡。单位面积新建湿地对占用地的生态指标影响力高于或者等于占用湿地指标影响力，是生态影响力占补平衡简化为生态占补平衡的条件。即当下列条件成立时：$L_{dxjf} \geqslant L_{dzyf}$，$G_{dxjf} \geqslant G_{dzyf}$，$X_{dxjf} \geqslant X_{dzyf}$，必然有 $ZP_{SY} \rightarrow ZP_S$。

异地占补平衡中，新建补偿与占用湿地的面积比例等于 1 : 1，是生态影响力占补平衡简化为面积占补平衡的条件，也是生态影响力占补平衡简化为生态占补平衡的条件。当下列条件成立时：$u=M_{xj}/M_{zy}=1:1$，必然有 $ZP_{SY} \rightarrow ZP_S$。就地占补平衡中，新建补偿与占用湿地的面积比例等于 1 : 1，是生态影响力占补平衡简化为面积占补平衡的条件。因为此时的面积比例之所以等于 1 : 1，是因为面积占

补平衡同时也实现了生态占补平衡，此时的面积占补平衡能够确保生态占补平衡，因此，新建补偿与占用湿地的面积比例等于 1:1，也是生态影响力占补平衡简化为生态占补平衡的条件。在就地占补平衡中，并不需要考虑生态影响力问题，只需要考虑生态占补平衡。异地占补平衡中，因为距离产生了生态影响力衰减，必然考虑生态影响力问题。异地占补平衡中，新建补偿与占用湿地的面积比例等于 1:1，所需要满足的条件要复杂得多，不仅满足湿地生态占补平衡的条件：$L_{xj} \geqslant L_{zy}$，$G_{xj} \geqslant G_{zy}$，$X_{xj} \geqslant X_{zy}$，也满足湿地生态影响力占补平衡的条件：$L_{xjf} \geqslant L_{zyf}$，$G_{xjf} \geqslant G_{zyf}$，$X_{xjf} \geqslant X_{zyf}$。

就地占补平衡下，生态影响力占补平衡可以简化为湿地生态占补平衡：$ZP_{SY} \rightarrow ZP_M$，没有因为纳入生态影响力而使生态平衡下的补偿比例提高。因为一般而言，异地占补平衡中，生态影响力占补平衡下的补偿比例要高于生态占补平衡下的补偿比例。与此前的论述相比较，可以看出其间的差异。生态影响力占补平衡简化为湿地生态占补平衡时，可忽略生态影响力平衡下的异地补偿比例问题。这里的"可忽略生态影响力平衡下的异地补偿比例问题"，实际上是指可以不考虑补偿比例问题。而此处提到"生态影响力占补平衡可以简化为生态占补平衡时"，是指在就地占补平衡中，生态影响力没有提高补偿比例，并不是取消补偿比例。有两种情况，一种存在补偿比例，另一种不存在补偿比例（表5-2）。

表 5-2　生态影响力占补平衡简化为面积占补平衡与生态影响力占补平衡简化为生态占补平衡的情况比较

| 情况 | 生态影响力占补平衡简化为面积占补平衡 | 生态影响力占补平衡简化为生态占补平衡 |
|---|---|---|
| 特征 | 不存在补偿比例 | 存在补偿比例 |
| 条件 | $L_{xjf} \geqslant L_{zyf}$；$G_{xjf} \geqslant G_{zyf}$；$X_{xjf} \geqslant X_{zyf}$ | 属于就地占补平衡 |
| 量值 | $u=0$ | 生态影响力没有提高生态补偿比例 |

就地占补平衡情况下可不考虑生态影响力补偿比例。占用湿地 A 处于 C 点，占用地新建的新建湿地 B，可以地处 C 点（新建湿地 $B_1$），也可以位于与 C 点相距 CE 的 E 点（新建湿地 $B_2$）。$B_1$ 属于就地占补平衡，$B_2$ 属于异地占补平衡。引入生态影响力指数。生态影响力指数（$y$）是指在一定距离外的新建湿地对占用地的生态影响力与就地占补平衡的新建湿地对占用地的生态影响力的比值。一定距离（CE）外的生态影响力指数（$y_{CE}$），可以表示为新建湿地（$B_2$）对占用地（C）的生态影响力（EF）与就地占补平衡的新建湿地对占用地的生态影响力（CD）的比值：$y_{CE}=EF/CD$。

因为新建湿地 B 所处位置不同，与占用地距离不同（新建湿地 $B_1$ 与占用地的距离为 0，新建湿地 $B_2$ 与占用地的距离为 $CE$），面积、生态量、生态功能与生态效益完全相同的新建湿地 $B_1$ 与新建湿地 $B_2$ 对占用地的生态影响力完全不同。距离较远的新建湿地 $B_2$，对占用地的生态量影响力、生态功能影响力与生态效益影响力，低于建于占用地的新建湿地 $B_1$ 对占用地的生态量影响力、生态功能影响力与生态效益影响力。在新建湿地面积、生态量、生态功能与生态效益恒定的条件下，随着新建湿地与占用地的距离增加，新建湿地对占用地的生态影响力逐步减弱。新建湿地对占用地的生态影响力，以在占用地就地新建湿地对占用地的生态影响力的比值为最高。

处于占用地的新建湿地 $B_1$ 对占用地的生态量影响力、生态功能影响力与生态效益影响力没有发生衰减，这是面积、生态量、生态功能与生态效益完全相同的新建湿地 B 处于任何位置（$C$ 点、$E$ 点等），所能对占用地产生的最大生态影响。处于占用地的新建湿地 $B_1$ 对占用地的生态量影响力、生态功能影响力与生态效益影响力，与面积、生态量、生态功能与生态效益完全相同的占用湿地 A 对占用地产生的生态影响完全相同。占用湿地 A 对占用地的生态量影响力、生态功能影响力与生态效益影响力，是面积、生态量、生态功能与生态效益完全相同的新建湿地 B 处于任何位置（$C$ 点、$E$ 点等），所能对占用地产生的最大生态影响。

湿地生态影响力衰减是指在不考虑外在环境影响（如山川阻隔、地形影响、流域影响、气候影响等）的条件下，以就地新建的湿地对占用地的生态影响力为计算标准，或者以占用湿地对占用地的生态影响力为计算标准（此处两个标准取值一致），一定距离外新建的等面积、等生态量、等生态功能与等生态效益的新建湿地对占用地的生态影响力随着距离增加而减少。这种与距离紧密相关的生态影响力减弱，即称为与占补距离相关的湿地生态影响力衰减。

湿地生态衰减指数是指以就地新建的湿地对占用地的生态影响力为计算标准，或者以占用湿地对占用地的生态影响力为计算标准（此处两个标准取值一致），一定距离外新建的等面积、等生态量、等生态功能与等生态效益的新建湿地对占用地的生态影响力减少部分与该标准的比值。称之为在一定距离外，新建湿地对占用地的生态影响力衰减指数。异地占补平衡中，以 $j$ 表示生态影响力衰减指数，生态量、生态功能与生态效益的衰减指数分别表示为 $j_L$、$j_G$ 与 $j_X$。假定生态量、生态功能与生态效益的衰减指数分别相等：$j_L=j_G=j_X=j$，$j_{CE}=1-EF/CD=GD/CD$，$j_{CE}$ 表示距离为 CE 时，新建湿地对占用地的生态影响力衰减指数。根据定义，生态影响力衰减指数与生态影响力指数之和等于 1。$j_{CE}+y_{CE}=GD/CD+EF/CD=1$。异地占补平衡情况下，新建湿地与占用地距离越远，生态影响力衰减越大，生态影响力衰减系数越大，生态影响力系数越小。

生态影响力占补平衡可以简化为生态占补平衡。就地占补平衡情况下没有生态影响力衰减，也可以认为就地占补平衡的生态影响力衰减指数为 0，即 $j_L=j_G=j_X=j=0$。此时的生态影响力系数最大，等于 1，即 $y_{CC}=1$。此处的生态影响力系数（$y_{CC}$）表示就地占补平衡时的生态影响力系数，$y_{CC}$ 下标表示占用地与新建地都在 $C$ 点。

就地占补平衡情况下生态影响力占补平衡可以简化为生态占补平衡。就地占补平衡情况下，生态影响力衰减指数为 0，生态影响力指数为 1，从取值上看，只要实现生态占补平衡，就可以实现生态影响力占补平衡。此时，生态影响力占补平衡简化为生态占补平衡，可以忽略生态影响力衰减指数对湿地补偿比例的影响。此时生态占补平衡也保证了生态影响力占补平衡。当占补距离为 0 时，如果 $L_{xj} \geq L_{zy}$，$G_{xj} \geq G_{zy}$，$X_{xj} \geq X_{zy}$，必然有 $L_{xjf} \geq L_{zyf}$，$G_{xjf} \geq G_{zyf}$，$X_{xjf} \geq X_{zyf}$，反之亦然。如果 $L_{xjf} \geq L_{zyf}$，$G_{xjf} \geq G_{zyf}$，$X_{xjf} \geq X_{zyf}$，必然有 $L_{xj} \geq L_{zy}$，$G_{xj} \geq G_{zy}$，$X_{xj} \geq X_{zy}$。

就地占补平衡是生态影响力占补平衡简化为生态占补平衡的条件。如果 $S_{CC}=0$，必然有 $ZP_{SY} \rightarrow ZP_S$，异地占补平衡中，新建湿地对占用湿地的生态影响力等于占用湿地对占用地的生态影响力，是生态影响力占补平衡简化为生态占补平衡的条件。单位面积新建与占用湿地对占用地的生态量的影响力（$L_{dxjf}$、$L_{dzyf}$）分别相等；单位面积新建与占用湿地对占用地的生态功能的影响力（$G_{dxjf}$、$G_{dzyf}$）分别相等；单位面积新建与占用湿地对占用地的生态效益的影响力（$X_{dxjf}$、$X_{dzyf}$）分别相等。当下列条件成立时：$L_{dxjf}=L_{dzyf}$，$G_{dxjf}=G_{dzyf}$，$X_{dxjf}=X_{dzyf}$，必然有 $ZP_{SY} \rightarrow ZP_S$。

异地占补平衡中，新建湿地对占用湿地的生态影响力指数等于 1，是生态影响力占补平衡简化为生态占补平衡的条件。当下列条件成立时：$y=1$，必然有 $ZP_{SY} \rightarrow ZP_S$。

异地占补平衡中，新建湿地对占用湿地的生态影响力衰减指数等于 0，是生态影响力占补平衡简化为生态占补平衡的条件。当下列条件成立时：$j=0$，必然有 $ZP_{SY} \rightarrow ZP_S$。

就地占补平衡条件下，只需要考虑生态补偿比例，可以不用考虑生态影响力补偿比例。因为在就地占补平衡条件下，不存在生态影响力衰减问题，就地补偿的湿地，其生态影响力指数及衰减指数与占用湿地生态影响力指数及衰减指数相同。满足面积占补平衡是最容易的，生态占补平衡的难度次之，最难满足的目标是生态影响力占补平衡。因为生态影响力衰减，异地占补平衡中，必须新建补偿更大面积、更多生态量、更强的生态功能与更大生态效益的湿地，才能对占用地产生同等的生态影响力。生态占补平衡中不能忽略生态补偿比例的情况下也必然不能忽略生态影响力补偿比例。单位面积新建湿地的生态量、生态功能和生态效益与占用湿地相当，新建补偿与占用湿地面积相等，确保生态占补平衡，不一定能实现占用地生态占补平衡。

# 第四节  湿地补偿比例与占补比例

## 一、不同条件下的湿地补偿比例

### （一）就地占补平衡中可以忽略湿地补偿比例的情况

单位面积新建湿地的生态指标与占用湿地指标的关系。即使单位面积新建湿地的生态指标高于占用湿地指标，新建补偿与占用湿地的面积比例也不能低于 $1:1$，才能保证新建湿地的面积不低于占用湿地，实现面积占补平衡。$L_{dxj}$、$L_{dzy}$ 分别代表单位面积新建与占用湿地的生态量；$G_{dxj}$、$G_{dzy}$ 分别代表单位面积新建与占用湿地的生态功能；$X_{dxj}$、$X_{dzy}$ 分别代表单位面积新建与占用湿地的生态效益。$L_{dxj} > L_{dzy}$，$G_{dxj} > G_{dzy}$，$X_{dxj} > X_{dzy}$。$M_{xj}$ 表示新建湿地面积，$M_{zy}$ 表示占用湿地面积。必须至少有 $M_{xj}=M_{zy}$，$u=M_{xj}/M_{zy}=1:1$。单位面积新建湿地的生态指标等于占用湿地指标的情况与此类似。

生态占补平衡简化为湿地面积占补平衡的条件。单位面积新建湿地的生态指标高于或等于占用湿地指标时，新建补偿与占用湿地的面积比例可以等于 $1:1$，生态占补平衡简化为面积占补平衡，可以忽略补偿比例问题。单位面积新建湿地的生态指标高于或者等于占用湿地指标，是新建补偿与占用湿地的面积比例等于 $1:1$ 的条件，即当下列条件成立时：$L_{dxj} \geq L_{dzy}$，$G_{dxj} \geq G_{dzy}$，$X_{dxj} \geq X_{dzy}$，必然有 $u=M_{xj}/M_{zy}=1:1$。

单位面积新建湿地的生态指标高于或者等于占用湿地指标，是生态占补平衡简化为面积占补平衡的条件。把面积占补平衡记为 $ZP_M$，把生态占补平衡记为 $ZP_S$，把生态影响力占补平衡记为 $ZP_{SY}$。当下列条件成立时：$L_{dxj} \geq L_{dzy}$，$G_{dxj} \geq G_{dzy}$，$X_{dxj} \geq X_{dzy}$，必然有 $ZP_S \rightarrow ZP_M$。

新建补偿与占用湿地的面积比例等于 $1:1$，是生态占补平衡简化为面积占补平衡的条件。当下列条件成立时：$u=M_{xj}/M_{zy}=1:1$，必然有 $ZP_S \rightarrow ZP_M$。

生态占补平衡可以简化为面积占补平衡，当下列条件成立时：$ZP_S \rightarrow ZP_M$，则可以忽略湿地补偿比例问题。单位面积新建湿地的生态指标高于或者等于占用湿地指标，即当下列条件成立时：$L_{dxj} \geq L_{dzy}$，$G_{dxj} \geq G_{dzy}$，$X_{dxj} \geq X_{dzy}$，则可以忽略湿地补偿比例问题。新建补偿与占用湿地的面积比例等于 $1:1$，即当下列条件成立时：$u=M_{xj}/M_{zy}=1:1$，则可以忽略湿地补偿比例问题。

### （二）就地占补平衡中不能忽略湿地补偿比例的情况

如果单位面积新建湿地的生态指标低于占用湿地指标，新建湿地的面积不低于占用湿地，实现面积占补平衡。当下列条件成立时：$L_{dxj} < L_{dzy}$，$G_{dxj} < G_{dzy}$，$X_{dxj} < X_{dzy}$，不能忽略补偿比例问题。补偿比例成为生态占补平衡的关键。往往有 $u = M_{xj}/M_{zy}$，$M_{xj}/M_{zy} > 1:1$，$u > 1:1$。单位面积新建湿地的生态指标低于占用湿地指标，是新建补偿与占用湿地的面积比例大于 $1:1$ 的条件，且生态占补平衡不能简化为面积占补平衡。当下列条件成立时：$L_{dxj} < L_{dzy}$，$G_{dxj} < G_{dzy}$，$X_{dxj} < X_{dzy}$，必然有 $ZP_S \neq ZP_M$，新建补偿与占用湿地的面积比例大于 $1:1$，则生态占补平衡不能简化为面积占补平衡。当下列条件成立时：$u > 1:1$，必然有 $ZP_S \neq ZP_M$。生态占补平衡不能简化为面积占补平衡，即当下列条件成立时：$ZP_S \neq ZP_M$，则不能忽略补偿比例问题，补偿比例成为研究生态占补平衡的关键。新建补偿与占用湿地的面积比例大于 $1:1$，即当下列条件成立时：$u > 1:1$，则不能忽略湿地补偿比例问题。

理论上，湿地补偿比例取值范围为 $u \geqslant 1$。实践中，单位面积新建湿地的生态指标大于、等于占用湿地指标的情况十分少见，常见的是单位面积新建湿地的生态指标低于占用湿地指标。新建补偿与占用湿地面积比例大于 $1:1$，才能保证新建湿地的生态指标等于占用湿地指标，实现生态占补平衡。因此，实践中补偿比例取值范围为 $u > 1$。

就地占补平衡很少，往往忽视就地占补平衡及其补偿比例。就地占补平衡中，单位面积新建湿地的生态指标往往低于占用湿地指标：$L_{dxj} < L_{dzy}$，$G_{dxj} < G_{dzy}$，$X_{dxj} < X_{dzy}$，如果新建补偿与占用湿地面积比例为 $1:1$，不能保证新建湿地的生态指标等于占用湿地指标：$L_{dxj}M_{xj} < L_{dzy}M_{zy}$，$G_{dxj}M_{xj} < G_{dzy}M_{zy}$，$X_{dxj}M_{xj} < X_{dzy}M_{zy}$，也就难以实现生态占补平衡。正是因为就地占补平衡中，可能造成新建湿地的生态指标低于占用湿地指标：$L_{xj} < L_{zy}$，$G_{xj} < G_{zy}$，$X_{xj} < X_{zy}$，因此必须通过计算补偿比例，实现高于占用湿地面积的补偿。此时，必然存在补偿比例。就地占补的补偿比例只要高于 $1:1$，从单纯的面积角度分析，都会实现湿地增长。

### （三）就地实现生态占补平衡的条件

就地占补条件下，衡量占补平衡最后成果的标准是生态占补平衡。不能采用单纯的面积占补平衡标准。在就地占补平衡的分析中，必须实现生态占补平衡。只有面积占补平衡，而没有生态占补平衡，不能实现真正意义上的占补平衡。

就地占补中，如果单位面积新建湿地的生态量、生态功能与生态效益与占用湿地相当，则新建补偿与占用湿地面积相等，即可确保生态占补平衡：$M_{xj} = M_{zy}$，$L_{dxj} = L_{dzy}$，$G_{dxj} = G_{dzy}$，$X_{dxj} = X_{dzy}$，此时的面积占补平衡，实现了生态占补平衡的功效：$L_{xj}=L_{zy}$，$G_{xj}=G_{zy}$，$X_{xj}=X_{zy}$，$L_{xj}$、$L_{zy}$ 分别代表新建与占用湿地的生态量；$G_{xj}$、$G_{zy}$ 分别代表新建与占用湿地的生态功能；$X_{xj}$、$X_{zy}$ 分别代表新建与占用湿地的生态效益。其中存在下述关系：$L_{xj}=M_{xj}L_{dxj}$，$L_{zy}=M_{zy}L_{dzy}$，$G_{xj}=M_{xj}G_{dxj}$，$G_{zy}=M_{zy}G_{dzy}$，$X_{xj}=M_{xj}X_{dxj}$，$X_{zy}=M_{zy}X_{dzy}$。新建湿地面积等于占用湿地时，可以认为并不存在补偿比例，因为补偿比例为 $u=M_{xj}/M_{zy}=1$。就地占补实践中，无论新建湿地保育期限多长，单位面积新建湿地的生态量、生态功能与生态效益往往低于占用湿地：$L_{dxj}<L_{dzy}$，$G_{dxj}<G_{dzy}$，$X_{dxj}<X_{dzy}$，此时要实现生态占补平衡，必须使新建湿地面积大于占用湿地：$M_{xj}>M_{zy}$。这样，才能实现生态占补平衡：$L_{xj}=L_{zy}$，$G_{xj}=G_{zy}$，$X_{xj}=X_{zy}$，新建湿地面积大于占用湿地时，两者的比例高于 $1:1$，即存在补偿比例：$M_{xj}/M_{zy}>1$，$u=M_{xj}/M_{zy}$，$u>1$。

### （四）就地影响力占补平衡的补偿比例

异地占补平衡的生态量影响力指数（$y_l$）表示新建湿地对占用地的生态量影响力与就地占补平衡时，跟单位面积新建湿地的生态量相同的占用湿地对占用地的生态量影响力的比值。可以去掉"生态量影响力指数（$y_l$）"前面的"异地占补平衡"，关系仍然成立。去掉"异地占补平衡"，就既包括就地占补平衡的生态量影响力指数（$y_l$），也包括异地占补平衡的生态量影响力指数（$y_l$）。异地占补平衡的生态量影响力指数（$y_l$），可以按照上面的算法进行计算。就地占补平衡的生态量影响力指数（$y_l$），表示就地新建湿地对占用地的生态量影响力与就地占补平衡时，跟新建湿地的生态量相同的占用湿地对占用地的生态量影响力的比值。就地新建湿地对占用地的生态量影响力等于占用湿地对占用地的生态量影响力。此处去掉前面"生态量影响力指数（$y_l$）"的定义中的"单位面积"概念，即 $L_{xjf}=L_{zyf}$，"就地占补平衡"的生态量影响力指数（$y_l$）为 1，即 $y_l=L_{xjf}/L_{zyf}=1$。完全可以按照生态占补平衡下补偿比例的计算方法，来计算就地占补平衡的生态影响力补偿比例。可以据此进一步分析就地生态功能影响力占补平衡的补偿比例与就地生态效益影响力占补平衡的补偿比例。

## 二、生态指标占补比例与补偿比例的关系

### （一）湿地面积占补比例与补偿比例

湿地占补平衡中，存在生态占补比例，包括面积占补比例（$b_M$）、生态量占补比例（$b_l$）、生态功能占补比例（$b_g$）与生态效益占补比例（$b_y$）。湿地面积占补比例定义为面积占补比例（$b_M$）＝新建湿地面积（$M_{xj}$）/占用湿地面积（$M_{zy}$），湿地占补比例在实现占补平衡条件下都取值为 1。面积占补平衡条件

下，面积占补比例为 1，即 $b_M = M_{xj}/M_{zy} = 1$。

面积平衡条件下可能出现湿地生态影响力平衡。生态影响力平衡条件下，异地占补有三种选择：第一种是必须实现面积增长；第二种是不必实现面积增长，只需实现面积占补平衡；第三种是不仅不必实现面积增长，也无须实现面积占补平衡。

引入生态指标占补平衡概念的原因是治理只考虑面积占补平衡，忽视生态量占补平衡、生态功能占补平衡、生态效益占补平衡的弊端。占补实践中，在面积平衡条件下，往往不能实现生态量、生态功能与生态效益的占补平衡。单位面积新建湿地的生态量、生态功能与生态效益往往低于占用湿地：$L_{xj}/M_{xj} < L_{zy}/M_{zy}$，$G_{xj}/M_{xj} < G_{zy}/M_{zy}$，$Y_{xj}/M_{xj} < Y_{zy}/M_{zy}$。生态量、生态功能与生态效益的补偿比例（$u_2$）高于面积补偿比例（$u_1$）：$u_{g2} > u_{g1}$，$u_{y2} > u_{y1}$。

引入其他占补平衡标准不能削弱面积占补平衡的重要性。在新建湿地面积小于占用湿地面积的条件下，可能实现生态量、生态功能与生态效益的占补平衡。这需要单位面积新建湿地的生态功能与生态效益高于占用湿地：$G_{xj}/M_{xj} > G_{zy}/M_{zy}$，$Y_{xj}/M_{xj} > Y_{zy}/M_{zy}$。

如果允许新建湿地面积小于占用面积，则因生态量占补平衡、生态功能占补平衡与生态效益占补平衡，而损害面积占补平衡。

引入生态影响力占补平衡概念的原因是治理只考虑面积占补平衡，忽视生态量、生态功能、生态效益影响力占补平衡的弊端。异地占补实践中，往往在面积平衡条件下，因为生态衰减，很难实现生态量、生态功能与生态效益影响力的占补平衡。在异地占补中，如果单位面积新建湿地的生态量、生态功能与生态效益低于占用湿地，并考虑影响力标准，以及距离、地形阻隔等地理环境因素导致的生态影响力衰减比例（$r$），生态量、生态功能与生态效益的影响力的减少幅度（$d$）还要更大。实现占补平衡所需补偿比例（$u_2$）高于生态量、生态功能与生态效益占补平衡条件下的正常补偿比例（$u_1$）：$d_g = r_g \times (G_{xj}/M_{xj})/(G_{zy}/M_{zy})$，$u_{g2} \geqslant u_{g1}$，$d_y = r_y \times (Y_{xj}/M_{xj})/(Y_{zy}/M_{zy})$，$u_{y2} \geqslant u_{y1}$。

引入生态消费水平标准与影响力占补平衡标准具有同样的效用。引入生态指标、生态影响力与生态消费水平等其他占补平衡标准，是为了弥补只重视面积占补平衡，忽视生态量、生态功能与生态效益及其影响力与生态消费水平占补平衡的弊端。

引入生态指标与生态影响力、生态消费水平等的占补平衡概念后，面积占补平衡的弊端被暴露得更加明晰，但面积必须相等。不能以生态指标与生态影响力、生态消费水平等的占补平衡为代价，牺牲面积占补平衡。不允许生态指标与生态影响力、生态消费水平等占补平衡后，面积减少。第三种选择（不仅不必实现面积增长，也无须实现面积占补平衡）不符合占补平衡的最低层次（面积占补平衡）的要求。引入其他占补平衡标准不能削弱面积占补平衡的重要性，面积在占补平衡过程中不能减少。

面积平衡可能实现生态指标、生态影响力与消费水平平衡。异地补偿中，在面积平衡条件下，仍然可能实现生态功能与生态效益的影响力异地占补平衡。这需要单位面积新建湿地的生态功能与生态效益高于占用湿地：$G_{xj}/M_{xj} > G_{zy}/M_{zy}$，$Y_{xj}/M_{xj} > Y_{zy}/M_{zy}$，且高出的幅度不低于补偿比例（$u$）：（$G_{xj}/M_{xj}$）/（$G_{zy}/M_{zy}$）$\geqslant u_g$，（$Y_{xj}/M_{xj}$）/（$Y_{zy}/M_{zy}$）$\geqslant u_y$。此时，生态影响力与生态消费水平可能实现平衡。这说明异地占补过程中，面积平衡仍然可望实现生态指标、生态影响力与生态指标消费水平的占补平衡。

异地占补中面积补偿比例具有重要性。实现了生态指标、生态影响力与消费水平平衡时，是否需要实现面积增长是一个重大课题。实践中，湿地银行制度中的异地补偿比例往往高于 1，说明实践中，无论在哪种情况下，都实现了面积增长。如果实践中允许在实现生态指标、生态影响力与消费水平平衡后可以不实现面积增长，则与实践中的高补偿比例规定相悖。

异地影响力占补平衡必须实现湿地生态指标增长。面积与生态量指标，虽然不像生态功能与生态效益一样，在考虑了空间内作为媒介的地理环境对生态指标的影响后，很难发现其衰减过程，但很明显，距离与地形阻隔等因素在减弱生态功能与生态效益的同时，也无形中使面积与生态量在异地的影响力发生衰减。即使面积平衡条件下，异地占补实现了生态影响力占补平衡，仍然需要提高标准，要求必须实现生态指标增长，特别是以面积为衡量标准的生态增长。

异地消费水平占补平衡必须实现生态指标增长。面积占补平衡下的补偿比例对生态的影响包括就地面积占补平衡下的补偿比例对生态的影响与异地面积占补平衡下的补偿比例对生态的影响。生态指标平衡下的补偿比例对生态的影响包括就地生态指标占补平衡下的补偿比例对生态的影响与异地生态指标占补平衡下的补偿比例对生态的影响。生态影响力平衡下的补偿比例对生态的影响包括就地生态影响力占补平衡下的补偿比例对生态的影响与异地生态影响力占补平衡下的补偿比例对生态的影响。生态消费水平平衡下的补偿比例对生态的影响包括就地生态消费水平占补平衡下的补偿比例对生态的影响与异地生态消费水平占补平衡下的补偿比例对生态的影响。

## （二）占补比例与补偿比例的简化分析

面积占补比例等于生态补偿比例条件下，生态量占补比例与补偿比例的关系值得分析。在单位面积生态指标比例最大值等于单位面积生态量比例的条件下，面积占补比例与生态补偿比例的关系，决定了生态量占补比例与补偿比例的关系。如果在单位面积占补湿地生态指标比例中单位面积占补湿地生态量比例最小的条件下，面积占补比例等于生态补偿比例（也等于生态量补偿比例），则生态量占补比例为1，其他指标的占补比例不小于1，$b_M=M_{xj}/M_{zy}$，$b_M=u_L$，$b_L=M_{xj}/M_{zy} \times 1/u_L=M_{xj}/M_{zy} \times 1/u_L=b_M/u_L=1$，$b_G \geqslant 1$，$b_Y \geqslant 1$。

单位面积占用湿地生态量较新建湿地小时，单位面积占补湿地生态量比例小于1，如果不加限制，新建与占用湿地的生态量补偿比例不能低于1，即补偿比例最低限度必须实现面积占补平衡，因为 $L_{dzy}/L_{dxj} \geqslant G_{dzy}/G_{dxj}$，$L_{dzy}/L_{dxj} \geqslant Y_{dzy}/Y_{dxj}$。

如果补偿比例取此时单位面积占补湿地生态量比例，不可能实现面积占补平衡。如果占补湿地单位面积生态功能比例最大，根据湿地功能计算的生态功能补偿比例，仍然不可能低于1：$G_{dzy}/G_{dxj}=1$。

如果根据湿地功能计算的生态功能补偿比例低于1，说明没有实现面积占补平衡。如果占补湿地单位面积生态效益比例最大，根据湿地效益计算的生态效益补偿比例也不可能低于1。如果根据湿地效益计算的生态效益补偿比例低于1，说明没有实现面积占补平衡。可以据此进一步分析面积占补比例等于生态补偿比例条件下生态功能占补比例与补偿比例的关系，以及面积占补比例等于生态补偿比例条件下生态效益占补比例与补偿比例的关系。

### （三）生态盈余与占补比例和补偿比例

出现生态盈余的条件是补偿比例大于占补比例最低的生态指标的部分。生态量的占补比例最低且为1，生态功能与生态效益的占补比例不小于1，意味着此时按照生态功能与生态效益占补平衡计算的补偿比例不大于按照生态量占补平衡计算的补偿比例。占补比例对分析生态盈余很有价值。

# 第六章 占补平衡对湿地生态的影响

## 第一节 最弱指标达标与最经济原则

### 一、最经济原则及违背原则的条件组合

最经济原则是占用主体不愿意浪费资金，因此只满足生态占补平衡的最低标准即可。在生态占补平衡过程中，守法的占用主体愿意遵循生态占补平衡的规定，确保实现最低要求：$M_A=M_B$，$L_A=L_B$，$G_A=G_B$，$Y_A=Y_B$。

一项指标违背最经济原则的组合。下式是违背最经济原则的：$M_B\uparrow\cup L_B\uparrow\cup G_B\uparrow\cup Y_B\uparrow$。因为无论是下面哪一种情况，对奉行最经济原则的湿地资源主体而言，都可能产生额外的负担：面积、生态量、生态功能、生态效益 4 项指标中，有一项指标超标，都可能意味着按质付款的占用主体违背最经济原则。如果只有面积超标（$M_B\uparrow$），且生态量均衡（$L_B\equiv$）、生态功能均衡（$G_B\equiv$）、生态效益均衡（$Y_B\equiv$），这种情况可以表示为 $M_B\uparrow\cap L_B\equiv G_B\equiv\cap Y_B\equiv$。面积超标产生的面积盈余（$YY_{ssm}$）与面积超出占用湿地面积的大小有关：$YY_{ss}=YY_{ssm}=f_{ssm}(M_B-M_A)$。生态量超标产生的生态量盈余（$YY_{ssl}$）与生态量超出占用湿地生态量的大小有关：$YY_{ss}=YY_{ssl}=f_{ssl}(L_B-L_A)$。其余情况以此类推。

两项指标违背最经济原则的组合。面积超标产生的面积盈余（$YY_{ssm}$）与生态量超标产生的生态量盈余（$YY_{ssl}$）之和即该条件下的生态盈余：$YY_{ss}=YY_{ssm}+YY_{ssl}=f_{ssm}(M_B-M_A)+f_{ssl}(L_B-L_A)$。湿地面积与生态功能超标、湿地面积与生态效益超标、湿地生态量与生态功能超标、湿地生态量与生态效益超标、湿地生态功能与生态效益超标的分析，与此类似。

三项指标违背最经济原则的组合。面积超标（$M_B\uparrow$）、生态量超标（$L_B\uparrow$）且生态功能超标（$G_B\uparrow$），如果只有生态效益均衡（$Y_B\equiv$），则 $M_B\uparrow\cap L_B\uparrow\cap G_B\uparrow\cap Y_B\equiv$。面积超标产生的面积盈余（$YY_{ssm}$）、生态量超标产

生的生态量盈余（$YY_{ssl}$）与生态功能超标产生的生态功能盈余（$YY_{ssg}$）之和即该条件下的生态盈余：$YY_{ss}=YY_{ssm}+YY_{ssl}+YY_{ssg}=f_{ssm}（M_B-M_A）+f_{ssl}（L_B-L_A）+f_{ssg}（G_B-G_A）$。湿地面积、生态量、生态效益超标，湿地面积、生态功能、生态效益超标，湿地生态量、生态功能、生态效益超标的分析，与此类似。

## 二、最弱指标达标与最经济原则下的选择

### （一）最弱指标达标

湿地指标最弱项必须实现占补平衡。面积占补平衡是基本要求之一。即使新建湿地的生态量、生态功能与生态效益都超出占用湿地的生态指标，仍然要求严格遵守面积占补平衡的规定。A、B 两块湿地，即使新建湿地 B 的生态量（$L_B$）、生态功能（$G_B$）与生态效益（$Y_B$）都超过占用湿地 A 的生态量（$L_A$）、生态功能（$G_A$）与生态效益（$Y_A$）：$L_B>L_A$，$G_B>G_A$，$Y_B>Y_A$，仍然要求新建湿地 B 的面积（$M_B$）不低于占用湿地 A 的面积（$M_A$）：$M_B \geqslant M_A$。生态指标占补平衡是基本要求之二。假定占用与新建湿地的相应指标的差值分别为$\Delta M_{AB}=M_A-M_B$，$\Delta L_{AB}=L_A-L_B$，$\Delta G_{AB}=G_A-G_B$，$\Delta Y_{AB}=Y_A-Y_B$，当面积占补平衡时，$\Delta M_{AB}=M_A-M_B=0$。在确保面积占补平衡的基础上，假定其余 3 个指标（生态量、功能与效益）的差值不为 0：$\Delta L_{AB}=L_A-L_B>0$，$\Delta G_{AB}=G_A-G_B>0$，$\Delta Y_{AB}=Y_A-Y_B>0$，把生态量、生态功能与生态效益称为生态指标。面积指标可以称为基础指标。基础指标对生态指标起着支撑作用。

不仅要实现生态指标的最弱项达标，还要实现面积与生态指标共 4 项指标中的最弱项达标。面积的差距（$\Delta M_{AB}$）占占用湿地的面积（$M_A$）的百分比（$bM_{AB}$）表示面积的未达标率。1 与面积未达标率的差表示面积的达标率（$dM_{AB}$）的大小，面积未达标率越大，面积达标率越低：$dM_{AB}=1-bM_{AB}=1-\Delta M_{AB}/M_A$。

面积、生态量、功能与效益 4 个指标的达标率的最小值，可以通过下式求出：$\min\{dM_{AB},dL_{AB},dG_{AB},dY_{AB}\}$，也可以通过计算未达标率来计算：$\max\{bM_{AB},bL_{AB},bG_{AB},bY_{AB}\}$。

各指标中达标率最差指标的求取方法含义是，新建湿地的该指标与占用湿地的该指标差距最大，新建湿地的其余 3 个指标分别与占用湿地的该指标的差距较小，该指标是 4 个指标的最弱指标。最弱指标达标要求面积、生态量、功能、效益的达标率的最弱指标实现占补平衡，才符合生态占补平衡的要求。各指标（面积、生态量、功能、效益）的达标率的最弱指标实现占补平衡时，其余较好达标的指标也超出各自生态指标的占补平衡指标，确保面积及生态量、功能、效益全部达标。

最弱指标达标规定与最经济原则具有内在张力。没有最弱指标达标规定的制约，开放指标达标要求，只要面积满足占补平衡要求即算是达到占补平衡，则占用主体可以最大限度降低成本。最经济原则与最弱指标达标规定要求的针对性很强。

## （二）不可能最经济

四种指标的达标率一致才符合最经济原则。在最弱指标达标规定的要求下，面积、生态量、生态功能及生态效益 4 种指标的占补比例不均衡，达标率不一致，是出现生态盈余的根本原因。要使生态占补平衡实现最经济原则的要求，即在占补平衡状态下：$M_B=M_A$，$L_B=L_A$，$G_B=G_A$，$Y_B=Y_A$，所有指标恰好达标，没有出现盈余，即不存在下面任何一条：$M_B>M_A$，或 $L_B>L_A$，或 $G_B>G_A$，或 $Y_B>Y_A$，最佳选择是所有指标的达标率一致：$M_B/M_A=L_B/L_A=G_B/G_A=Y_B/Y_A$，当其中一种指标达标时，其余 3 种指标也恰好等于占用湿地的同类指标。只要 $M_B=M_A$，$L_B=L_A$，$G_B=G_A$，$Y_B=Y_A$ 中的一种关系成立，其余 3 种关系将同时成立。

如果 4 种指标的达标率不一致，任何一种指标恰好达标后，总有与其达标率不同的 1~3 种指标高于或者低于占用湿地的同类指标，此时，两种达标率不同的指标，其中达标率较小的指标达标时，达标率较高的指标都会出现生态盈余。4 种指标中，所有指标的达标率一致，则不会出现生态盈余，这既满足了生态占补平衡的要求，同时满足了最经济原则。

根据最弱指标达标规定要求，占用主体要实现生态占补平衡，必须使占用与新建湿地的 4 项指标的达标率一致，即两块湿地的面积之比与两块湿地的生态量、生态功能、生态效益的比例完全一致。面积、生态量、生态功能与生态效益 4 种指标占补恰好平衡的情况有一种。占用主体在生态占补平衡过程中，只有很低比例符合最经济原则。所有占用主体全部符合最经济原则是不可能的。这种占用主体不可能总是符合最经济原则的现象，称为不可能总是最经济定理，简称为不可能定理。不可能定理的含义是占用主体不可能总是符合最经济原则。对某一个确定的占用主体的某一次占用行为而言，恰好实现最经济目标的可能性很小，几乎是不可能的。在生态占补平衡的过程中，占用主体要遵循最弱指标达标规定要求，实践中往往很难符合最经济原则。

## （三）均衡原则

面积与生态指标的不均衡往往是不可能定理成立的前提。因为占补平衡实践中，往往面积达标后，总有生态指标不能实现占补平衡，因此，必须增加面积来实现生态指标的占补平衡。要么是生态量没有达标，要么是生态功能没有达标，要么是生态效益没有达标，要么是其中两种指标没有达标，要么是 3 种生态指标都没有达标。如果占用湿地与新建湿地差别较大，同等面积的两种湿地的生态量、生态功能或生态效益存在差别，则必然很难符合最经济原则。不可能定理要求从面积来看，占用与新建湿地具有高度的相似性：$M_B/M_A=L_B/L_A$，$M_B/M_A=G_B/G_A$，$M_B/M_A=Y_B/Y_A$。

占、补湿地的相似性还体现在生态指标的相似性。由 $M_B/M_A=L_B/L_A$，$M_B/M_A=G_B/G_A$，$M_B/M_A=Y_B/Y_A$，必然导出 $M_B/M_A=L_B/L_A=G_B/G_A=Y_B/Y_A$。

### （四）占补配对

找到最相似的占补配对是实现最经济原则的关键。生态要实现占补平衡，则占用与新建湿地的面积、生态量、生态功能及生态效益要高度匹配。这种匹配是总量上的匹配，即新建补偿的面积、生态量、生态功能及生态效益不能低于占用的面积、生态量、生态功能及生态效益。

配对在结构上尽可能相似才能符合最经济原则。对追求最经济原则的占用主体而言，湿地生态要实现占补平衡，又不出现生态盈余，这符合占用主体的核心利益。就结构而言，占用湿地与新建湿地的面积、生态量、生态功能及生态效益要高度均衡，具有内在的高度相似性。这种匹配是达标率尽可能一致的匹配，即新建补偿的湿地面积、生态量、生态功能及生态效益与占用湿地的面积、生态量、生态功能及生态效益的比例尽可能一致。

配对在总量上尽可能均衡，占、补湿地的面积、生态量、生态功能及生态效益在总量上匹配，是保障生态占补平衡的基石。如果不能实现总量上的匹配，湿地会因为占补平衡制度而受到损害。

配对结构尽可能相似是占用主体的要求。同样是追求占、补湿地在面积、生态量、生态功能与生态效益方面的匹配，占用主体则追求结构性目标，为的是实现最经济原则下的占补平衡，占用主体追求最经济原则下的生态占补平衡。最经济原则虽然不是我们考虑的核心，但如果忽视匹配的结构性，没有帮助占用主体找到结构最相似的匹配，实现不了最经济原则，占用主体会因不良配对产生太多生态盈余而放弃实现生态占补平衡，这对双方的合作不无损害。从占用主体的利益角度出发，不仅要关注湿地总量（面积、生态量、功能、效益）的匹配，还要兼顾总量与结构（面积、生态量、功能、效益达标率一致），才可以保障生态占补平衡的顺利实施。最弱指标达标规定要求下，奉行最经济原则的占用主体的选择目标与原则是配对结构尽可能相似：$M_A/M_B=L_A/L_B=G_A/G_B=Y_A/Y_B$，即各个比值恰好同时相等，虽然这种情况并不常见。

# 第二节　生态盈余、生态赤字与生态欠款

## 一、湿地生态盈余及其价值

### （一）湿地生态盈余的产生

湿地指标量值的达标率并不均衡。湿地面积、生态量、功能与效益 4 种指标中，没有指标存在差距的情况有 1 种，有 1 种指标存在差距的情况有 4 种，有 2 种指标存在差距的情况有 6 种，有 3 种指标存在差距的情况有 3 种。上述情况中，最理想的最经济情况即所有 4 种指标恰好满足、没有超出也没有缺失的情况只有 1 种。更多的是有 1 种、2 种或 3 种指标存在差距的情况。

实现最低指标后其余指标可能出现盈余。遵循生态最弱指标达标规定要求必然产生生态盈余。最弱指标达标规定要求与生态盈余的关系紧密。最低指标的占补平衡要求满足之后，其余指标可能远远超出各自的占补平衡指标，生态占补平衡会出现生态盈余。面积、生态量、功能与效益 4 种指标的保底规定，使得绝大多数情况下，不可能出现理想状态，出现生态盈余的可能性至少比不出现生态盈余的情况多。

生态占补平衡必然产生湿地生态盈余。在生态占补平衡实践中，每次出现所有指标（面积、生态量、生态功能、生态效益）恰好达到占补平衡且没有超出占用湿地的同一指标的可能性并不高。在生态占补平衡项目中，绝大多数项目出现生态盈余的可能性十分高。生态占补平衡实践必然产生生态盈余，生态盈余是生态占补平衡制度的必然结果。生态盈余与严格实施生态占补平衡密切相关。严格执行生态占补平衡制度，才能必然产生生态盈余。占补平衡制度在执行过程中，往往会出现损害土地资源利用效率的现象，占优补劣、只占不补、占多补少等现象时有发生。如果在生态占补平衡实践中，出现这种占优补劣、只占不补、占多补少等现象，会将生态盈余消耗殆尽甚至出现生态亏损。占补平衡必然出现生态盈余。在面积占补平衡的基础上，要实现生态占补平衡，达标率最低的生态指标必须达标，故假定其为 $bL_{AB}$，则湿地面积必须扩大 $L_B/L_A$ 倍，其他生态指标（生态效益等）相应扩大 $L_A/L_B$ 倍。

### （二）湿地生态盈余的性质与意义

生态占补平衡的本质是产生生态盈余的制度安排。虽然从理论上分析，生态

占补平衡只要实现面积、生态量、生态功能与生态效益的最基本的占补平衡即可，但因为面积、生态量、功能与生态效益之间的关系纷繁复杂，实现最经济的理想状态的可能性微乎其微。因此，严格意义上的生态占补平衡制度实际上是产生生态盈余的制度安排。生态盈余的性质表现在：生态盈余是生态占补平衡的制度红利，生态盈余是湿地管理的净收益，生态盈余是对生态占补平衡制度创新的回报。

生态占补平衡实现了湿地增长目标。实行严格的生态占补平衡，必然出现生态盈余，体现在面积增加基础上的生态盈余，势必增加湿地面积。这样，基于零净损失目标的生态占补平衡，实现了湿地增长目标。生态盈余保护并提升了湿地生态，生态盈余使生态占补平衡制度具有强大的生命力，生态盈余使生态占补平衡制度更容易建立、推广、普及，生态盈余成为增加湿地的制度保障。生态盈余是生态占补平衡制度的制度红利。最弱指标达标要求与湿地指标不均衡性相结合，使生态占补平衡实际上演变为生态占补平衡的基础上的生态盈余，把生态各指标（生态量、功能、效益）的盈余称为生态占补平衡制度的制度红利。要做好生态盈余的管理，可以把生态盈余纳入新增湿地计划，制定相关制度，管好生态盈余。

### （三）湿地生态盈余的类型及案例

生态盈余包括生态占补平衡的生态盈余与生态影响力占补平衡的生态盈余，以及生态平衡所需的湿地面积（$M_{sp}$）不低于占用面积。因为生态平衡所需的湿地面积（$M_{sp}$）往往是实现生态量占补平衡所需的面积（$M_{lp}$）、实现生态功能占补平衡所需的面积（$M_{gp}$）与实现生态效益占补平衡所需的面积（$M_{yp}$）等 3 个指标中的最大值。因此，只要有 3 个指标中的任意一个值低于生态平衡所需的湿地面积（$M_{sp}$），则必然出现该指标的生态盈余。往往在实现生态量占补平衡所需的面积（$M_{lp}$）、实现生态功能占补平衡所需的面积（$M_{gp}$）与实现生态效益占补平衡所需的面积（$M_{yp}$）等3个指标中，不止 1 个指标低于生态平衡所需的湿地面积（$M_{sp}$），则必然出现不止 1 个指标的生态盈余。生态平衡下生态盈余的不同组合包括出现 1 个、2 个、3 个指标的生态盈余以及其他情况，包括不产生生态盈余，只有面积盈余；没有出现生态盈余，也没有面积盈余等情况。假如在实现生态量占补平衡所需的面积（$M_{lp}$）、实现生态功能占补平衡所需的面积（$M_{gp}$）与实现生态效益占补平衡所需的面积（$M_{yp}$）等3个指标中，实现生态量占补平衡所需的面积（$M_{lp}$）取值低于生态平衡所需的湿地面积（$M_{sp}$），则必然出现生态量指标的生态盈余（$L_{yy}$），生态量指标的生态盈余可以用超出实现生态量占补平衡所需的面积（$M_{lp}$）的湿地的生态量来表示：$L_{yy}=（M_{sp}-M_{lp}）\times L_{dxj}$。假如 3 个指标中，实现生态功能占补平衡所需的面积（$M_{gp}$）取值低于生态平衡所需的湿地面积（$M_{sp}$），则必然出现生态功能指标的生态盈余（$G_{yy}$），生态功能指标的生态盈余可以用超出实现生态功能占补平衡所需面积（$M_{gp}$）的湿地的生态功能来表示：$G_{yy}=(M_{sp}-M_{gp})\times G_{dxj}$。假如 3 个指标中，实现生态效益占补平衡所需的面积（$M_{yp}$）取值低于生态平衡所需的湿地面积（$M_{sp}$），则必然出现生态效益指标的生态盈余（$Y_{yy}$），生态效益指标的生态盈余可以用超出实现生态效益占补平衡所需面积（$M_{yp}$）的湿地生态效益来表示：$Y_{yy}=(M_{sp}-M_{yp})\times Y_{dxj}$。出现单个指标的生态盈余是指下面 3 种情况。只出现生态量的生态盈余：$L_{yy}=(M_{sp}-M_{lp})\times L_{dxj}$，此时 $u_L>1$，$u_G=1$，$u_Y=1$，$u_M\geq1$，或者只出现生态功能的生态盈余：$G_{yy}=(M_{sp}-M_{gp})\times G_{dxj}$，此时 $u_G>1$，$u_L=1$，$u_Y=1$，$u_M\geq1$，或者只出现生态效益的生态盈余：$Y_{yy}=(M_{sp}-M_{yp})\times Y_{dxj}$，此时 $u_Y>1$，$u_G=1$，$u_L=1$，$u_M\geq1$。同时出现 2 个指标的生态盈余以及出现生态盈余的其他情况的分析，与此类似。

湿地生态盈余产生的案例。假定一个建设用地占用湿地的项目，属于必须占用湿地的类型，经过程序批准，实施就地占补平衡。占用湿地（A）的面积为 100 公顷：$M_A=100$ 公顷。新建湿地（B）要求做到面积、生态量、生态功能与生态效益完全实现占补平衡，并不存在异地占补平衡所需的多新建湿地的补偿比率问题。

湿地面积实现占补平衡。假定新建湿地 B 只有 80 公顷，但各项生态指标（生态量、生态功能、生态效益）都已经达标：$L_B>L_A$，$G_B>G_A$，$Y_B>Y_A$，按照第一种处置方法，达到生态占补平衡要求。但按照第二种处置方法，仍然没有达到生态占补平衡的要求，因为最基本的面积占补平衡标准没有达到。

生态指标的最弱项必须实现占补平衡。新建湿地面积达到 100 公顷以后，仍然可能出现其他生态指标不达标的情况，假定不同生态指标的达标率分别为 $dL_{AB}=50\%$，$dG_{AB}=60\%$，$dY_{AB}=70\%$，生态量、功能与效益 3 个生态指标的达标率的最小值为 $\min\{dL_{AB},dG_{AB},dY_{AB}\}=dL_{AB}$，根据占补平衡规定，无论最小值是哪一种指标，都必须达标：$\min\{dL_{AB},dG_{AB},dY_{AB}\}=dL_{AB}=100\%$。

当 3 个生态指标的达标率的最小值（生态量）达标时，需要新建湿地面积增加一倍：$100\%/50\%=2$，此时：$M_B=2\times M_A$，$L_B=L_A$，$G_B=1/50\%\times60\%\times G_A=1.2\times G_A$，$Y_B=1/50\%\times70\%\times Y_A=1.4\times Y_A$，为了实现 3 个生态指标的达标率最小值（生态量）达标的目标，需要新建补偿面积增加一倍，生态功能增长 20%，生态效益增长 40%。

假定符合最经济原则的最佳匹配。占用湿地实现占补平衡，在特定匹配关系下，需要多购买相当于占用面积 1 倍的湿地。这不可能实现最经济原则。要实现最经济原则，最佳匹配是在面积实现占补平衡时：$dL_{AB}=100\%$，$dG_{AB}=100\%$，$dY_{AB}=100\%$，4 种指标同时实现没有盈余的占补平衡，所有指标的达标率相等：$dM_{AB}=dL_{AB}=dG_{AB}=dY_{AB}=100\%$。

## （四）湿地生态盈余的价值及计算

规定 $f_{ssm}$（$M_B-M_A$）、$f_{ssl}$（$L_B-L_A$）、$f_{ssg}$（$G_B-G_A$）及 $f_{ssy}$（$Y_B-Y_A$）都是函数关系。$f_{ssm}$（$M_B-M_A$）表示湿地面积相当于 $M_B-M_A$ 时，产生的生态盈余。$f_{ssl}$（$L_B-L_A$）表示湿地生态量相当于 $L_B-L_A$ 时，产生的生态盈余。$f_{ssg}$（$G_B-G_A$）表示湿地生态功能相当于 $G_B-G_A$ 时，产生的生态盈余。$f_{ssy}$（$Y_B-Y_A$）表示湿地生态效益相当于 $Y_B-Y_A$ 时，产生的生态盈余。$f_{ssm}$（$M_B-M_A$）、$f_{ssl}$（$L_B-L_A$）、（$G_B-G_A$）及 $f_{ssy}$（$Y_B-Y_A$）四种函数关系并不相同。面积盈余（$YY_{ssm}$）为 $YY_{ssm}=f_{ssm}$（$M_B-M_A$）=$f_{ssm}$（$2×M_A-M_A$）=$f_{ssm}$（$M_A$），生态量盈余（$YY_{ssl}$）为 $YY_{ssl}=f_{ssl}$（$L_B-L_A$）=$f_{ssl}$（$L_A-L_A$）=$f_{ssl}$（$0$）=0，生态功能盈余（$YY_{ssg}$）为 $YY_{ssg}=f_{ssg}$（$G_B-G_A$）=$f_{ssg}$（$1.2×G_A-G_A$）=$f_{ssg}$（$0.2×G_A$）=$0.2×f_{ssg}$（$G_A$），生态效益盈余（$YY_{ssy}$）为 $YY_{ssy}=f_{ssy}$（$Y_B-Y_A$）=$f_{ssy}$（$1.4×Y_A-Y_A$）=$f_{ssy}$（$0.4×Y_A$）=$0.4×f_{ssy}$（$Y_A$），生态盈余（$YY_{ss}$）可以用面积盈余（$YY_{ssm}$）、生态量盈余（$YY_{ssl}$）、生态功能盈余（$YY_{ssg}$）、生态效益盈余（$YY_{ssy}$）之和表示：$YY_{ss}=YY_{ssm}+YY_{ssl}+YY_{ssg}+YY_{ssy}=f_{ssm}$（$M_A$）$+0.2×f_{ssg}$（$G_A$）$+0.4×f_{ssy}$（$Y_A$），该项目占补平衡产生的生态盈余相当于 3 个部分（生态量没有产生盈余）：占用面积 1 倍的湿地面积盈余，占用功能的 0.2 倍的湿地功能盈余，占用效益 0.4 倍的湿地效益盈余。

生态盈余价值的衡量方法包括两种类型。第一种是按照产生生态盈余的成本来计算的生态盈余价值，即在产生面积盈余的过程中多支付的成本，称为按照成本计算的面积盈余价值；在产生生态量盈余的过程中多支付的成本称为按照成本计算的生态量盈余的价值；在产生生态功能盈余的过程中多支付的成本称为按照成本计算的生态功能盈余的价值；在产生生态效益盈余的过程中多支付的成本，称为按照成本计算的生态效益盈余的价值。第二种是按照生态盈余的市场价格计算所产生的面积、生态量、生态功能与生态效益盈余的市场价格。

给定单位湿地生态价值（$J_{dwss}$），单位面积湿地价值（$J_{dwsm}$），单位湿地生态量价值（$J_{dwsl}$），单位湿地生态功能价值（$J_{dwsg}$），单位湿地生态效益价值（$J_{dwsy}$）。生态盈余价值（$J_{yyss}$）为 $J_{yyss}=YY_{ss}×J_{dwss}$，面积盈余价值（$J_{yysm}$）为 $J_{yysm}=YY_{ssm}×J_{dwsm}$，生态量盈余价值（$J_{yysl}$）为 $J_{yysl}=YY_{ssl}×J_{dwsl}$，生态功能盈余价值（$J_{yysg}$）为 $J_{yysg}=YY_{ssg}×J_{dwsg}$，生态效益盈余价值（$J_{yysy}$）为 $J_{yysy}=YY_{ssy}×J_{dwsy}$。生态盈余价值（$J_{yyss}$）可以用面积盈余价值（$J_{yysm}$）、生态量盈余价值（$J_{yysl}$）、生态功能盈余价值（$J_{yysg}$）、生态效益盈余价值（$J_{yysy}$）表示为 $J_{yyss}=YY_{ss}×J_{dwss}=J_{yysm}+J_{yysl}+J_{yysg}+J_{yysy}=YY_{ssm}×J_{dwsm}+YY_{ssl}×J_{dwsl}+YY_{ssg}×J_{dwsg}+YY_{ssy}×J_{dwsy}$。

## 二、生态赤字与生态欠款

### （一）生态赤字

生态盈余（$YY_{ss}$）必须为非负数：$YY_{ss} \geq 0$，如果生态盈余（$YY_{ss}$）为负值，则出现生态赤字：$YY_{ss} < 0$，生态赤字（$CZ_{ss}$）即湿地生态占补平衡没有实现的状态，也是生态盈余取负值时的状态，意味着湿地生态出现减损。占补平衡的过程中，如果占用湿地的面积没有完全补足，或者生态量没有完全补足，生态功能没有完全补足，生态效益没有完全补足，这些都会出现生态赤字。生态赤字是基于生态指标的不足部分。占用湿地的面积没有完全补足，称为面积赤字（$CZ_{sm}$）；生态量没有完全补足，称为生态量赤字（$CZ_{sl}$）；生态功能没有完全补足，称为生态功能赤字（$CZ_{sg}$）；生态效益没有完全补足，称为生态效益赤字（$CZ_{sy}$）。生态赤字（$CZ_{ss}$）可以表示为面积赤字（$CZ_{sm}$）、生态量赤字（$CZ_{sl}$）、生态功能赤字（$CZ_{sg}$）与生态效益赤字（$CZ_{sy}$）之和：$CZ_{ss}=CZ_{sm}+CZ_{sl}+CZ_{sg}+CZ_{sy}$，湿地面积赤字（$CZ_{sm}$）表示为 $CZ_{sm}=M_A-M_B$，湿地生态量赤字（$CZ_{sl}$）表示为 $CZ_{sl}=L_A-L_B$，湿地生态功能赤字（$CZ_{sg}$）表示为 $CZ_{sg}=G_A-G_B$，湿地生态效益赤字（$CZ_{sy}$）表示为 $CZ_{sy}=Y_A-Y_B$。

生态盈余是一组复杂的指标体系，包括面积盈余（$YY_{ssm}$）、生态量盈余（$YY_{ssl}$）、生态功能盈余（$YY_{ssg}$）与生态效益盈余（$YY_{ssy}$）。生态盈余不出现负值的唯一标准是所有指标体系（面积、生态量、功能、效益）都不出现负值：$YY_{ssm} \geq 0$，$YY_{ssl} \geq 0$，$YY_{ssg} \geq 0$，$YY_{ssy} \geq 0$，如果组成生态盈余（$YY_{ss}$）的指标体系（面积、生态量、功能、效益）中有一种指标出现负值：$YY_{ssm} < 0$，$YY_{ssl} < 0$，$YY_{ssg} < 0$，$YY_{ssy} < 0$，则占补湿地出现生态赤字：$YY_{ss} < 0$。

组成生态盈余（$YY_{ss}$）的指标体系（面积、生态量、功能、效益）中有一种指标出现负值的情况比较多，根据组合类型，可以有下列情况：①单独1种指标出现赤字。第一种情况是一种指标出现减损：要么是面积减少，要么是生态量减少，要么是生态功能下降，要么是生态效益下降。②2种指标同时出现赤字。要么是面积减少，并且生态量减少；要么是面积减少，并且生态功能下降；要么是面积减少，并且生态效益下降。要么是生态量减少，并且生态功能下降；要么是生态量减少，并且生态效益下降。要么是生态功能下降，并且生态效益下降。③同时3种指标出现赤字。要么是面积减少，并且生态量减少、生态功能下降；要么是面积减少，并且生态量减少、生态效益下降；要么是面积减少，并且生态功能下降、生态效益下降；要么是生态量减少，并且生态功能下降、生态效益下降。④4种指标同时出现赤字。

## （二）生态欠款

与生态赤字对应的指标即生态欠款。湿地生态没有完全补足，产生生态赤字（$CZ_{ss}$），占用主体所应支付的资金称为生态欠款（$QK_{ss}$）。占用湿地的面积没有完全补足，出现面积赤字（$CZ_{sm}$），占用主体所应支付的资金称为面积欠款（$QK_{sm}$）。生态量没有完全补足，产生生态量赤字（$CZ_{sl}$），占用主体所应支付的资金称为生态量欠款（$QK_{sl}$）。生态功能没有完全补足，产生生态功能赤字（$CZ_{sg}$），占用主体所应支付的资金称为生态功能欠款（$QK_{sg}$）。生态效益没有完全补足，产生生态效益赤字（$CZ_{sy}$），占用主体所应支付的资金称为生态效益欠款（$QK_{sy}$）。生态欠款（$QK_{ss}$）可以表示为面积欠款（$QK_{sm}$）、生态量欠款（$QK_{sl}$）、生态功能欠款（$QK_{sg}$）与生态效益欠款（$QK_{sy}$）之和：$QK_{ss}=QK_{sm}+QK_{sl}+QK_{sg}+QK_{sy}$。

给定单位湿地生态价值（$J_{dwss}$）、生态欠款（$QK_{ss}$）与生态赤字（$CZ_{ss}$）的关系是$QK_{ss}=CZ_{ss}\times J_{dwss}$，给定单位面积湿地价值（$J_{dwsm}$）、面积赤字（$CZ_{sm}$）与面积欠款（$QK_{sm}$）的关系为 $QK_{sm}=CZ_{sm}\times J_{dwsm}$，给定单位湿地生态量价值（$J_{dwsl}$）、生态量赤字（$CZ_{sl}$）与生态量欠款（$QK_{sl}$）的关系为$QK_{sl}=CZ_{sl}\times J_{dwsl}$，给定单位湿地生态功能价值（$J_{dwsg}$）、生态功能赤字（$CZ_{sg}$）与生态功能欠款（$QK_{sg}$）的关系为$QK_{sg}=CZ_{sg}\times J_{dwsg}$，给定单位湿地生态效益价值（$J_{dwsy}$）、生态效益赤字（$CZ_{sy}$）与生态效益欠款（$QK_{sy}$）的关系为$QK_{sy}=CZ_{sy}\times J_{dwsy}$。

计算生态欠款时使用了单位湿地生态价值（$J_{dwss}$）、单位面积湿地价值（$J_{dwsm}$）、单位湿地生态量价值（$J_{dwsl}$）、单位湿地生态功能价值（$J_{dwsg}$）、单位湿地生态效益价值（$J_{dwsy}$）。第一种标准是按照成本计算，第二种标准是按照价格计算。两种计算方法的结果往往并不一致。

# 第三节 生态超支

## 一、生态超支的概念、分类与构成

### （一）生态超支的概念与计算

生态超支是湿地生态占补平衡制度下出现的现象。因为要实现所有指标（包括面积指标、生态量、生态功能、生态效益等生态指标）达标，达标率最弱的指标最终达标后，其他指标产生的盈余称为超支生态，包括超支面积、超支生态量、超支生态功能与超支生态效益。超支生态产生后，占用主体的经济成本往往会增加。超支面积意味着需要购买更多湿地指标。把超支面积产生的附加成本称为湿地面积超支，即为超支面积所支付的额外成本。超支生态量意味着所购买的湿地在生态量方面高出占用湿地的生态量，就生态量指标而言，新建湿地比占用湿地更优质，支付的价格也更高。把超支生态量产生的附加成本，称为生态量超支，即为超支生态量所支付的额外成本。超支生态功能意味着所购买的湿地在生态功能方面高出占用湿地的生态功能，就生态功能指标而言，新建湿地比占用湿地更优质，支付的价格也更高。把超支生态功能产生的附加成本称为生态功能超支，即为超支生态功能所支付的额外成本。超支生态效益意味着所购买的湿地在生态效益方面高出占用湿地的生态效益，就生态效益指标而言，新建湿地比占用湿地更优质，支付的价格也更高。把超支生态效益产生的附加成本，称为生态效益超支，即为超支生态效益所支付的额外成本。超支面积、超支生态量、超支生态功能与超支生态效益，都属于超支湿地指标，简称为超支生态。

　　面积超支、生态量超支、生态功能超支与生态效益超支，都属于湿地指标超支，简称为生态超支。生态超支是超支生态所必然带来的支出增加的结果。超支生态是生态超支的载体，两者相辅相成，不可分离。面积不属于生态指标。超支面积虽然不属于超支生态指标，但仍然属于超支生态的范畴，主要原因是考虑到新建湿地面积增加，会对生态带来利益。即使占、补当时，新建面积增加并没有同时增加生态量、生态功能与生态效益，但因为面积的增加，必然使生态有了比占用湿地更大的生存空间，未来生态发展与改善的空间更大，提高了生态保护的条件，可能催生出更佳的生态环境。增加面积，必然支付更多成本。成本的增加，从另一个方面说明新建湿地的生态价值提升，生态水平提高。因此，面积超支仍然属于生态超支的范畴。

　　生态盈余数量较大，占用主体需要付出的成本很高。一般度量湿地指标，依靠面积为基本单位。就面积盈余而言，多购买相当于占用湿地 1 倍的湿地，需要多支付 1 倍的价款。假定单位面积的湿地指标价格为 $P_{dwsp}$，多支付面积为 $M_A$ 的湿地指标需要多支付的指标的价格（$P_{sp}$）为 $P_{sp}=P_{dwsp} \times M_A$。

　　与生态盈余相对应的是占用主体多支出的资金，称为生态超支（$F_{cz}$）。生态超支（$F_{cz}$）包括补偿面积超过占用面积引起的面积超支（$FM_{cz}$）、补偿的生态量超过占用湿地的生态量引起的生态量超支（$FL_{cz}$）、补偿的生态功能超过占用湿地的生态功能引起的生态功能超支（$FG_{cz}$）与补偿的生态效益超过占用湿地的生态效益引起的生态效益超支（$FY_{cz}$）。如果生态超支与面积增加有关，即面积超支（$FM_{cz}$）：$FM_{cz}=P_{sp}=P_{dwsp} \times M_A$。

　　出现生态盈余是好事。但对占用主体而言，生态超支意味着需要多购买湿地指标，多购买指标所支出的资金即生态超支。

## （二）生态超支的分类

根据是否在当地新建湿地，可以把生态超支分为就地新建湿地的就地生态超支与异地生态超支。

不考虑不同地域之间的占补平衡，也不考虑不同流域之间的占补平衡，仅属于生态占补平衡标准与湿地指标（面积、生态量、生态功能、生态效益）的内在不均衡性之间的矛盾引发的生态超支，属于就地生态超支。虽然在研究就地占补平衡的生态超支，但并不存在完全意义上的就地生态占补平衡，因为在占用原地新建湿地的可行性并不高。就地占补平衡只是一种占、补湿地空间距离很小的生态占补平衡，并不是完全意义上的、在原地占用并补偿新建湿地的占补平衡。

如果考虑占补平衡发生在不同的地域或者流域，会要求新建湿地的面积、生态量、生态功能与生态效益比就地占补平衡的新建湿地的面积、生态量、生态功能与生态效益更大，此时多出的面积、生态量、生态功能与生态效益，属于异地占补平衡的生态超支，即比就地占补平衡额外增加的湿地生态，其包括异地占补平衡的超支面积、异地占补平衡的超支生态量、异地占补平衡的超支生态功能与异地占补平衡的超支生态效益。异地占补平衡的超支生态所需支付的成本，即异地占补平衡的生态超支，包括异地占补平衡的面积超支、异地占补平衡的生态量超支、异地占补平衡的生态功能超支与异地占补平衡的生态效益超支。既然不存在完全意义上的就地生态占补平衡，绝大多数甚至基本上全部占补平衡都属于严格意义上的异地生态占补平衡（即不在占用原地新建湿地的占补平衡）。据此，异地生态占补平衡实际上占所有生态占补平衡的绝大多数，甚至可以说，生态占补平衡基本上都属于异地生态占补平衡。生态占补平衡的生态超支，既要考虑就地生态占补平衡产生的生态超支，还要考虑因为地域不同所产生的额外的生态超支。

## （三）生态超支的构成

异地占补平衡的超支生态与就地占补平衡的超支生态之间的差值，称为异地占补平衡的额外超支生态，包括异地占补平衡的额外超支面积、异地占补平衡的额外超支生态量、异地占补平衡的额外超支生态功能与异地占补平衡的额外超支生态效益。异地占补平衡的超支面积（$M_{ydcz}$）等于就地占补平衡的超支面积（$M_{bdcz}$）与异地占补平衡的额外超支面积（$M_{ydecz}$）之和：$M_{ydcz}=M_{bdcz}+M_{ydecz}$。异地占补平衡的超支生态量（$L_{ydcz}$）等于就地占补平衡的超支生态量（$L_{bdcz}$）与异地占补平衡的额外超支生态量（$L_{ydecz}$）之和：$L_{ydcz}=L_{bdcz}+L_{ydecz}$。异地占补平衡的超支生态功能（$G_{ydcz}$）等于就地占补平衡的超支生态功能（$G_{bdcz}$）与异地占补平衡的额外超支生态功能（$G_{ydecz}$）之和：$G_{ydcz}=G_{bdcz}+G_{ydecz}$。异地占补平衡的超支生态效益（$Y_{ydcz}$）等于就地占补平衡的超支生态效益（$Y_{bdcz}$）与异地占补平衡的额外超支生态效益（$Y_{ydecz}$）之和：$Y_{ydcz}=Y_{bdcz}+Y_{ydecz}$。

异地占补平衡的生态超支与就地占补平衡的生态超支之间存在差值，称为异地占补平衡的额外生态超支，包括异地占补平衡的额外面积超支、异地占补平衡的额外生态量超支、异地占补平衡的额外生态功能超支与异地占补平衡的额外生态效益超支。异地占补平衡的面积超支（$FM_{ydcz}$）等于就地占补平衡的面积超支（$FM_{bdcz}$）与异地占补平衡的额外面积超支（$FM_{ydecz}$）之和：$FM_{ydcz}=FM_{bdcz}+FM_{ydecz}$。异地占补平衡的生态量超支（$FL_{ydcz}$）等于就地占补平衡的生态量超支（$FL_{bdcz}$）与异地占补平衡的额外生态量超支（$FL_{ydecz}$）之和：$FL_{ydcz}=FL_{bdcz}+FL_{ydecz}$。异地占补平衡的生态功能超支（$FG_{ydcz}$）等于就地占补平衡的生态功能超支（$FG_{bdcz}$）与异地占补平衡的额外生态功能超支（$FG_{ydecz}$）之和：$FG_{ydcz}=FG_{bdcz}+FG_{ydecz}$。异地占补平衡的生态效益超支（$FY_{ydcz}$）等于就地占补平衡的生态效益超支（$FY_{bdcz}$）与异地占补平衡的额外生态效益超支（$FY_{ydecz}$）之和：$FY_{ydcz}=FY_{bdcz}+FY_{ydecz}$。

## 二、就地生态超支与异地生态超支的计算

### （一）就地占补平衡的生态超支的计算

生态指标引起面积超支。生态占补平衡基于面积占补平衡又不仅限于面积占补平衡。只要 3 种生态指标中有一种生态指标没有达标，就意味着必须通过增加新建湿地面积来实现该项生态指标平衡。如果 3 种生态指标中最弱项的达标率低于面积的达标率，生态指标中最弱项的达标，会使新建面积超出占用湿地面积。

占补平衡首先是基于面积占补平衡。在生态占补平衡的条件下，面积占补平衡往往只是必要而非充分条件。面积占补平衡必不可少，但只实现面积占补平衡，并不一定能够满足生态指标（生态量、生态功能与生态效益）达标要求，购买超出占用面积的湿地指标，才能够完全实现生态指标的占补平衡。湿地面积实现占补平衡时，新建的补偿面积（$M_{B1}$）与占用湿地面积（$M_A$）相等：$M_{B1}=M_A$。为了进一步实现生态指标（生态量、生态功能与生态效益）的占补平衡，要在实现占补平衡的湿地面积（$M_{B1}$）的基础上，继续新建超支面积（$M_{bdcz}$），最终新建的湿地面积（$M_{B2}$）为 $M_{B2}=M_{B1}+M_{bdcz}$，$M_{bdcz}=M_{B2}-M_{B1}=M_{B2}-M_A$。根据超支面积（$M_{bdcz}$）的单位价格（$P_{dwsp}$），可以计算购买超支面积（$M_{bdcz}$）的湿地所支付的面积超支（$FM_{bdcz}$）：$FM_{bdcz}=P_{dwsp} \times M_{bdcz}=P_{dwsp} \times (M_{B2}-M_{B1})=P_{dwsp} \times (M_{B2}-M_A)$。

在面积占补平衡的条件下：新建的新建湿地面积（$M_B$）与占用湿地面积

（$M_A$）相等：$M_B=M_A$。如果产生超支生态量（$L_{bdcz}$），则生态量产生超支（生态量超支 $FL_{bdcz}$）。超支生态量会提高单位面积湿地的价格，根据超支生态量使单位面积湿地提高的价格（$P_{dwsplc}$），可以计算购买湿地所支付的生态量超支（$FL_{bdcz}$）：$FL_{bdcz}=P_{dwsplc} \times M_B=P_{dwsplc} \times M_A$。

生态功能超支的计算与生态效益超支的计算，与此类似。

### （二）异地占补平衡的生态超支的计算

异地占补平衡的生态超支比就地占补平衡的生态超支多出的部分是异地占补平衡的额外生态超支，只需要计算这部分超支即可。该部分超支包括异地占补平衡的额外面积超支（$FM_{ydecz}$）、异地占补平衡的额外生态量超支（$FL_{ydecz}$）、异地占补平衡的额外生态功能超支（$FG_{ydecz}$）与异地占补平衡的额外生态效益超支（$FY_{ydecz}$）。

根据超支面积的单位价格（$P_{dwsp}$），可以计算异地占补平衡的额外面积超支（$FM_{ydecz}$）：$FM_{ydecz}=M_{ydecz} \times P_{dwsp}$。就地实现生态指标的占补平衡产生的面积超支（$FM_{bdcz}$）为 $FM_{bdcz}=P_{dwsp} \times （M_{B2}-M_A）$。异地占补平衡的面积超支（$FM_{bdcz}$）等于就地占补平衡的面积超支（$FM_{bdcz}$）与异地占补平衡的额外面积超支（$FM_{ydecz}$）之和：$FM_{ydecz}=FM_{bdcz}+FM_{ydecz}=P_{dwsp} \times （M_{B2}-M_A）+M_{ydecz} \times P_{dwsp}$。

异地占补平衡的额外生态量超支（$FL_{ydecz}$）与异地占补平衡的额外超支生态量（$L_{ydecz}$）有关，异地占补平衡的额外超支生态量（$L_{ydecz}$）进一步提高单位面积湿地的价格，根据额外超支生态量使单位面积湿地提高的价格（$P_{dwsplec}$），可以计算购买湿地所支付的额外生态量超支（$FL_{ydecz}$）：$FL_{ydecz}=P_{dwsplec} \times M_B=P_{dwsplec} \times M_A$。就地生态量超支（$FL_{bdcz}$）为 $FL_{bdcz}=P_{dwsplc} \times M_A$。异地占补平衡的生态量超支（$FL_{ydcz}$）为 $FL_{ydcz}=FL_{bdcz}+FL_{ydecz}=P_{dwsplc} \times M_A+P_{dwsplec} \times M_A=（P_{dwsplc}+P_{dwsplec}） \times M_A$。

生态功能超支的计算、生态效益超支的计算与此类似。

## 三、生态盈余与生态超支

### （一）减少生态盈余的关键

各生态指标与面积达标率的关系是减少生态盈余的关键。占用主体购买湿地的支出与购买面积相关。购买面积与面积达标时生态量的达标率相关。面积达标时，达标率最低的生态指标（生态量）的取值高低，决定了最终需要购买的面积。占用主体需要支付的湿地指标的价款与面积的达标率和达标率最低的指标的达标率之间的关系紧密相关。当 $M_B/M_A=100\%$ 时，生态量（$L_{B1}$）没有达标：$L_{B1} < L_A$，要使

$L_{B1}$ 达到 $L_A$，需要给 $L_{B1}$ 乘以 $L_A/L_{B1}$：$L_{B1} \times L_A/L_{B1} = 100\%$。生态量扩大的同时，带动已经达标的湿地面积同等幅度地扩大，最终的湿地面积（$M_{B2}$）与最初达标的新建湿地面积（$M_{B1}$）的关系是 $M_{B1}=M_A$，$M_{B2}=M_{B1} \times (L_A/L_{B1})=M_A \times (L_A/L_{B1})$。

需要支付的湿地指标的价款与最终的新建补偿面积（$M_{B2}$）紧密相关。要降低最终的新建湿地面积（$M_{B2}$），必须尽可能降低最初实现面积占补平衡时的新建湿地面积（$M_{B1}$）达到的倍数（$L_A/L_{B1}$）：$L_A/L_{B1} \downarrow$。$L_A/L_{B1}$ 的取值减小，要求 $L_{B1}/L_A$ 的取值增加：$L_{B1}/L_A \uparrow$。

说明面积占补平衡时，生态量的达标率（$L_{B1}/L_A$）十分关键。生态量的达标率（$L_{B1}/L_A$）越接近1，最终支付的湿地指标价款越少。提升最初湿地生态量的达标率，可以降低生态超支与占用主体的资金支付，也同时减少了生态盈余。面积生态盈余（$YY_{ssm}$）为 $YY_{ssm}=f_{ssm}(M_{B2}-M_A)=f_{ssm}(M_{B1} \times L_A/L_{B1}-M_A)$。

因为 $L_{B1}/L_A$ 的取值增加，$L_A/L_{B1}$ 的取值减小，在 $M_{B1}$ 与 $M_A$ 不变的条件下，面积生态盈余减小：$YY_{ssm} \downarrow$。

面积达标条件下达标率最低的生态指标的达标率影响生态超支。生态量作为达标率最低的生态指标时，生态量的达标率影响最终补偿的湿地面积。面积占补平衡时，生态量的达标率越接近1，对占用主体越符合最经济原则。如果达标率最低的生态指标是生态功能，同样，生态功能达标率（$G_{B1}/G_A$）越接近1，占补平衡的面积需要达到的倍数（$G_A/G_{B1}$）越接近1，最终支付的湿地指标价款越少。在 $M_{B1}$ 与 $M_A$ 不变的条件下，面积生态盈余减小。如果达标率最低的生态指标是生态效益，同样，生态效益达标率（$Y_{B1}/Y_A$）越接近1，占补平衡的面积需要达到的倍数（$Y_A/Y_{B1}$）越接近1，最终支付的湿地指标价款越少。在 $M_{B1}$ 与 $M_A$ 不变的条件下，面积生态盈余减小。

面积达标率为1时达标率最低的生态指标的达标率取值与生态超支存在关系。把面积占补平衡条件下，对生态标准（生态量、生态功能或生态效益）达标率高低的讨论，转化为生态标准达标率与面积达标率之间的、更一般的关系：面积达标率为1（面积占补平衡）的条件下，达标率最低的生态指标的达标率越接近1，越不可能出现生态超支。当 $M_B/M_A=1$ 时，达标率最低的生态量的达标率越接近1：$L_B/L_A \to 1$，越不可能出现生态超支。或者当 $M_B/M_A=1$ 时，达标率最低的生态功能的达标率越接近1：$G_B/G_G \to 1$，越不可能出现生态超支。或者当 $M_B/M_A=1$ 时，达标率最低的生态效益的达标率越接近1：$Y_B/Y_G \to 1$，越不可能出现生态超支。

达标率最低的生态指标与面积达标率的比值影响生态超支。面积达标率为1（面积占补平衡）的条件下，达标率最低的生态指标的达标率越接近1，达标率最低的生态指标的达标率与面积达标率的比值越接近1。达标率最低的生态指标的达标率与面积达标率的比值越接近1，越不可能出现生态超支。当达标率最低的生态指标是生态量时，如果$(L_B/L_A)/(M_B/M_A)\to 1$，越不可能出现生态超支。或者当达标率最低的生态指标是生态功能时，如果$(G_B/G_A)/(M_B/M_A)\to 1$，越不可能出现生态超支。

达标率较高的生态指标与面积达标率的比值影响生态超支。达标率最低的生态指标的达标率越接近1，达标率较高的生态指标的达标率越接近1，达标率较高的生态指标的达标率与面积达标率的比值越接近1。达标率较高的生态指标的达标率与面积达标率的比值越接近1，越不可能出现生态超支。当达标率最低的生态指标是生态效益时，如果$(L_B/L_A)/(M_B/M_A)\to 1$，$(G_B/G_A)/(M_B/M_A)\to 1$，越不可能出现生态超支。

生态指标与面积达标率的比值影响生态超支。达标率最低的生态指标的达标率越接近1，达标率较高的生态指标的达标率越接近1，3种生态指标（生态量、生态功能）的达标率与面积达标率的比值越接近1。3种生态指标的达标率与面积达标率的比值越接近1，越不可能出现生态超支。

## （二）生态盈余价值计算方法

按照成本计算的生态盈余价值（$J_{yyssc}$），恰好等于占用主体的生态超支（$F_{cz}$）：$J_{yyssc}=F_{cz}$。按照成本计算的面积盈余价值（$J_{yysmc}$），恰好等于占用主体的面积超支（$FM_{cz}$）：$J_{yysmc}=FM_{cz}$。按照成本计算的生态量盈余价值（$J_{yyslc}$），恰好等于占用主体的生态量超支（$FL_{cz}$）：$J_{yyslc}=FL_{cz}$。按照成本计算的生态功能盈余价值（$J_{yysgc}$），恰好等于占用主体的生态功能超支（$FG_{cz}$）：$J_{yysgc}=FG_{cz}$。按照成本计算的生态效益盈余价值（$J_{yysyc}$），恰好等于占用主体的生态效益超支（$FY_{cz}$）：$J_{yysyc}=FY_{cz}$。按照成本计算的生态盈余价值（$J_{yyssc}$）可以用按照成本计算的面积盈余价值（$J_{yysmc}$）、按照成本计算的生态量盈余价值（$J_{yyslc}$）、按照成本计算的生态功能盈余价值（$J_{yysgc}$）、按照成本计算的生态效益盈余价值（$J_{yysyc}$）表示为$J_{yyssc}=F_{cz}=J_{yysmc}+J_{yyslc}+J_{yysgc}+J_{yysyc}=FM_{cz}+FL_{cz}+FG_{cz}+FY_{cz}$。

按照价格计算，与按照成本计算并不相同。给定单位湿地生态的价格（$J_{dwssj}$），单位面积湿地的价格（$J_{dwsmj}$），单位湿地生态量的价格（$J_{dwslj}$），单位湿地生态功能的价格（$J_{dwsgj}$），单位湿地生态效益的价格（$J_{dwsyj}$）。生态盈余价格（$J_{yyssj}$）为$J_{yyssj}=YY_{ss}\times J_{dwssj}$。面积盈余价格（$J_{yysmj}$）为$J_{yysmj}=YY_{ssm}\times J_{dwsmj}$。生态量盈余价格（$J_{yyslj}$）为$J_{yyslj}=YY_{ssl}\times J_{dwslj}$。生态功能盈余价格（$J_{yysgj}$）为$J_{yysgj}=YY_{ssg}\times J_{dwsgj}$。生态效益盈余价格（$J_{yysyj}$）为$J_{yysyj}=YY_{ssy}\times J_{dwsyj}$。生态盈余价格（$J_{yyssj}$）可以用面积盈余价格（$J_{yysmj}$）、生态量盈余价格（$J_{yyslj}$）、生态功能盈余价格（$J_{yysgj}$）、生态效益盈余价格（$J_{yysyj}$）表示为

$J_{yyssj}=J_{yysmj}+J_{yyslj}+J_{yysgj}+J_{yysyj}=$ $YY_{ssm} \times J_{dwsmj}+YY_{ssl} \times J_{dwslj}+YY_{ssg} \times J_{dwsgj}+YY_{ssy} \times J_{dwsyj}$。

### （三）生态盈余等概念的关系

从湿地保护的角度分析，要求严格执行生态占补平衡，产生生态盈余及其价值。这是占用主体必须做出的贡献。这些生态盈余及其价值的产生，引出生态超支概念。生态超支相对应的是超支生态。生态盈余是占用主体的生态贡献，超支生态与生态盈余的区别是前者从被动角度（不得已）分析这部分生态总量，后者从主动方面（贡献）分析这部分多出的生态总量。从生态平衡的角度分析，首先关注到的是生态盈余与生态赤字，其次关注可能出现的生态赤字与生态欠款。从占用主体的角度，关注的是生态占补平衡出现生态超支，以及生态赤字可能引发的生态欠款。

生态盈余、生态盈余价值、超支生态与生态超支的关系比较紧密。超支生态与生态超支概念是相对的，超支生态是从生态超支衍生出来的概念，表示产生生态超支的载体，产生超支的生态主体（面积、生态量、生态功能或生态效益）。超支生态与生态超支在表达上，词根相同，词序互换，词汇共生，相辅相成。超支生态从本质上就是生态盈余（$YY_{ss}$）。不过，超支生态是从占用主体角度提出的概念，是占用主体多支付的资金及生态超支的相对概念，是基于对自己的生态支出关心而产生的概念。生态盈余是从生态保护角度出发提出的概念，符合湿地保护理念。在取值方面，超支生态（$S_{cz}$）与生态盈余（$YY_{ss}$）相等：$S_{cz}=YY_{ss}$。面积盈余（$YY_{ssm}$）、生态量盈余（$YY_{ssl}$）、生态功能盈余（$YY_{ssg}$）、生态效益盈余（$YY_{ssy}$），分别等于超支面积（$M_{cz}$）、超支生态量（$L_{cz}$）、超支生态功能（$G_{cz}$）、超支生态效益（$Y_{cz}$）：$YY_{ssm}=M_{cz}$，$YY_{ssl}=L_{cz}$，$YY_{ssg}=G_{cz}$，$YY_{ssy}=Y_{cz}$。

# 第七章　湿地生态占补平衡制度比较与评价

## 第一节　湿地生态占补平衡制度比较

### 一、非占补平衡管理模式的特征与结果

按照制度发展的次序，先有修复湿地的制度设计，再有第三方组织提供湿地指标供占用主体购买的生态占补平衡制度体系。实现基于生态占补平衡的湿地指标交易制度以前的制度设计，称为非占补平衡管理模式。

罚款是主要管理手段。湿地生态占补平衡制度实施以后，对拒不执行生态占补平衡规定、不购买符合规定的湿地指标的占用主体，仍然需要强制性征收罚款，用于强制其按照规定购买湿地指标。但此时的罚款，已经转变为主要作为押金使用的资金性质：在占用主体购买湿地指标并经过验收合格后，会如数退回罚款（押金）。占用主体拒不执行规定的，委托其他第三方组织代为购买湿地指标。与罚款作为押金的占补平衡模式相比，非占补平衡模式，不可能离开罚款，更不可能退还罚款。罚款作为湿地修复资金的性质决定了罚款的重要性。没有相当额度的罚款，无从修复湿地。

计划色彩浓厚。无论是划定湿地红线以前，还是实行红线保护制度以后，非占补平衡模式的罚款的使用过程与修复湿地的过程，缺乏交易环节，没有占用主体参与，使占用主体很难在湿地保护中发挥作用，偏重计划模式下的指标管理。这也是所有的用途管制的土地资源管理的通常模式。

非占补平衡管理模式的结果：一是湿地面积减少。湿地指标交易制度以前的管理模式是单向的：只关注是否减少了湿地。出发点是紧盯面积，不允许减少或者尽可能不减少湿地面积。无论单向管理模式有多么严格，只要存在占用

湿地，单向管理模式总是会减少面积。二是湿地红线保护制度缺乏支撑。缺乏大量增加湿地指标的制度设计，面积、生态量、生态功能与生态效益不可避免地单方向减少，长久如此必然突破红线。刚性的红线缺乏可靠的制度保障。只有进行重大改革或创新，建立基于生态占补平衡的湿地指标交易制度，才能遏制湿地减少趋势。三是湿地红线保护压力巨大。在没有新增湿地的条件下，湿地红线很可能被突破。

## 二、非占补平衡管理模式的改进

提出严格意义上的湿地生态占补平衡制度，要求遵循基于湿地类型、地域、流域内面积、生态量、功能与效益占补平衡的规定，构建湿地指标交易制度，实现占补双方的自由公开交易，真正实现生态占补平衡。

### （一）非占补平衡管理模式的缺失与后果

非占补平衡管理模式对湿地减少的判断不足。占用湿地不可避免。生态管理中，对湿地减少趋势的判断可以有两种情况：第一种情况，主观上认为只要严肃查处，湿地占用基本可以避免。第二种情况，看到占用不可避免，不是从"围追堵截"的角度管理占用、控制湿地减少，而是通过制度创新，实现有增有减、增减适度的生态占补平衡制度。非占补平衡模式往往陷于第一种思路，过分主观地评估管理的有效性和制止资源占用的能力，以致把更多精力用于严肃查处占用湿地，忽视制度创新对生态保护的重要意义，制度建设跟不上湿地保护的需要，对生态保护造成影响。上述第一种主观的视角从单维角度，用简单的手段和很不完善的制度设计去应对日益复杂的湿地保护，只"围追堵截"而不是善于疏导资源利用的刚性需求，追求单赢而不是双赢，认为占用可以杜绝，或者会降到极低，接近于零。但实际上，占用湿地不会杜绝。这种误判，持续时间越久，生态红线的突破量越大，事后弥补生态损失的形势越严峻，对湿地管理的危害越大，越不利于生态占补平衡。红线保护制度不是零和博弈。从利益群体的角度分析，任何部门都可能无限夸大自己的部门利益，追求零和的冲动很大。如果忽视行为的合法性与正当性，就会给资源保护造成不可估量的损失。红线保护不能顾此失彼，在用途管制过程中如果忽视管理制度建设和精细化内涵管理，放任利益冲动，滥用粗放管理方式，用堵塞而不是疏导的方式管理资源利用，可能影响发展。极端做法是发展损害了用途管制的资源。这种顾此失彼的行为，与红线制度设计格格不入。

非占补平衡管理模式存在制度缺失。管理制度创新尚处于低级阶段。占补平衡管理阶段是用途管制的资源管理的较高阶段。与占补平衡制度创新相比，非占补平衡的管理模式尚处于被动管理阶段。非占补平衡模式落后于占补平衡制度体系的整体发展趋势，与基本处于非占补平衡管理阶段的其他资源的管理处于同一水平。管理领域已经意识到占补平衡的重要性，并提出占补平衡的思路，面对挑战，要奋起直追，快速升级。管理思维比较保守。敢不敢尝试占补平衡制度，反映了用途管制的土地资源领域的制度创新意识。敢于突破单维的制度思路，允许湿地面积双向变动，有增有减，增减平衡（生态盈余使增大于减），这是制度创新的必由之路。管理比较被动。着眼于对已经造成的危害进行处理，属于事后控制模式。主动进行制度创新，防患于未然，属于事前控制模式。非占补平衡与占补平衡分属事后控制与事前控制。占补平衡能够未雨绸缪，主动应对刚性需求，实现零净损失目标，甚至增加湿地。制度创新不足。管理制度创新有很多制度创新资源可资借鉴，可以借鉴湿地银行的成功经验，只需要结合生态占补平衡的特点，立足中国管理条件，对国内外的成功经验进行升级改造，即可建立基于湿地类型、地域、流域内部平衡的面积、生态量、生态功能与生态效益占补平衡的制度创新体系。非占补平衡模式以是否合法来配置湿地资源。实施指标交易制度以前，占用湿地的粗放做法是主要以是否合法配置资源，导致面积净减少。过去的管理制度是以湿地资源以外的标准区分合法与非法的制度，只是着眼于区分哪部分占用面积属于合法，哪部分占用面积属于非法，而没有计算并比较合法与非法占用对湿地面积减少的贡献率。

　　非占补平衡模式减少了湿地面积。湿地面积减少，与非占补平衡的管理模式紧密相关。正是用以是否合法为标准的模式配置湿地资源，才助长了面积减少。湿地红线的提出如果不辅之以管理机制创新，将很难扭转面积减少的趋势。此前的非占补平衡制度只着眼于区分占用合法还是非法，忽视了两种情况都对面积减少负有责任。占用湿地的主体，能够获得相关部门批准的，成为合法占用主体，减少了湿地面积；不能获得相关部门批准的，成为非法占用主体，减少了湿地面积。无论哪种情况占优，都说明非占补平衡时期的面积管理存在漏洞。如果合法占用的面积（$M_{\text{hfzy}}$）占占用的面积（$M_{\text{zzy}}$）的比例（$a_1$）大于非法占用的面积（$M_{\text{ffzy}}$）占占用的面积（$M_{\text{zzy}}$）的比例（$au_1$）：$a_1=M_{\text{hfzy}}/M_{\text{zzy}}$，$au_1=M_{\text{ffzy}}/M_{\text{zzy}}$，$a_1 > au_1$。与非法占用相比，合法占用是造成面积减少的主要因素。合法占用并不能减轻因此造成的面积减少的责任。如果合法占用的面积占比（$a_1$）小于非法占用的面积占比（$au_1$）：$a_1 < au_1$。与合法占用湿地相比，非法占用是造成面积减少的主要因素；非法占用与管理制度失当不无关系，并不能因为是非法占用而减轻因此造成的面积减少的责任。如果合法占用的面积占比（$a_1$）等于非法占用的面积占比（$au_1$）：$a_1=au_1$。合法占用与非法占用湿地都是占用造成面积减少的主要因素。管理者很难减轻因此造成的面

积减少的责任。没有考虑湿地保护的粗放资源配置模式会造成湿地面积减少，对占用的非法与合法的界定，单纯从湿地资源保护以外的角度（如占用湿地的社会价值）出发，界定占用湿地主体的责任，忽略了资源保护这个视角，造成面积减少的后果。合法的占用，其占用湿地的社会价值很高，具有社会意义上的合法性和正当性，没有考虑面积减少的后果，合法性不能减轻管理者对面积减少应负的责任。把占用分为合法与非法，是背离湿地保护红线和资源配置底线的非经济管理模式。

## （二）非占补平衡管理模式的转型升级

生态占补平衡模式下，改进管理方式。占用主体自主承担保护生态、实现生态占补平衡的义务。对占用主体的占用，提出严格要求。占用主体必须自己新建湿地的，必须强制占用主体自己亲自新建补偿符合要求的湿地；允许占用主体通过购买湿地指标实现生态占补平衡的，占用主体可以购买符合要求的湿地指标，实现生态占补平衡。允许占用主体委托其他第三方组织代为购买符合要求的指标、实现生态占补平衡的，占用主体可以委托其他第三方组织代为购买符合要求的指标，实现生态占补平衡。提供新建湿地主要是湿地银行的职能，代替占用主体实现生态占补平衡主要是湿地银行以外的其他第三方组织的职能。提高管理效率，剥离与生态保护管理无关的（本属于湿地银行和其他第三方组织）的职能，不再主要通过罚款代替占用主体保护生态。重视罚款在督促占用主体实现生态平衡中的作用，而不完全依靠罚款代为保护生态，是生态占补平衡模式优于非占补平衡模式的管理方式方面的特征。

完善管理制度体系。引入独立的指标提供者（如湿地银行）与湿地保护的其他第三方组织（如替占用主体购买湿地指标、履行保护义务的替代费缓解组织），完善生态占补平衡环节，建立指标交易制度，形成系统的、权责分明的管理制度。

事后控制往往被动应对湿地占用，事前控制可以防患于未然，变被动为主动。提前设计生态占补平衡基础上的湿地指标交易制度（湿票制度）创新体系，可以最大限度减少湿地赤字，降低对湿地红线的突破量（红线的突破量即现有面积与红线额度之差为负值时，后者与前者的差值：现有湿地面积<湿地红线额度；湿地红线的突破量=湿地红线额度-现有湿地面积）。

制度创新可以试点先行，要在局部条件较好的地区率先试点湿票交易制度，按步骤稳步向全国推行。

## 三、湿地利用与保护评价标准的调整

### （一）减少合法性分析

绝对减少合法性是对社会发展具有决定性影响的占用项目，经过特殊程序审批，赋予占用主体占用湿地，并允许不遵照占补平衡规定而永久性减少湿地面积的权利。拥有绝对减少湿地合法性的湿地面积的最大值（$M_{shzlcz}$），不高于目前的实际湿地面积总量（$M_{sjsdzl}$）与红线总量（$M_{sdhx}$）的差值：$M_{shzlcz} \leqslant M_{sjsdzl} - M_{sdhx}$。

湿地指标交易制度试点与实施都需要较长时间。在目前到试点、推广之间的一段时间内，即使严格红线管理，没有湿地指标供应，仍然有非法减少湿地面积的情况发生。未经新建湿地指标，占用并减少了湿地面积，造成面积永久性减少。根据 2003~2013 年的湿地面积减少趋势推算，该数量仍然很大。红线制度出台以后到湿地指标交易制度建立（假定湿地指标交易制度建立以后，不会出现非法减少湿地情况）之前的时间内，自然非法减少的面积为 $M_{sdzrjszl}$：$M_{shzlcz} \leqslant M_{sjsdzl} - M_{sdhx} - M_{sdzrjszl}$。如果进一步考虑湿地指标交易制度建立以后，可能仍然出现非法减少湿地的情况，部分占用主体不主动购买湿地指标，导致湿地永久性减少，减少面积为 $M_{sdhrjszl}$：$M_{shzlcz} \leqslant M_{sjsdzl} - M_{sdhx} - M_{sdzrjszl} - M_{sdhrjszl}$。拥有绝对减少合法性的湿地面积（$M_{jdjszl}$）要严格控制在目前的实际湿地面积总量（$M_{sjsdzl}$）与红线总量（$M_{sdhx}$）的差值（$M_{shzlcz}$）范围以内：$M_{jdjszl} \leqslant M_{shzlcz}$，$M_{jdjszl} \leqslant M_{sjsdzl} - M_{sdhx} - M_{sdzrjszl} - M_{sdhrjszl}$。如果审批拥有绝对减少湿地合法性的湿地面积（$M_{jdjszl}$）大于拥有绝对减少合法性的湿地面积的最大值（$M_{shzlcz}$）：$M_{jdjszl} > M_{shzlcz}$，会出现红线被突破的情况，红线总量突破值（$M_{sdhxtp}$）：$M_{sdhxtp} = M_{jdjszl} - M_{shzlcz}$。无论审批理由如何，单纯从红线保护角度分析，绝对减少合法性对湿地总量具有破坏性，会永久减少面积总量。

相对减少合法性要合理得多，只要遵循十分严格的占补平衡规定，任何占用主体，无论在非占补平衡管理模式下属于合法还是非法，都可以具备相对减少合法性。

减少面积分为永久减少面积与暂时减少面积，面积永久减少不会恢复湿地总量。暂时减少面积是暂时性减少面积，在减少之前或者之后弥补等量面积的行为。其中在减少之前弥补等量面积的行为，往往会出现在湿地指标交易市场建立的条件下，占用主体预先购买等量的指标，再减少等量的湿地。在减少之后弥补等量面积的行为，往往会出现在指标交易市场尚未建立的条件下，占用主体无法预先购买等量的指标，只能在减少等量的湿地之前或者之后（一般是减少之后）

缴纳罚款的情况。罚款如果保存得当，可以等到指标交易制度建立以后，补购等量面积的指标，弥补湿地总量。绝对减少合法性对应的是永久减少面积。相对减少合法性对应的是暂时减少面积。暂时减少面积并没有实质上减少面积，维持了湿地生态占补平衡。无论是占用湿地之前还是之后实现占补平衡，往往都需要有市场交易机制提供湿地指标，用于提前（缴纳指标交易资金）或者滞后（等指标交易制度建立以后，拿原来的罚款购买指标）补足湿地指标。

具备绝对减少合法性的占用必须审批。为了保持占补平衡，要分清哪些占用主体真正具备绝对减少合法性，哪些主体具备相对减少合法性。对具备绝对减少合法性的指标，要采取严格审批制度。这些指标会永久减少湿地面积，是红线保护的主要威胁。即使在指标交易制度下，拥有绝对减少合法性的占用主体可以永久减少湿地，并不与指标交易制度发生必然的联系，不会购买指标，不会与要求严格的指标落地规定发生关系，但对生态的影响很大，必须执行审批制度。

具备相对减少合法性的占用只需备案。对具备相对减少合法性的指标，不必采取审批制度，可以实施备案制度。这些指标不会永久性减少面积，不会影响红线。暂时减少面积，之所以采取相对简单的备案制度，与所赖以存在的制度相关。相对减少合法性要能够存在，往往必须执行占补平衡规定，并能够购买到相应额度的湿地指标。指标交易制度是其必要条件。而指标交易制度本身，严格规定了指标落地必需的条件（严格减少对生态功能和属性的扰动）。

## （二）利用合法性分析

不以占用合法性衡量湿地利用合法性。湿地利用合法性以减少合法性作为衡量标准，摒弃了占用合法性的标准。在减少合法性与占用合法性不分的非占补平衡模式中，占用主体无从获得湿地指标。区分了占用合法性与减少合法性之后，审批部门不再以占用合法性衡量湿地利用的合法性，减轻了审批压力。

利用合法性的新标准是减少合法性。采用了新的衡量利用合法性的标准，降低了占用合法性的权重。减少合法性可以分为绝对减少合法性与相对减少合法性两种情况。

非占补平衡管理模式下的合法占用者很少具备减少湿地面积的权力。非占补平衡管理模式下的大部分合法占用者不具备湿地面积减少的合法性。非占补平衡管理模式下的合法占用者在占补平衡制度下往往是非法的。模式转型下，占用合法性标准不再具有适用性。

## 四、利用合法性的重新评估

### (一)非法占用者的合法性

非占补平衡管理模式下非法占用者可能是合法的。非占补平衡管理模式下的非法占用者缴纳罚款的效用不同。非占补平衡管理模式下的非法占用者缴纳了罚款,就为购买湿地指标预付了资金。预付资金能否产生占补平衡的效用,取决于能否购买到等面积的湿地指标额度。非占补平衡管理模式下的非法占用者缴纳的罚款,因管理制度的差异而效用不同。如果能够购买到等面积的湿地指标,罚款可以在当下实现占补平衡。如果当下不能购买到湿地指标,罚款保存较好,有两种情况:一是罚款保存较好,可望在未来建立指标交易制度以后,购买等额的指标;二是罚款保存很好,未来一直没有建立类似湿地指标制度的交易平台,永远无法实现指标交易额度的供应,购买不到湿地占用指标,永远无法实现占补平衡。

没有保存好罚款是无法实现占补平衡的原因之一。如果当下不能购买到占用额度,罚款保存较好,有两种情况:一是罚款保存不良,未来建立指标交易制度以后,无法购买等额的湿地指标;二是罚款保存不良,未来一直没有建立类似的指标交易平台,永远无法实现指标交易额度的供应,购买不到湿地占用指标,永远无法实现占补平衡。

湿地指标供应平台是制约罚款有效性的因素之一。非占补平衡管理模式下缴纳了罚款的非法占用者之所以对湿地修复重建作用不大,障碍在于没有提供指标交易产品,罚款保存良好,始终没有建立指标交易制度,永远不会发挥罚款的价值。

建立指标交易制度与保存好罚款是占补平衡的重要因素。非占补平衡管理模式下缴纳了罚款的非法占用者之所以对湿地保护作用不大,根源在于制度创新没有跟上。既要保存好罚款,又要建立指标交易平台,这是罚款实现占补平衡的两个必要条件。

### (二)解决湿地面积减少问题的基础

购买到湿地指标是解决面积减少问题的基础。应建立湿地指标供应机制,提供自由供应、公开公平买卖的指标交易平台,为基于生态占补平衡的指标交易制度(湿票制度)建设奠定基础。湿地指标供应是交易的基础。非占补平衡制度条件下,更多罚款用于修复已有湿地而不是新建湿地。引导大量资金投入湿地指标生产领域,供应满足需求的指标,是交易制度的核心。

湿地指标生产的激励机制设计是根本。有大量湿地指标供应,才能启动指标交易，想要占用湿地的占用主体才能够合法占用。一旦形成供不应求的指标供需环境，大量社会资金可望进入指标生产领域，为占用主体提供源源不断的指标供应。指标供需之间存在时差，在占用主体购买指标之前，湿地已经新建了一段时间，这段时间，新建湿地属于超出红线的指标，会带来生态盈余价值，大量的指标供应，使因此产生的生态盈余价值大增，大大提高生态总量。

治理非法占用的根本之策是实施指标交易制度。占用主体中，制度性非法占用主体所占比例应该高于实质性非法占用主体。因为占用主体不会违法经营，只要有指标交易制度，一般不会铤而走险，违规占用湿地。治理非法占用的根本是为绝大多数非法占用主体提供指标交易平台，使这些在指标交易制度缺失条件下违法的占用主体成为指标交易制度实施后的合法占用主体。

### （三）重新定义生态占用合法性

生态占补平衡重新定义了占用合法性，取消了非法占用主体的非法性。从红线保护角度出发，非法占用是一种非法行为，无论占用是否合法，只要不具备减少面积的合法性，无一例外，都是非法减少湿地面积。只要非法占用主体没有减少湿地面积，就不是非法行为。合法化的途径有两种：第一种途径是在已经建立指标交易制度的条件下，通过主动购买指标，实现占补平衡；第二种途径是在没有建立指标交易制度的条件下，通过缴纳罚款，等待指标制度建立以后购买等面积的指标，实现占补平衡。

生态占补平衡彰显了合法占用主体的非法性。从红线保护出发，在没有指标交易制度的条件下，只要等指标交易制度建立后，非法占用主体最终通过缴纳罚款代为购买等面积的指标，实现占补平衡；或者在已建立指标交易制度的条件下，非法占用主体通过主动购买指标，实现占补平衡，都可以改变占用的不合法性质，使其成为合法行为。占补平衡可使非法占用主体实现占用的合法化。指标交易过程对生态保护的要求十分严格。

生态占补平衡取消了合法占用与非法占用的区别。红线保护制度下的占补平衡制度及指标交易制度，取消了合法占用与非法占用的区别，使得合法占用者不再占据合法性优势。甚至在某些方面，非法占用者比合法占用者具有优势和合法性：非法占用者往往处于被动地位，需要通过缴纳罚款，弥补非法占用的法律缺失，缴纳的罚款，如果能够得到合理利用，可以在有指标交易额度供应的条件下，购买指标交易额度，不会必然造成面积减少。无论合法占用者占用的湿地用于基建有多么重大的社会意义，自出台红线保护制度之后，从面积减少合法性分析，都很少有合法占用者具备减少面积的合法性。合法占用者的法律地位恰好低于非法占用者。即使在争取占用合法性额度的过程中，占用主体曾经付出接近罚款金额的"游说"资金，按照这种指标不公开竞争的情境考察，这笔"游说"资金很可能不会被用于指标交易额度的购买或者面积的增加。生态占补平衡让合法占用与非法占用在更高层次上重新接受评价，合法占用主体往往并不会比非法占用主体更具有法律上的优越性。

### （四）湿地资源利用格局变化

占补平衡让资源利用格局发生根本性变化。非法占用的危害性因管理制度创新滞后而放大。生态占补平衡制度实施后，绝大多数占用主体都可以成为合法占用主体（这些占用主体主观上愿意在保护生态、实现生态占补平衡的条件下合法占用）；但在没有实施基于生态占补平衡的指标交易制度的条件下，除主观上破坏生态的占用主体之外，这些愿意保护生态的占用主体全部被制度缺失造成的缺失定义为非法占用主体。湿地破坏的责任也一并推到包括这些主观上愿意保护湿地的制度性非法占用主体身上。愿意保护湿地的制度性非法占用主体（制度性非法占用主体是指因为制度缺失而沦为非法占用主体的占用者）与不愿意保护湿地的少量实质性非法占用主体（实质性非法占用主体是指并非因制度缺失而沦为非法占用主体的占用者）一起，承担了湿地破坏的责任。

实质性非法占用主体自始至终应该承担破坏生态的责任，其余责任则应该由制度创新者与制度性非法占用主体和占补平衡制度实施前的合法占用者（占补平衡制度实施前的合法占用者永久性减少了湿地，破坏了生态）三个主体一起承担。

生态占补平衡制度实施前，在明确湿地破坏的责任时，不加区别地指责所有非法占用主体是不公正的。很难确定非法占用主体在主观上是故意破坏，还是愿意保护湿地，且长期的指标交易制度缺失，造成一些本来愿意保护湿地的制度性非法占用主体转而故意破坏生态。有必要区别实质性非法占用主体与制度性非法占用主体对生态的破坏，并关注基于生态占补平衡的指标交易制度（湿票制度创新）缺失对生态环境的损害，更不能忽略生态占补平衡制度实施以前的合法占用主体对生态的永久性损害。

非法占用者本来可以为湿地保护做出贡献。生态占补平衡制度实施前后的非法占用的内涵完全不同。占补平衡制度实施前的非法占用主体，有主观上破坏生态者，也有主观上愿意在保护生态、实现生态占补平衡的条件下合法占用湿地者。占补平衡制度实施后，非法占用者主要就是前者（占补平衡制度实施前，主观上破坏生态的非法占用主体），即使有了便捷的指标交易平台，他们仍然不愿意购买符合规定的指标，通过实现生态占补平衡来合法占用湿地。占补平衡制度实施后，非法占用者不包括前者（占补平衡制度实施前，主观上愿意在保护生态、实现生态占补平衡的条件下合法占用湿地者），因为这些占用主体，之所以在生态占补平衡制度实施前成为非法占用者，主要是因为当时没有指标交易制度，无法购买符合规定的指标以在实现生态占补平衡的条件下合法占用湿地。现在有了便捷的指标交易平台，他们自然愿意购买符合规定的湿地指标，通过实现生态占补平衡来合法占用湿地。占补平衡制度实施前，主观上愿意在保护生态、实现生态占补平衡的条件下合法占用湿地的非法占用主体是制度化的产物，既不能跻身占补平衡制度实施前有限的合法占用主体行列，又因为缺乏指标交易制度，无法在保护生态、实现生态占补平衡的条件下合法占用湿地。这种制度性的非法占用主体，本质上并非真正的非法占用主体。要追根溯源，责任在于指标交易制度的缺失，而不在于占用主体的主观错误。有了指标交易制度，对这些制度性非法占用主体而言，提供了占用合法化的机会和平台。基于生态占补平衡的指标交易制度，对这些制度性非法占用主体的意义巨大，无论如何高度评价都不为过。

非法占用者被全盘否定的根源在于管理制度创新滞后。制度性缺失造成占用主体违法。在制度创新难度较大、占用主体处于弱势地位的情况下，往往会追究占用主体的责任，而忽略甚至无视制度创新者的责任。制度性非法占用主体在生态占补平衡制度实施前后的身份地位和占用性质都大相径庭。有了生态占补平衡基础上的指标交易制度，制度性非法占用主体就可以按规定购买湿地指标，通过实现生态占补平衡来合法占用湿地。生态占补平衡基础上的指标交易制度缺失，使制度性非法占用主体没有机会按规定购买指标，通过实现生态占补平衡来合法占用湿地。制度性非法占用主体的合法性与非法性完全取决于制度创新进度。制度创新一日未实施，就有大批制度性非法占用主体存在；制度创新早一日实施，就会早一日使大批制度性非法占用主体合法化。主观上破坏生态的非法占用主体所占比例毕竟不高，大多数占用主体还是愿意在守法并保护生态的条件下合法占用湿地。

治理非法占用的根本是可以购买到湿地指标。湿地指标的供应和自由交易是生态占补平衡的核心。只要能够购买到符合规定的湿地指标，实现生态占补平衡，就可以合法地占用想要利用的湿地，而不违反规定。这给了占用主体极大的便利，使红线保护建立在公平、公正、公开的基础上，真正实现了公平、公正、公开利用湿地资源的目标。

## 五、湿地生态占补平衡制度的分类与比较

### （一）湿地生态占补平衡及其制度体系分类

湿地指标的价格计算，可以是基于建设成本，也可以是根据生态系统服务价

值。生态占补平衡制度分为基于成本计算的生态占补平衡制度体系与基于生态系统服务价值计算的生态占补平衡制度体系两种。基于成本计算的生态占补平衡制度体系，需要占用主体支付在规定类型、地域与流域内新建与占用面积、生态量、生态功能、生态效益相当的湿地所支出的成本。基于生态系统服务价值计算的生态占补平衡制度体系，需要占用主体支付与所占用湿地的生态系统服务价值相当的成本。严格意义上的生态占补平衡，必须在湿地类型、地域与流域内新建与占用面积、生态量、生态功能、生态效益相当的湿地，不影响或者不十分影响占用地居民的生态消费水平。实践中，严格意义上的生态占补平衡，往往对应基于成本计算的生态占补平衡制度体系。

### （二）严格意义上的生态占补平衡制度体系的特点

严格意义上的生态占补平衡制度需要考虑替代性。基于生态系统服务价值计算的生态占补平衡制度体系，只考虑广泛意义上的湿地生态，没有考虑湿地的面积、生态量、功能、效益在湿地类型、流域、地域内的可替代性与完全对等性。严格意义上的生态占补平衡制度需要考虑替代性，不能忽视对特定区域的生态影响。严格意义上的生态占补平衡制度需要考虑精准性，针对具体湿地的生态损害补偿必须具备精准的替代性，不满足于更大领域、地域或者类型内的、广义上的占补平衡，而是致力于就地占补平衡，致力于同一流域内的占补平衡，致力于同一类型湿地内的生态占补平衡，使得占补必须具备完全精准的替代性。严格意义上的生态占补平衡制度需要考虑系统性，损害生态整体性的补偿必须符合就地性原则，生态占补平衡要考虑系统性修复问题。严格意义上的生态占补平衡制度需要考虑整体性，新建湿地如果比较分散，部分损害则会使生态的整体损害被放大。

严格意义上的生态占补平衡制度需要考虑时效性。如果先占后补，则补偿与占用湿地相比，会产生生态亏损，从而损害生态，所以要对时效性不强的占补平衡加强管理，做好监督。

严格意义上的生态占补平衡制度需要考虑效率与效益，提升效率，加强生态监督可望保障生态效益。生态占补平衡具有增值性。按照成本计算法设计的生态占补平衡制度成本较低，严格意义上的生态占补平衡制度成本按照实际成本负担，制度成本较低。按照生态效益计算法设计的生态占补平衡制度收益较高，生态效益往往高于成本，按照生态效益计算法设计的生态占补平衡制度的净收益可能较高。严格意义上的生态占补平衡制度净收益不高。

严格意义上的生态占补平衡制度的生态效益较高。生态占补平衡制度的评价标准是生态保护效益，严格意义上的生态占补平衡制度生态效益较高，需要继续坚持并加大对生态的保护力度。

### （三）权变的湿地生态占补平衡体系的特点

生态效益补偿机制在无法恢复重建湿地时，代之以收费保护、恢复其他湿地[26]的，属于特殊的、权变意义上的生态占补平衡制度，并不是严格意义上的生态占补平衡制度。只有符合替代性原则，才能成为严格意义上的生态占补平衡制度。

# 第二节　湿地生态占补平衡制度的效用

## 一、湿地保护资金利用与湿地管理手段

### （一）高效利用罚款的机制设计

要让罚款发挥重要作用，需要强化湿地建设动机。一个主体，要么具有激励机制，要么是在监督之下，否则很难具备较强的高效利用罚款的动机。湿地保护如果没有激励机制，其资金利用效率不高。湿地新建与修复工作的推进，需要激励。

应建立利用罚款新建湿地的监督机制与湿地指标交易制度，使资金使用者接受监督，确保资金用于湿地保护。建立湿地指标交易平台，吸引社会资金投入，增加湿地指标交易资金，使湿地指标供应方提供更多湿地指标，增加湿地，从而有利于湿地保护资金利用效率提升。禁止合法占用湿地减少湿地面积，严格区别合法占用与合法减少湿地面积。允许合法占用湿地，坚决不允许减少湿地面积。同时，合法占用湿地者将选择把资金投入湿地指标交易。

### （二）湿地资金利用方式转型的障碍

充分利用非法占用湿地者的罚款。可以依托湿地指标交易市场，把这些罚款转变为购买湿地指标的资金，通过湿地指标交易，促进供应方提供新建湿地指标，增加湿地面积。

湿地指标供应难度较大。对特定的占用湿地，要符合面积、生态量、功能、效益、流域、地域、类型匹配等条件，与只有面积占补平衡要求的条件下相比，前者需要在比后者数量更大的湿地指标中，才能找到完全匹配的湿地指标。假定某一块占用湿地（$SD_{js1}$）的面积为 $M_{js1}$、生态量为 $L_{js1}$、功能为 $G_{js1}$、效益为 $X_{js1}$，属于 $Y_{js1}$ 流域、$D_{js1}$ 地域与 $LX_{js1}$ 类型。要找到与其匹配的新建湿地 $SD_{xs1}$，新

建湿地 $SD_{xs1}$ 的面积为 $M_{xs1}$、生态量为 $L_{xs1}$、功能为 $G_{xs1}$、效益为 $X_{xs1}$，属于 $Y_{xs1}$ 流域、$D_{xs1}$ 地域与 $LX_{xs1}$ 类型。为了实现完全的占补平衡，要求两块湿地的 7 项标准完全匹配：$M_{xs1} \geqslant M_{js1}$，$L_{xs1} \geqslant L_{js1}$，$G_{xs1} \geqslant G_{js1}$，$X_{xs1} \geqslant X_{js1}$，$Y_{xs1} = Y_{js1}$，$D_{xs1} = D_{js1}$，$LX_{xs1} = LX_{js1}$。

制度设计的精细程度较高。要单纯符合面积占补平衡的要求，所需的技术难度较低，监测手段较为简单，管理难度不高。如果既要实现面积占补平衡，还要在生态量、功能、效益、流域、地域、类型匹配方面进行监测，则工作量会大大增加，寻找到适配的湿地指标的过程会加长、环节会增多，还可能出现找不到适配的新建湿地指标的情况，一些占用湿地无法实现。随着逐层审查，符合条件的占用湿地面积逐次减少，最后能够通过面积、生态量、功能、效益、流域、地域、类型匹配等 7 道审查程序的湿地，相比只需要通过面积占补平衡审查的湿地面积大大减少。环节加长，占用湿地需经过的环节、支出时间与管理成本提高，充分体现了湿地专家委员会的作用，其管理的精细化程度提高。

### （三）非法占用湿地管理的经济手段

非占补平衡管理模式下，罚款是管理湿地的重要手段。对已经非法占用湿地的占用主体，可以采用经济手段进行管理，其主要表现为罚款。罚款是对非法占用湿地造成的湿地面积减少行为的处罚，能够对后来的非法占用湿地起到警示作用。罚款提高了非法占用湿地者的成本，减少了湿地非法占用。在湿地资源管理过程中，非法占用湿地之所以能够存在是以罚款作为条件的。缴纳罚款使非法占用湿地者具备了非法减少湿地面积的合法性。非法的非法减少湿地面积与合法的非法减少湿地面积不同。

非法减少湿地面积者如果缴纳了罚款，意味着该行为已经得到处理，属于合法的非法减少湿地面积。非法减少湿地面积者如果没有缴纳罚款，意味着其没有得到处理，属于非法的非法减少湿地面积。罚款在非法占用湿地者的管理过程中，起着使非法减少湿地面积的行为合法化的作用。罚款可以近似地作为非法占用主体购买合法减少湿地面积指标的费用。把非法减少湿地额度作为交易标的，以罚款作为支付价格，交易双方实现非法减少湿地面积指标的合法化。单位面积非法减少湿地的罚款越高，越能激励供应更多的非法减少湿地指标。罚款越高，非法占用者越倾向占用并减少更少的湿地。两者的均衡状态，是特定罚款标准下合法化的非法减少湿地指标。如果罚款不能补偿减少的湿地面积，则仍然不能对湿地红线做出贡献。

### （四）非法占用湿地管理的行政手段

湿地合法性管理是指没有提供湿地指标交易平台，只通过罚款尽可能减少湿地占用，根据是否能够取得占用额度评判占用湿地合法性的管理模式。合法性管理模式把主要精力用在遴选符合需要的占用湿地主体的工作上，选择哪些湿地资源属于合法额度以内的部分，把不能占用该额度的占用湿地归入非法的占用湿地范畴，以合法占用湿地的名义减少湿地，忽视了湿地红线保护。合法性管理模式下，仍会有大量湿地被占用。

### （五）非法占用湿地管理的生态手段

湿地管理要有所为。一是进行具有建设性的制度创新和监督控制工作，不再专注于遴选哪些占用湿地符合要求，可以纳入合法占用行列，哪些不是合法占用指标，是非法占用，需要通过罚款进行整治。二是监督控制更加有效。承担湿地指标供应、交易与使用的管理任务，专门从事质量、效率、公平性与匹配程度的监督控制。

探索生态修复的新主体。提供湿地指标、购买湿地指标、保护湿地红线的利益主体，包括湿地指标的生产者、湿地指标的购买者与湿地指标的使用者。引入多元化的社会资金和社会主体，可以大大提高湿地保护的效率，让所有潜在的湿地保护力量参与对占用湿地的修复工程，通过更多新建湿地主体的广泛参与，增加湿地指标供给，为湿地指标公平有效交易提供条件，从而满足占用湿地主体的湿地指标需求。

## 二、湿地罚款利用效率分析

### （一）罚款目的与效益

罚款是为了保护湿地。湿地生态保护的非占补平衡模式中，没有可交易的湿地指标供应，非法占用湿地罚款致力于恢复湿地面积。湿地生态保护的非占补平衡模式中，罚款如果利用得当，全部或者部分高效用于修复湿地，自然显现其合法性。罚款的正当性来自保护湿地生态的效益。

在没有湿地指标交易的条件下，罚款很难遏制湿地减少。在没有湿地指标交易的湿地生态保护的非占补平衡模式中，罚款已经异化为购买合法占用湿地指标的资金支出，使湿地减少合法化。罚款成为湿地占用指标的价格体现。在没有替代性路径（湿地指标交易是替代性路径之一）的条件下，罚款要具备遏制占用湿地的作用，除非罚款金额（$F_{fk}$）高于占用湿地的收益（$Y_{jzs}$）：$F_{fk} > Y_{jzs}$。这种罚款力度，在实践中如何实现，需要认真分析。如果不可能开出使占用湿地主体亏本的罚款，就不可能阻止占用湿地，自然会出现湿地减少与罚款并行不悖的现象。这是罚款很难真正奏效的原因。

在有湿地指标交易的条件下，罚款可以发挥保护湿地的作用。只要罚款金额（$F_{fk}$）高于湿地指标的价格（$P_{sp}$）（$F_{fk} > P_{sp}$），占用主体会主动选择购买湿地指标，而不会选择缴纳罚款。如果罚款金额（$F_{fk}$）确定得比较适当，可以确保绝大多数甚至全部占用湿地主体购买湿地指标。$F_{fk}=（minF_{fk},maxF_{fk}）$，$P_{sp}=[minP_{sp},maxP_{sp}]$，$Y_{jzs}=[minY_{jzs},maxY_{jzs}]$，$minF_{fk}=maxP_{sp}$，$maxF_{fk}=minY_{jzs}$。

## （二）罚款保护湿地的效率分析

不同利用方式下罚款保护湿地的效率不同。罚款保护湿地的效益（$Y_{sf}$）取决于 3 个要素：罚款金额（$M_{sf}$）高低、罚款利用效率（$X_{sf}$）高低、罚款利用方式（$F_{sf}$）是否合理。在特定的利用方式下，罚款保护湿地的效益（$Y_{sf}$）等于罚款金额（$M_{sf}$）与罚款利用效率（$X_{sf}$）的乘积：$Y_{sf}（F_{sf}）=M_{sf} \times X_{sf}$。把湿地管理部门利用罚款恢复湿地生态的方式称为 $F_{sfg}$，把占用主体购买湿地指标、恢复湿地生态的方式称为 $F_{sfj}$，两种条件下的罚款利用效率分别为 $Y_{sf}（F_{sfg}）=M_{sf} \times X_{sfg}$、$Y_{sf}（F_{sfj}）=M_{sf} \times X_{sfj}$。罚款从湿地管理部门用于恢复湿地的资金转型为占用主体购买湿地指标的资金。前者用来恢复湿地生态，后者是强制不守法的占用主体的处罚，如果占用主体最终在处罚之下购买了合适的湿地指标，则罚款只具备督促保护湿地生态的效用；如果占用主体最终在处罚之下没有购买合适的湿地指标，则罚款转变效用，转变为购买湿地指标的资金，失去督促保护湿地生态的效用。

湿地生态保护资金有两种利用方式：增量利用方式与存量利用方式。新建湿地供应制度事关湿地生态占补平衡制度设计的全局。罚款必不可少，罚款的利用效率与利用方式高度相关：同样金额的湿地保护资金（非法占用湿地罚款），在不同的利用方式下，资金利用效率差别很大。把湿地面积没有增加的湿地保护资金利用方式称为存量利用，在已有的湿地存量的基础上，投入湿地保护资金，不增加湿地面积，占用的湿地无法补偿。把有湿地面积增加的湿地保护资金利用方式称为增量利用，在已有的湿地存量的基础上，投入湿地保护资金，增加湿地面积，补偿占用的湿地。增量利用方式，大大改善了湿地保护资金利用的环境，使占用湿地得到补偿，湿地效益大幅下降的局面得到扭转。

需要比较增量利用方式与存量利用方式下的罚款利用效率。在增量利用方式下，多投入的单位湿地生态保护资金的边际生态效益（$BJL_{zls}$）下降；当降到低于存量利用方式下单位生态量的湿地的生态效益（$JL_{dcls}$）（$BJL_{zls} \leqslant JL_{dcls}$）后，选择存量利用方式是有利的。

需要比较提供湿地指标与没有湿地指标供应下的罚款利用效率。占补平衡时期的罚款利用率提高，主要是因为增加了湿地。非占补平衡时期，没有市场主体参与，很少有新建湿地指标增加，罚款对已有湿地的修复所能够增加的湿地面积、湿地生态量、生态功能与湿地效益与增加湿地面积、同样的生态保护罚款作为强制不守法的占用主体购买湿地指标的恢复湿地生态的方式（$F_{sfj}$）下，保护资金能够增加的湿地生态量、生态功能与湿地效益相比，前者远远低于后者。非占补平衡时期，在湿地管理部门利用罚款亲自通过修复湿地恢复湿地生态的方式（$F_{sfg}$）下，罚款的利用效率（$X_{sfg}$）低于占补平衡时期，在湿地管理部门监督下，罚款的利用效率（$X_{sfj}$）：$X_{sfg} < X_{sfj}$，$Y_{sf}(F_{sfg}) < Y_{sf}(F_{sfj})$。

### （三）增量与存量利用方式选择

资金利用方式对应着不同的占补平衡制度。资金利用的增量方式与湿地生态占补平衡制度及零净损失制度相对应，资金利用主体往往是占用湿地主体；全部资金拿来购买新建湿地，或者亲自新建湿地。

湿地生态占补平衡制度区别于只考虑面积平衡的制度。其既要保障面积占补平衡，还要保障湿地生态量、生态功能与生态效益的占补平衡，以及地域内、流域内、同一类型中的湿地生态占补平衡。

### （四）改善罚款利用方式

制度创新包括罚款利用方式改革。

提供湿地指标。罚款之所以利用效率不高，首先是不能公开买卖湿地指标，只有建立市场提供湿地指标的制度，罚款才够当下利用于新建湿地指标的购买，这样，既省去了监督湿地保护资金（此处指罚款）利用过程的环节，也省去了评估湿地保护资金（此处指罚款）利用效果（即是否确保湿地生态占补平衡）的环节。没有湿地指标提供，也就不能在当下将湿地保护资金（罚款）用于湿地生态占补平衡目标，从而影响了湿地保护资金（此处指罚款）的利用效率及其效果。

湿地指标供给具有意义。有了湿地指标供给，湿地管理部门专门致力于湿地生态占补平衡的监督与评估；有了湿地指标供给，可以缩短湿地占补平衡的环节；有了湿地指标供应，占用湿地主体为了尽可能快地占用湿地，会尽快完成从湿地资金筹措到湿地生态占补平衡的过程，减少交易环节与成本，保证湿地生态占补平衡效果，提高湿地保护资金利用效率。

湿地指标供给的效益（$X_{szg}$）可以通过计算节省的交易成本（$B_{jsjy}$）和提高的生态价值（$J_{sstjt}$）来计算：$X_{szg} = B_{jsjy} + J_{sstjt}$。提高的生态价值分两个部分。第一部分是实现了此前未实现的湿地生态价值（$J_{sstjs}$）。湿地指标供给以前并没有真正实现湿地生态占补平衡。湿地指标供给前未实现的湿地生态价值（本应实现湿地生态占补平衡却没有实现的部分价值）（$J_{sstjw}$），在湿地指标供给以后得到实现，真正实现了湿地生态占补平衡：$J_{sstjs} = J_{sstjw}$。第二部分是湿地指标供给以后，在实现未实现的湿地生态占补平衡部分的过程中必然产生的湿地生态盈余价值（$J_{yysst}$）。提高的生态价值（$J_{sstjt}$）可以表示为 $J_{sstjt}=J_{sstjs}+J_{yysst}=J_{sstjw}+J_{yysst}$。湿地指标供给的效益可以表示为 $X_{szg}=B_{jsjy}+J_{sstjt}=B_{jsjy}+J_{sstjs}+J_{yysst}=B_{jsjy}+J_{sstjw}+J_{yysst}$。

### （五）湿地罚款与保护资金分析

罚款与湿地保护资金存在关系。罚款一般是作为湿地保护资金使用的，但罚款作为湿地保护资金，并不一定能够充分发挥作用。特别是在没有湿地指标提供的条件下，罚款利用缺乏监督，利用效果缺乏考评，湿地生态是否占补平衡没有刚性的制度评价，作为湿地保护资金的罚款的利用并不高效。

罚款与湿地保护资金存在区别。罚款是事后控制的产物，是被动应对湿地占用的产物，具有事后补偿的性质。湿地保护资金特别是湿地生态占补平衡中的湿地保护资金往往必须事前控制，预先防止湿地减少和生态破坏。罚款是与湿地生态受损相联系的，罚款最终是否实现湿地生态占补平衡，也没有严格的监控制度保障。

罚款与湿地保护资金相互转化。建设湿地指标交易平台，可以使罚款转化为更有效的湿地生态保护资金。给占用主体机会和平台，使其自己消化解决占用湿地对生态的损害，是罚款转化为有效的湿地生态保护资金的条件。正是湿地指标交易市场的缺乏，让占用湿地主体处于被动状态：既不明确自己缴纳罚款的依据，也不知晓罚款的使用情况，更无法追踪罚款最终的生态保护效果。对整个资金缴纳与使用过程信息的缺乏，影响湿地占用主体参与湿地生态保护的积极性。

## 三、湿地罚款标准分析

占用湿地损害了生态，而恢复湿地保护了生态。湿地生态恢复过程中，需要支出大量成本。罚款往往根据占用湿地的恢复成本来计算。湿地恢复后，其生态系统服务价值提升，提升的价值可以近似地看成支出成本恢复湿地的收益。

湿地指标交易中，湿地的出售价格，可以按照建设成本加成计算，也可以按照该湿地系统的服务价值计算。湿地生态系统服务价值往往与成本之间存在较大空间，该空间为生产湿地指标的利润提供了基础。生产湿地指标的利润可以吸引资本进入湿地领域，使其新建更多的湿地，获取利润；也增加了湿地总量，为湿地生态占补平衡提供了资源。

收取罚款用于湿地生态保护的过程中，需要交易成本。罚款标准可以参照湿地指标价格制定，也可以根据实际成本加成计算。罚款保护湿地生态的效益与罚款额度有关。利用效率相同的条件下，罚款额度越高，对湿地生态的保护作用越大。

## 四、罚款可以区分湿地生态占补平衡制度

### （一）湿地生态效益补偿制度

湿地生态效益补偿是根据占用主体对湿地效益的损害作为补偿的基础，占用主体需要支付所损害的湿地生态效益的价格，以湿地生态占补平衡制度实施后，补偿占用湿地的生态量（$L_{zs}$）所需的资金为标准计算所需罚款（$F_{fkb}$）的最低限。占用湿地的生态量（$L_{zs}$）乘以每单位湿地生态量的生态效益（$JL_{dzs}$），即占用湿地的生态效益（$JL_{zs}$）：$JL_{zs}=JL_{dzs}×L_{zs}$，$F_{fkb}=JL_{zs}=JL_{dzs}×L_{zs}$。

### （二）湿地生态占补平衡制度中罚款的本质

以湿地生态占补平衡制度实施中，补偿占用湿地的生态量（$L_{zs}$）所需的修复资金为标准，计算所需罚款（$F_{fkz}$）的最低限。这种方式往往用在严格意义上的湿地生态占补平衡制度中。占用湿地的生态量（$L_{zs}$）乘以恢复每单位湿地生态量所需的成本（$JCL_{dzs}$），即恢复占用湿地的生态量的成本（$JCL_{zs}$）：$JCL_{zs}=JCL_{dzs}×L_{zs}$；$F_{fkz}=JCL_{zs}=JCL_{dzs}×L_{zs}$。

### （三）两种罚款比较

针对同样的生态量损失，计算罚款时，使用的标准可以不同：可以按照成本计算的罚款，可以采用补偿生态系统所需的修复资金作为标准。假定占用主体占用湿地 1 公顷，生态量为 1 亿单位，恢复这 1 公顷湿地，所需成本为 1 亿元，则罚款金额为 1 亿元。按照生态系统服务价值，采用占用湿地所损害的生态系统服务价值计算，假定占用主体占用湿地 1 公顷，生态量为 1 亿单位，要确保湿地生态占补平衡，恢复 1 亿单位的生态量，计算 1 亿生态量的生态系统服务价值，假定 1 亿生态量的生态系统服务价值为 2 亿元，则罚款金额为 2 亿元。

生态成本与生态系统服务价值往往并不一致。其存在成本与价格的差异，成本与价格的差异即利润：利润=生态系统服务价值-恢复湿地成本。在湿地修复成本与生态系统服务价值不一致的情况下，存在选择标准问题。生产每单位湿地生态所需的成本（$JCL_{dzs}$）与每单位湿地生态的生态系统服务价值（$JL_{dzs}$）之间存在 3 种关系：$JCL_{dzs} > JL_{dzs}$，$JCL_{dzs} < JL_{dzs}$，$JCL_{dzs}=JL_{dzs}$。为筹集更多资金保护湿地生态，原则是取最高价。如果生产每单位湿地所需的成本（$JCL_{dzs}$）低于每单位湿地的生态系统服务价值（$JL_{dzs}$），采用湿地系统服务价值定价方式对生态保护有利。如果生产每单位湿地所需的成本（$JCL_{dzs}$）大于每单位湿地的生态系统服务价值（$JL_{dzs}$），采用成本定价方式对生态保护有利。

## （四）非法占用湿地罚款的保存与时效性

罚款的保存存在监督问题。如果有湿地指标交易市场，本来应该缴纳的罚款可以在当下购买湿地指标，没有湿地指标交易市场，要经过较长的时段，才能实现湿地生态的修复补偿。罚款的保存时间越长，利用罚款恢复同样生态所需的时间越长，资金利用效率越低。

资金的利息率与资金所购买的湿地生态增值的利息率相比，如果资金的购买力低于后者，则罚款保存的时间越长，资金利用率越低。

湿地存续时间内，可以产生湿地生态系统服务价值。这比购买等面积湿地指标的资金的利息要高出很多：湿地生态系统服务价值＞购买等面积湿地指标的资金的利息。

## （五）可交易的湿地指标供应的重要性

罚款要发挥增加湿地的作用。对是否真正实现湿地生态占补平衡，要有严格的监督机制。湿地生态占补平衡框架下，提供了湿地指标交易平台，罚款全部用来新建湿地。以罚款所新建的湿地面积所占占用湿地面积的比例，来衡量罚款对恢复占用湿地面积的贡献率：罚款对恢复湿地面积的贡献率=罚款所新建的湿地面积/占用的湿地面积。罚款利用过程中，占用的湿地面积与罚款所新建的湿地面积之差，就是罚款本应新建而没有新建的湿地面积。以罚款本应新建而没有新建的湿地面积所占用的湿地面积的比例，来衡量非湿地生态占补平衡条件下，罚款的不适当利用对湿地面积减少的影响率：罚款对恢复湿地面积的影响率=罚款本应新建而没有新建的湿地面积/占用的湿地面积=（占用的湿地面积−罚款所新建的湿地面积）/占用的湿地面积=1−罚款所新建的湿地面积/占用的湿地面积=1−罚款对恢复湿地面积的贡献率。

湿地指标供应是罚款发挥湿地补偿作用的条件。罚款要发挥新建湿地的作用，必须有湿地指标供应。在有湿地指标交易的条件下，罚款可以购买的湿地指标与占用的湿地面积相等：罚款可以购买的湿地指标=占用的湿地面积，罚款可以实现湿地面积的占补平衡，罚款对恢复湿地面积的贡献率可以达到100%：罚款对恢复湿地面积的贡献率=罚款所新建的湿地面积/占用的湿地面积=罚款可以购买的湿地指标/占用的湿地面积=占用的湿地面积/占用的湿地面积=1。非法占用湿地罚款在恢复湿地面积方面发挥作用的条件是有可交易的湿地指标供应。

## 五、供应时点对罚款恢复生态效益的影响

湿地指标供应时点对罚款恢复湿地生态效益的影响。三种占补平衡的时间排序：先占后补；占补同时；先补后占。罚款往往出现在先占后补的情况下。占、补之间持续时间越长，占补湿地面积越大，占补生态量越大，占补生态功能越强，占补生态效益越高，生态影响越大。占补同时是最佳选择，既不损害湿地生态，又不需要湿地占用主体提前支付资金。理论上的占补同时，要求实践上先补后占。先补后占的本质就是占补同时。

占补平衡的两种常见类别。先占后补与先补后占两种途径，都可以改变非法占用主体的不合法性质，使其成为合法行为。先补后占，在当下即可确认占用湿地主体的合法性；先占后补，需要长时段才可以确认占用湿地者的合法性。占补平衡的行为可以帮助非法占用湿地主体实现占用的合法化。通过罚款实现占补平衡的重要条件是湿地指标的供应。现有湿地的非法占用，可以通过两种选择，以缴纳的罚款实现占补平衡：一是在占用之前，拿罚款购买湿地指标；二是在占用之后，拿罚款购买湿地指标；未来是否能够购买到湿地指标，需要多长时间能够购买到湿地指标，都使得湿地指标的购买具有不确定性。罚款的保存存在很多不确定因素。湿地指标交易制度向后推到何时建立是时间的问题。是否建立湿地指标交易制度，关系到罚款能否起到占补平衡作用。要使罚款充分发挥湿地生态占补平衡的作用，必须建立供应湿地指标的制度，否则罚款不能起到占补平衡作用。

不同排序对罚款恢复湿地生态效益的影响。罚款往往是在占用湿地以后收取的，因此最常见的是先占用湿地，再收取罚款，最后再通过修复湿地补偿生态。在罚款一定的情况下，先占后补影响了生态。要在占用湿地当时收取罚款，并同时新建湿地，必须有湿地指标交易机制。这时罚款演变为湿地占用主体购买湿地指标的自由资金，无须作为罚款交给第三方，及时通过交易补偿生态。在罚款一定的情况下，占补同时对生态影响很小。湿地银行中，某一块湿地被售出，是为了应对特定客户占用另一块湿地，售出的时间点，与特定客户占用湿地的时间点之间存在时差。罚款作为自由资金所购买的湿地指标，往往已经在交易之前建好。以湿地银行为例，湿地银行往往不是为特定占用湿地主体预订的订单而新建湿地，更多是在没有接到湿地占用主体的订单条件下，自发新建一批湿地。这批湿地的存在，是湿地银行营业的资本。没有储备相当面积的已建湿地，就像没有储备相当货币的银行，很难应对猝然而至的湿地或资金需求。储备的湿地在建好以后，往往不是立即被买走，不同湿地距离被售出一般总会有一段时间。

　　提前供应湿地指标对湿地生态的影响。占补平衡花费时间较长，以往实践中，多是先占后补，然后处以罚款，这往往会产生生态赤字。为实现零净损失目标与湿地增长目标，只有先补后占，才能充分满足湿地生态占补平衡的要求。即使未来能够购买到湿地指标，但需要多长时间建立湿地指标交易制度，需要分析湿地指标交易制度建立的节点取决于哪些因素。先补后占对湿地生态保护是有利的，整体上增加了湿地的生态值。

　　推迟供应湿地指标对湿地生态的影响。湿地生态占补平衡制度实施以前，先占后补往往只追究面积占补平衡标准是否达到，不仅会产生时间上的生态赤字，也忽视了地域、流域、类型的分布和湿地生态量、生态功能与生态效益的占补平衡。

　　先占后补同样面积湿地的生态损耗。先占后补对湿地生态保护比较有害，整体上减损了整个湿地生态系统的生态值。所处时间点不一致，两块湿地在同一时间点的生态值并不相同。先占后补对湿地生态存在影响。湿地指标交易制度势在必行。

　　占用湿地要尽早补偿。占补平衡过程中，补偿的湿地越是提前新建，对整个生态环境的积极效应越大；越是推迟补偿占用的湿地，对整个生态环境的消极效应越强。

　　罚款保存时间越长，购买的湿地指标的生态值效应越小。罚款如果能够在当时购买湿地指标，可以产生更大的湿地保护效用；推迟建立湿地指标交易市场，不仅会使罚款本身贬值，使其购买的湿地指标减少，而且同样面积的湿地指标，在不同时点的生态值并不相同。

　　罚款保存时间越长，效应越小，同样罚款购买的同样面积的湿地指标对湿地生态环境的贡献越少。湿地指标交易制度建立时间决定了罚款保存时间的长短，从而对湿地生态值产生影响。湿地生态值数额与罚款复利增值从两个方面影响了不同时间点的湿地指标效用。

　　湿地生态占补平衡框架下，对没有实现湿地生态占补平衡的，责令占用湿地主体购买相应湿地指标，实现生态占补平衡。罚款是否最终实现湿地生态占补平衡，同样需要得到监督评价，需要有组织对利用罚款实现湿地生态占补平衡的效果进行监督考评。无论是对非法占用湿地主体的罚款的充分利用，还是对合法占用湿地主体的交易成本的转型利用，都需要提供湿地指标。没有湿地指标的供应，合法占用湿地的交易成本不可能变为湿地指标。湿票制度可以充分利用湿地保护资金。湿票制度类似湿地银行，提供了指标交易平台，可以保障罚款及自由资金可以得到最佳利用，增加湿地，实现生态平衡。

# 第三节　湿地生态占补平衡制度评价

## 一、湿地生态占补平衡制度评价分析

### （一）通常对占补平衡的评价

认为占补平衡制度为非法占用者提供了合法占用的制度选择，这本身没有错误，但要说占补平衡制度是专为非法占用者提供的制度通道，则失之偏颇。主要原因是在占补平衡条件下，占补平衡制度帮助非法占用者合法占用的同时，对合法占用进行了清理，厘清其中哪些属于合法减少湿地面积，哪些属于非法减少面积。合法占用，是湿地面积减少的重要原因之一。占补平衡制度的价值和意义，不可低估。

占补平衡制度下，非法占用者因实践了占补平衡原则，可以使非法占用合法化。但如果把目标聚集在合法化，而忽略了制度设计阻止湿地面积减少的努力，则未免狭隘。合法化是手段，保护湿地才是目标，不可本末倒置。在保护湿地过程中，使非法占用合法化、使合法占用显出非法减少面积的本质，只是保护湿地的附带效应。

有人认为占补平衡规定泯灭了占用的合法性与非法性，只着眼于减少面积的合法性，是一种粗放型的管理模式。与减少面积的合法性相比，占用合法性不是细枝末节，即使占用具有合法性，如果没有具备减少面积的合法性，则占用的行为是非法的。这种不顾及占用合法性的制度设计看似粗放，却考虑了最根本的面积减少，实际上是精细的。

有人认为占补平衡规定在很大意义上是为解决非法占用者的合法性而提出的，使得原来非法占用的行为得到合法化，解决面积减少问题。占补平衡实践掩盖了非法占用者的不合法性。正是这种制度简化，在占用合法性与减少面积合法性之间，选择更为根本性的减少面积的合法性，抓住关键，不拘泥于占用合法性。

### （二）对占补平衡的进一步理解

合法占用且非法减少比非法占用对湿地保护的危害性更大。从湿地保护的角度分析，合法占用且非法减少的情况下，面积减少对红线保护制度的威胁要远远大于非法占用且缴纳罚款并用于购买指标交易额度的情况。

合法占用且非法减少湿地的迷惑性更强。合法占用且非法减少湿地的情况，往往被合法占用的标志所掩盖，容忍湿地面积非法减少。看似比非法占用却通过缴纳罚款并用于购买指标交易的情况在法理上占优，其实对红线保护制度而言，危害严重。合法占用的幌子，使其迷惑性很强。

合法占用且非法减少湿地是需要解决的痼疾。与非法占用且缴纳罚款并用于购买指标交易额度的情况相比，需要解决：一是为购买指标交易额度提供指标交易市场，即做好合理使用非法占用湿地的罚款的制度建设；二是严格区分合法占用的两种情况——拥有合法减少面积的权利与不具备合法减少面积的权利，严厉管制不具备合法减少面积权利的合法占用主体，要求其严格遵循生态占补平衡规定，购买湿地指标额度。

非法占用对湿地保护的危害性比较明显。占补平衡首先是对合法占用导致面积减少的不合理现象的纠偏，而不是对已经被界定为非法的非法占用主体。非法占用主体是惩处对象，只要这些主体缴纳了不低于指标额度的罚款，即单位面积湿地缴纳的罚款（$F_{dwfk}$）大于等于单位面积湿地的指标交易价格（$P_{dwsp}$），完全可以购买等面积的指标额度，使其非法占用转化为合法占用。非法占用因占补平衡的合法性，变为合法的湿地占用。

### （三）湿地生态占补平衡效果与评价

可以对生态占补平衡下的湿地开发整理与生态保护效果进行深入分析，包括生态占补平衡的生态效益与生态占补平衡效率。分析湿地质量保证措施和评价考核标准体系、质量评价模型、预警指标体系、生态安全评价等方面的制度设计，分析生态占补平衡制度的成效与局限，深入探讨生态占补平衡的得失，总结湿地资源配置的利弊。

## 二、湿地生态占补平衡制度的创新性

### （一）制度体系的创新性分析

生态占补平衡制度是占补平衡制度体系的一个分支。一般的占补平衡制度，往往局限于面积占补平衡，上升到质量占补平衡的很少（占优补优即属于质量占补平衡）。生态占补平衡制度不仅关心占补的生态质量，还关心占补的生态结构是否匹配。

### （二）湿地管理模式的创新性

双向管理模式比单向管理模式具有优势。单向的管理模式，只盯着占用导致的减少湿地的行为，并没有补救措施和相应的增加面积的平台建设，在占用屡禁不止的情况下，很难保证不减少面积。占补平衡的指标交易制度，为占用主体提供了补救措施和相应的增加湿地的制度平台，即使占用屡禁不止，仍然可以要求其补足所占用额度的指标，确保面积不减少。占补平衡制度采用双向的管理模式，即允许增减，最终结果保证不减少面积、生态量，不影响生态结构。双向管理模式要求占用主体新建湿地，在严格管理的情况下，即使存在占用，也可以保障不减少湿地面积。

占补平衡比只占不补具有优势。新建湿地基本上属于人工湿地，占用湿地主要是自然湿地，两者的生态服务功能完全不同，占补平衡很难实现湿地生态服务功能完全相同的目标。也就是说很难实现最优选择。但占用湿地有很多属于刚性需求，即使处以很高的罚款，仍然会有湿地被占用。罚款只会导致净减少湿地。只拿到罚款，减少了湿地，这属于最差选择。占补平衡模式与罚款制度模式相比，可以增加湿地供应，属于次优选择。

（三）占补平衡的管理手段提升

占补平衡条件下更多采用公平交易的方式。指标交易制度设计是逼占用者购买指标额度的制度设计。在该过程中，体现了公平交易的精神。占补平衡条件下罚款只是补充手段。只有不愿意进入指标交易市场购买指标的占用主体，才属于非法占用主体，才需要加大对其破坏湿地行为的处罚力度，提高违法成本和执法强度。指标交易制度大大降低了破坏行为的频次和数量。

（四）占补平衡制度的本土化创新

本土经验的适应性较强。湿地生态占补平衡制度与湿地指标交易制度适应期短，而借鉴国外资源的适应期较长。

# 参 考 文 献

[1] 耿国彪. 我国湿地保护形势不容乐观——第二次全国湿地资源调查结果公布[J]. 绿色中国，
    2014，（3）：8-11.

[2] 国家林业局湿地保护管理中心. 积极恢复扩大湿地面积[N]. 中国绿色时报，2014-12-11，A02.

[3] 崔保山，杨志峰. 湿地学[M]. 北京：北京师范大学出版社，2006：4-5.

[4] 王刚，李凌汉. 沿海滩涂的"零净损失"法律制度研究[J]. 中国海洋大学学报（社会科学
    版），2014，（2）：33-37.

[5] 沈洪涛，任树伟，梁雪峰. 替代费实现美国湿地"零净损失"[J]. 环境保护，2009，（22）：
    74-75.

[6] 张蔚文，吴次芳，黄祖辉. 美国湿地政策的演变及其启示[J]. 农业经济问题，2003，
    （11）：71-74.

[7] 梅宏. 由墨西哥湾溢油事故反思美国滨海湿地保护的政策与法律[J]. 中国政法大学学报，
    2010，（5）：90-102.

[8] 宋园园，营婷，姚志刚，等. 国际湿地保护政策及形式的演变研究[J]. 环境科学与管理，
    2013，38（5）：160-165.

[9] 沈洪涛，任树伟，何志鹏，等. 湿地缓解银行——美国湿地保护的制度创新[J]. 环境保护，
    2008，（12）：72-74.

[10] 张立. 美国补偿湿地及湿地补偿银行的机制与现状[J]. 湿地科学与管理，2008，4（4）：
     14-15.

[11] 邵琛霞. 湿地补偿制度：美国的经验及借鉴[J]. 林业资源管理，2011，（2）：107-112.

[12] 艾芸. 美国发布新的湿地补偿管理条例[J]. 湿地科学与管理，2008，4（2）：41.

[13] 杨莉菲，郝春旭，温亚利，等. 世界湿地生态效益补偿政策与模式[J]. 世界林业研究，
     2010，23（3）：13-17.

[14] 杨瑞，周世恭. 发挥人大主导作用提高地方立法质量——人大审议意见在《北京市湿地保
     护条例》中得到充分体现[J]. 北京人大，2013，（6）：37-39.

[15] 但新球，鲍达明，但维宇，等. 湿地红线的确定与管理[J]. 中南林业调查规划，2014，
     33（1）：61-66.

[16] 姜宏瑶，温亚利. 基于社会经济发展影响的湿地生态补偿研究[J]. 林业经济，2010，（8）：95-99.

[17] 游翔. 长沙望城区湿地资源保护与利用探讨[J]. 中南林业调查规划，2012，31（3）：39-41.

[18] 刘国庆，陈旭. 浅谈西部地区湿地保护的现状及法律对策[J]. 牡丹江大学学报，2010，19（12）：92-94.

[19] 蒋舜尧，朱建强，李子新，等. 国内外湿地保护与利用的经验与启示[J]. 长江大学学报（自然科学版），2013，10（11）：67-71.

[20] 沈哲，刘平养，黄劼. 中国城市湿地保护的困境与对策——以上海市为例[J]. 林业资源管理，2013，（5）：14-20.

[21] 刘长兴. 论湿地保护立法的目标定位与制度选择[J]. 环境保护，2013，41（6）：48-50.

[22] 杨新荣. 湿地生态补偿及其运行机制研究——以洞庭湖区为例[J]. 农业技术经济，2014，（2）：103-113.

[23] 吴后建，但新球，舒勇. 湖南省湿地保护现状及对策和建议[J]. 湿地科学，2014，12（3）：349-355.

[24] 国家林业局. 湿地保护管理规定[EB/OL]. http://www.gov.cn/xinwen/2017-12/13/content_5246590.htm，2017-12-13.

[25] Brown P H，Lant C L. The effect of wetland mitigation banking on the achievement of no-net-loss[J]. Environmental Management，1999，23（3）：333-345.

[26] 姚立明，韩冰. 在黑龙江省开展全国湿地生态建设示范工作的调研报告[J]. 黑龙江省社会主义学院学报，2014，（1）：31-35.

# 后　记

　　湿地生态对居民的重要性日益凸显，湿地生态研究也越来越受到关注。我进入湿地研究领域纯属偶然，如果没有在《湿地科学》与《湿地科学与管理》期刊连续发表10篇研究论文，我很可能无法坚持8年时间默默潜心研究湿地生态占补平衡问题。记得在一次会上，西安某高校一位女教授亲切地问我："你们学校有湿地研究团队吗？"她对我在没有专业的科研平台与研究团队、缺乏科研交流机会与专业指导、缺乏专项经费支持与科研条件的背景下，坚持研究湿地管理很是好奇。当时的我百感交集。我确实是在踽踽独行，一个人做着艰辛的探索。一个人，就是团队；没有平台，就坚持发表研究成果；没有影响力，就出版专著；没有国家基金支持，就默默坚持，等待时机。兴趣就是种子，创新就是方向。只要认准方向，条件并非决定因素。我在研究湿地生态占补平衡过程中，得到《湿地科学与管理》编辑部李文英老师的关注，修改稿件过程中，李老师得知我长期坚持研究湿地生态占补平衡问题，并没有获得国家基金资助，她十分感动，建议并鼓励我积极申报国家课题。李老师的鼓励是我坚持研究的强大心理支持，在此，我向李文英老师表示深深的谢意。

　　《占用湿地生态系统功能与效益平衡研究》是我研究占补平衡问题的第三部学术专著，也是独立出版的第五部学术专著。我2011年开始研究占补平衡问题，成果是研究草地、林地与耕地等占补平衡问题的 19 篇论文，以及科学出版社2017 年出版的《土地资源占补平衡制度创新研究》和 2018 年出版的《土地资源市场配置创新研究》。发表的相关论文最早提出草地总量控制与草地红线制定问题，构建了草地生态影响力占补平衡体系，以及林地总量控制与占补平衡下的林票制度；建议耦合产量红线与耕地红线。

　　2012 年 1 月 11 日，我开始研究国内较少有人涉足的湿地占补平衡问题。研究过程中，我深刻地意识到，面积占补平衡只是湿地生态占补平衡的基础，生态量、生态功能与生态效益占补平衡也不是湿地占补平衡的全部目标。占用湿地生态系统功能与效益平衡，才是湿地占补平衡的最严格标准。正是基于这一认识，从 2014 年 8 月 12 日到 2015 年 7 月 14 日，我潜心写作《占用湿地生态系统功能与效益平衡研究》，从理论上构建湿地生态影响力占补平衡体系，据此实现占用湿地生态系统的生态功能与生态效益平衡目标，确保占用地居民生态消费水平与消费总量平衡。书稿写成后，从 2016 年 4 月 19 日到 2020 年 5 月 15 日，我与池芳春女士先后进行了六次修改，初稿从 2015 年的 29 万字，增加到 2016 年的 43 万字，2017 年再进一步缩减到 38 万字，2019 年删减到目前的篇幅。

在出版业高质量发展的趋势下，科学出版社已经成为中国出版业的标杆，能够在此出版专著，是我梦寐以求的夙愿。我深知殊胜的机遇可遇难求，并将深深铭记这段文字之缘，永志不忘。徐倩老师的殷切关心与杰出工作为三部专著顺利出版奠定了坚实基础。多年前，徐老师因公来西安，曾抽出宝贵的时间与我见面，令我深受鼓舞，我对徐老师多年来的辛勤付出谨致谢意。

本书稿曾经申报 2015 年与 2016 年国家社会科学基金后期资助和 2017 年国家科学技术学术著作出版基金，我对国家科学技术学术著作出版基金评审专家中肯的评审意见表示衷心感谢。尚海洋教授长期从事流域生态补偿等研究，具有雄厚的学术积累。他基于自己对生态环境的悉心研究和评审专家给出的评审意见，对我的书稿提出详尽的意见和建议，使我深刻认识到书稿的缺憾与提高路径。张荣刚教授、刘鸿明教授与王文军博士对书稿提出详尽的修改意见。在此，我对尚海洋教授、张荣刚教授、刘鸿明教授与王文军博士的关心与帮助表示诚挚谢意。

我的问学之路坎坷，长途跋涉，跌跌撞撞，无数亲朋为我付出大量心血。蒙师毛长洲先生看着我成长，对我的每次进步都有督责之功。2008 年暑期，我去拜访，他一语中的，告诫我要写出垫棺作枕之作。一席话如当头棒喝，令我无言以对。当时的我心力交瘁，对学问缺乏真切认知，认为这一目标遥不可及。十余年过去，他爱深责切、恨铁不成钢的表情仍然如在眼前。我觉得辜负了先生的殷切期许，只能牢记先生的希冀，默默前行。

池芳春女士全程关注书稿写作的每个环节，抽出大量时间，多次详细修改书稿，对写作提出中肯的意见与建议。池福来先生见解独到，高瞻远瞩，对我期望至高，朝夕对谈，随时跟进研究进程。父母家人对我出版的每一部专著都十分关心；每有书出版，父亲都读给母亲，字斟句酌，视若珍宝，甚或指出瑕疵，令我感喟万分。陈扶宁先生长期关注我的出版进程。一路走来，为我提供帮助的人很多，我才能够安心写作。在此，向各位帮助过我的人士表示衷心感谢。

我资质钝，学问浅，起点低，起步晚，只有奋力前行，才能报答师长、家人与朋友的诚挚关心。

田富强

2020 年 5 月 15 日于西安